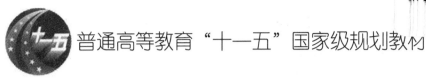

普通高等教育"十一五"国家级规划教材

MATLAB 7.x 程序设计语言

(第 二 版)

楼顺天　　姚若玉　　沈俊霞　编著

西安电子科技大学出版社

内 容 简 介

MATLAB 强大便利的计算编程功能，使越来越多的科技工作者将它作为编程语言。本书以通俗易懂的文笔，深入浅出地讨论了 MATLAB 的编程基础及应用。

本书首先简明扼要地介绍了 MATLAB 的系统概述、基本操作和图形系统，让读者轻松地入门；然后从程序设计的角度讨论了 MATLAB 程序的设计和调试，详细地叙述了 MATLAB 在基本应用领域(线性代数、多项式与内插、数据分析与统计、FFT、泛函分析及常微分方程求解)中的应用设计；最后对多维阵列、结构阵列、单元阵列和字符串等内容进行了详尽的描述，并结合实际给出了许多应用示例。

本书的每一章都详细地给出了 MATLAB 提供的相关函数的说明，并精心设计了习题，供读者练习使用。

本书可作为本科生教材，也可作为研究生、教师、工程技术人员的参考指导书。

★本书配有电子教案，需要者可与出版社联系，免费提供。

图书在版编目(CIP)数据

MATLAB 7.x 程序设计语言 / 楼顺天，姚若玉，沈俊霞编著. —2 版. —西安：西安电子科技大学出版社，2007.8(2025.1 重印)
ISBN 978 – 7 – 5606 – 1863 – 0

Ⅰ. M…　　Ⅱ. ①楼…　②姚…　③沈…　　Ⅲ. 计算机辅助计算—软件包，MATLAB 7.x —高等学校—教材　　Ⅳ. TP391.75

中国版本图书馆 CIP 数据核字(2007)第 100926 号

策　　划　毛红兵
责任编辑　毛红兵
出版发行　西安电子科技大学出版社(西安市太白南路 2 号)
电　　话　(029)88202421　88201467　　　　邮　　编　710071
网　　址　www.xduph.com　　　　　　电子邮箱　xdupfxb001@163.com
经　　销　新华书店
印刷单位　陕西天意印务有限责任公司
版　　次　2007 年 8 月第 1 版　　2025 年 1 月第 18 次印刷
开　　本　787 毫米×1092 毫米　　1/16　　印 张　22.5
字　　数　528 千字
定　　价　59.00 元
ISBN　978 – 7 – 5606 – 1863 – 0
XDUP 2155002 – 18
*** 如有印装问题可调换 ***

前　言

自从 2000 年《MATLAB 5.x 程序设计语言》一书出版以来，受到了广大读者的喜爱，有多所高等院校将其选作为教材，笔者在此深表感谢。现在，MATLAB 版本有了较大更新，为方便读者使用我们对该书进行了修订。

本书在下列几个方面进行了较大调整：① 版本更新，MATLAB 系统更新成 7.x(Release 14)，一些函数在应用上有些许变化；② 在第三章"MATLAB 图形系统"中，增加了许多绘图函数，增强了系统的绘图功能；③ 在第五章"MATLAB 基本应用领域"中，增加了一些函数的介绍。

在章节组织上，本书由浅入深，循序渐进，便于老师教学与学生学习。**第一章**简要介绍 MATLAB 的特点、组成、搜索路径、工作空间和集成环境，并介绍了 MATLAB 的通用命令，为使用 MATLAB 系统作准备。**第二章**介绍了 MATLAB 的基本操作，包括 MATLAB 中表达式的表示，矩阵的输入、存储及其操作、逻辑和关系运算操作，并详细介绍了与此内容相关的函数(基本矩阵和矩阵操作函数、基本数学函数及逻辑函数)，为编写 MATLAB 程序作准备。**第三章**介绍了 MATLAB 强大的绘图功能，通过学习可以绘制出普通的二维曲线、三维曲线和曲面，并详细介绍了与此内容相关的函数(基本图形和图形操作、图形注释、坐标系控制等基本函数，还包括区域、条形及其饼图、等高线绘图、方向与速度绘图、离散数据绘图、柱状图、多边形和曲面及散布图等高级函数)。**第四章**从脚本文件和函数文件入手，介绍 MATLAB 程序设计的流程控制、参数的交互输入，重点阐述了程序设计的两种技术(循环的向量化和阵列预分配)及调试技术，并详细介绍了语言结构与调试函数的使用。**第五章**介绍了 MATLAB 的基本应用领域，包括与线性代数相关的问题、多项式与内插、数据分析与统计、泛函分析(函数的函数)及常微分方程求解，并详细介绍了线性代数函数、多项式与内插函数、数据分析与傅里叶变换函数及非线性数值方法函数的使用。**第六章**介绍了多维阵列、结构阵列和单元阵列的应用，并详细介绍了与此内容相关的函数。**第七章**介绍了字符阵列、字符串单元阵列、字符串比较、字符串搜索与取代、字符串与数值之间的变换等内容，并详细介绍了与此内容相关的函数。

为了便于读者使用，每一章都给出了函数的分类说明，与此同时，在附录中给出了本书所有函数的索引，便于读者查阅。

在内容组织上，本书遵循深入浅出的原则，各章内容的安排从易到难，思路清晰，并配以示例加以说明，读者可一边学习一边上机，以便更好地掌握 MATLAB 的编程。

若购买 MATLAB 和 SIMULINK 软件或咨询其它的业务，可直接与 MathWorks 公司联系：

The MathWorks，Inc.

24 Prime Park Way

Natick，MA 01760-1500

Phone：(500)647-7000

Fax：(508)647-7001

E-mail：info@mathworks.com

WWW：http://www.mathworks.com

本书的出版得到了西安电子科技大学出版社的大力支持，特别是毛红兵同志对本书进行了细致的编辑，做了大量的工作，在此深表谢意！

可通过以下网址获得本书的源程序：

http://www.xduph.com

如果拟选本书作为教材，可以与出版社或作者联系，以便得到教学大纲和电子教案。

楼顺天

2007 年 5 月

第一版前言

1997 年我们编写了《MATLAB 程序设计语言》，它简单易学、深入浅出的特点深受广大读者的喜爱。1998 年继而推出了《基于 MATLAB 的系统分析与设计》系列图书中的三本：信号处理、控制系统和神经网络，书中以面向应用为主线，比较全面地探讨了 MATLAB 在这三个领域中的应用，得到了广大读者的肯定，形成了系列图书的特色。应来自各个高等院校(包括清华大学、北京大学、上海交通大学、浙江大学、华中理工大学、哈尔滨工业大学、新疆大学、西北工业大学等)、各研究院所以及其它单位读者的要求，除了陆续推出《基于 MATLAB 的系统分析与设计》系列图书中的小波分析、模糊系统和通信系统等外，我们还着重对《MATLAB 程序设计语言》进行修订，使之适合于作为教材。

本书从以下几个方面进行了修订：

(1) 从软件上，以 MATLAB V5.1，V5.2，V5.3 为平台，全面介绍其特点。由于 MATLAB V5.x 的很多函数的功能得到了更新和扩充，因此书中的函数与 1997 年版已不尽相同。

(2) 从内容选材上，除了 MATLAB 基础知识、图形系统外，着重介绍了 MATLAB 的程序设计技术、应用基础(包括线性代数、多项式与内插、数据分析与统计、FFT、泛函分析和常微分方程求解等)，还选取了 MATLAB V5.x 的增强功能(多维阵列、结构阵列、单元阵列和字符串处理等)，并给出了许多设计示例，其中包括几个综合示例，从中可领略到 MATLAB 编程的技巧，给读者留下广阔的思维空间。

(3) 从编写组织上，遵循深入浅出的原则，各章内容的安排从易到难，思路清晰，并配以示例加以说明，读者可一边学习一边上机，更好地掌握 MATLAB 的编程。

(4) 适合作为教材，每章内容相对独立，讲解透彻，并配有习题。

以上这些特点使得本书与 1997 年版的《MATLAB 程序设计语言》已大相径庭。由于许多院校拟开设与 MATLAB 程序设计语言相关的课程，而又没有合适的教材，虽然 1997 年版的《MATLAB 程序设计语言》勉强可作为教材，但其内容过于简单，又没有习题可用，因此我们下决心进行修订。此外，MATLAB V5.x 功能的增强，使 1997 年版的《MATLAB 程序设计语言》的内容显得陈旧过时，这也是进行修订的原因之一。

MATLAB 是 MathWorks 公司于 1982 年推出的一套高性能的数值计算和可视化软件，它集数值分析、矩阵运算、信号处理和图形显示于一体，构成了一个方便的、界面友好的用户环境。在这个环境下，对所要求解的问题，用户只需简单地列出数学表达式，其结果便以数值或图形方式显示出来。

MATLAB 是矩阵实验室(Matrix Laboratory)的缩写，主要用于方便矩阵的存取，其基本元素是无需定义维数的矩阵。经过几十年的完善和扩充，现已发展成为线性代数课程的标准工具，也成为其它许多领域课程的实用工具。MATLAB 可用来解决实际的工程和数学问题，其典型应用包括通用的数值计算、算法设计、各种学科(如自动控制、数字信号处理、统计信号处理等领域)的专门问题求解。

MATLAB 还包括了被称做 Toolbox(工具箱)的各个领域的求解工具。实际上，工具箱是由 MATLAB 的一系列扩展函数(称为 M 文件)构成的，它可用来求解各个特定学科的问题，包括信号处理、图像处理、控制系统、系统辨识、神经网络、模糊逻辑、小波和通信等。

MATLAB 最重要的特点是易扩展性，它允许用户自行建立完成指定功能的 M 文件，从而构成适合于个别领域的工具箱。对于一个从事特定领域工作的工程师，不仅可利用 MATLAB 所提供的函数及基本工具箱函数，而且可以方便地构造出专用函数，从而大大扩展了 MATLAB 的应用范围。

MATLAB 语言易学易用，不要求用户有高深的数学和程序语言知识，不需要了解算法及其编程技巧。MATLAB 既是一种编程环境，又是一种程序设计语言。这种语言与 C、FORTRAN 等语言一样，有其内定的规则，但 MATLAB 的规则更接近于数学表示。因此其使用更为简便，避免了其它语言如 C、FORTRAN 中的许多限制，如变量、矩阵无需定义。MATLAB 的语句功能更强和一条语句可完成较为复杂的任务，如 fft 语句可完成对指定数据的快速傅里叶变换，这相当于几十条 C 语言语句。MATLAB 还提供了良好的用户界面，许多函数本身会自动绘制出图形，而且会自动选取坐标刻度。有了这些使用方便、功能强大和界面友好的函数，可使用户大大缩短设计时间，提高设计质量。

现在，我们在 MATLAB 编程方面已有了六年多的经验，利用 MATLAB 解决了信号处理、控制系统、神经网络和模糊系统等方面的许多问题，包括完成了博士论文的仿真设计任务。因此，在编写本书过程中，自然也纳入了自己的一些编程经验和体会，这些都充实了本书的内容。

我们在西安电子科技大学开设了与 MATLAB 程序设计语言相关的课程，受到了学生的普遍关注，选课率达到 80% 以上。另外，在编写此书时充分考虑了讲课中出现的和学生易搞混的问题，使本书更贴近教师，贴近学生。

为了查阅方便，本书最后给出了两个具有重要参考价值的附录。附录 A 给出了本书所述的函数命令索引；附录 B 给出了部分重要工具箱中所包含的实用函数及其功能。

　　本书的出版得到了 MathWorks 公司的认可，有关购买 MATLAB、SIMULINK 软件及其它业务，可直接与 MathWorks 公司联系：

The Math Works，Inc.

24 Prime Park Way

Natick，MA 01760-1500

Phone：(500)647-7000

Fax：(508)647-7001

E-mail:info@mathworks.com

WWW:http://www.mathworks.com

　　本书的出版得到了西安电子科技大学出版社的大力支持，特别是毛红兵、戚文艳编辑对本书做了大量的工作，在此深表谢意！最后感谢对本书作出贡献的所有同志。

　　可通过 Internet 网络得到本书的源程序：

ftp://rsp.xidian.edu.cn/Papers/matlab

　　由于本人水平有限，书中肯定还有不妥之处，敬请各位指正。

楼顺天

2000 年 1 月 1 日

符 号 说 明

由于本书涉及到大量的计算机程序，而程序中无法输入斜体和希文字母，因此为统一起见，本书中使用的符号均为正体；程序中采用国际上惯用的象形符号，例如在叙述中使用的符号 ω，在程序中用 w(或 W)代替；在叙述中使用的带上下标的符号如 a_1，ω_s，ω_p，F_s，T_s 等，在程序中用 a1，Ws，Wp，Fs，Ts 等代替。

目　录

第一章　MATLAB 系统概述

MATLAB 的首创者是在数值线性代数领域颇有影响的 Cleve Moler 博士,他在讲授线性代数课程时，深感高级语言编程的诸多不便之处，于是萌生了开发新的软件平台的念头，这个软件平台就是 MATLAB(MATrix LABoratory，矩阵实验室)，MATLAB 采用了当时流行的 EISPACK(基于特征值计算的软件包)和 LINPACK(线性代数软件包)中的子程序，利用 FORTRAN 语言编写而成。现今的 MATLAB 已全部采用 C 语言改写，并使用户界面变得越来越友好。

由 Moler 博士等一批数学家和软件专家组建的 MathWorks 软件公司，专门从事 MATLAB 的扩展与改进。自 1982 年推出第一个版本以来，1992 年推出了具有划时代意义的 MATLAB V4.0，1993 年推出了可用于 IBM PC 及其兼容机上的微机版，特别是与 Windows 配合使用，使 MATLAB 的应用得到了前所未有的发展。1994 年推出了成熟的 4.2 版本，并得到了广泛的重视和应用。2004 年 6 月 MathWorks 公司正式推出了 MATLAB 7.0，它主要增强了编程代码的有效性、绘图功能及其可视化效果，使系统能力更强，功能更完善。2005 年 3 月，MATLAB 7.0.4 正式颁布。本书是基于 MATLAB 7.x 编写的，主要讨论程序设计问题，使读者能够更快、更好地掌握 MATLAB 的编程技术。

1.1　MATLAB 的特点

MATLAB 之所以被广大读者所喜爱，是因为它具有其它语言所不具备的特点。

(1) 在 MATLAB 中，以复数矩阵作为基本编程单元，使矩阵操作变得轻而易举。MATLAB 中矩阵操作如同其它高级语言中的变量操作一样方便，而且矩阵无需定义即可采用，可随时改变矩阵的尺寸，这在其它高级语言中是很难实现的。

(2) MATLAB 语句书写简单，表达式的书写如同在稿纸中演算一样，与人们的手工运算相一致，容易被人们所接受。

(3) MATLAB 语句功能强大，一条语句往往相当于其它高级语言中的几十条、几百条甚至几千条语句。例如，利用 MATLAB 求解 FFT 问题时，仅需几条语句，而当采用 C 语言实现时需要几十条语句，采用汇编语言实现则需要 3000 多条语句。

(4) MATLAB 系统具有丰富的图形功能。MATLAB 系统本身是一个 Windows 下的具有良好用户界面的系统，而且提供了丰富的图形界面设计函数，如提供了专门用于绘制二维曲线的 plot 函数，用于绘制三维曲线的 plot3 函数。在工具箱函数中，有些函数本身可提供良好的图形功能，如 step 函数可计算指定系统的单位阶跃响应，并直接在屏幕窗口中绘制出系统的单位阶跃响应曲线。

(5) MATLAB 提供了许多面向应用问题求解的工具箱函数，从而大大方便了各个领域科研人员的使用。目前，MATLAB 提供了 30 多个工具箱函数，如信号处理、图像处理、控制系统、非线性控制设计、鲁棒控制、系统辨识、最优化、神经网络、模糊系统和小波等。它们提供了各个领域应用问题求解的便利函数，使系统分析与设计变得更加简捷。

(6) MATLAB 的易扩展性是最重要的特性之一，也是 MATLAB 得以广泛应用的原因之一。MATLAB 给用户提供了广阔的扩展空间，用户可以很容易地编写出适合于自己和专业特点的 M 文件，供自己或同伴使用，这实际上就是扩展了 MATLAB 的系统功能。

一般而言，强大的功能需要复杂的软件来支持，但 MATLAB 留给用户的是友好的界面、易记的命令和简便的操作。

2005 年推出的 MATLAB 7.x，在编程、代码效率、图形、计算、数据获取和运行等方面进行了改进，具有一些新的特点：

- 提供了新的开发环境，包括多文档管理、编辑器、工作空间浏览器、当前目录窗口、命令历史窗口、常用命令的快捷键等工具。
- 可以在编辑器中执行一部分 M 代码。
- 可以自动将 M 代码发布为 HTML、Word 或 LaTex 文档。
- 在编程中可以创建嵌套函数，提供了定义和调用自定义函数的途径。
- 在命令行或脚本式 M 文件中提供了定义单行函数的隐函数表示形式。
- 采用条件断点，可以在条件表达式为真时停止运行。
- 整数计算部分，可以在计算和处理更大的整型数据集时保持数据类型。
- 在单精度计算、FFT 和滤波中，可以处理更大的单精度数据集。
- 在几何计算中，可以使用更稳健的函数，它对算法选择给出了更多控制。
- 利用 ODE 求解器可以控制隐式差分方程和多点边界值问题。
- 使用新的绘图界面，可以在不输入 M 代码的情况下交互式地创建和编辑图形。
- 自动生成图形的 M 代码，这样，可以利用该代码重建图形。
- 对图形标注作了改进，包括绘制图形、对象对齐和将标注定位到数据点。
- 可以对一组图形对象进行旋转、平移和缩放等变换。
- 提供了读取很大的文本文件和写为 Excel 和 HDF5 文件的文件输入、输出函数。
- 提供了压缩 MAT 文件的选项，使得可以用较少的磁盘空间保存大的数据。
- 支持 COM 定制接口、服务器事件和 Visual Basic 脚本。
- 可以基于 SOAP 获取 Web 服务。
- 提供了可以连接到 FTP 服务器进行远程文件操作的 FTP 对象。
- MAT 文件中的字符数据可以用于多种语言。

1.2   MATLAB 的系统组成

1.2.1   MATLAB 的主要组成

按照功能划分，MATLAB 主要组成部分包括：开发环境、数学函数库、编程与数据类型、文件 I/O、图形、三维可视化、创建图形用户界面和外部接口等，如图 1.1 所示。

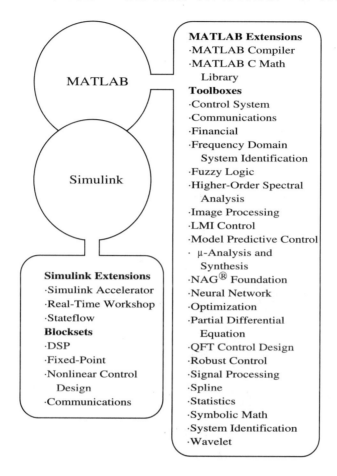

图 1.1　MATLAB 的系统组成

1．MATLAB 的开发环境

MATLAB 的工作环境是一个界面友好的窗口，它提供了一组实用工具函数，利用这些函数可以管理工作空间中的变量、输入/输出数据，也可以开发、管理、调试 M 文件。MATLAB 系统将程序编辑器、调试器、执行器集成在一起，使用户编写程序简单，调试程序方便，运行程序迅速，结果显示直观。

2．MATLAB 的数学函数库

MATLAB 提供了许多数学函数，它们是内部函数，例如，求和、正弦、余弦等基本函数，也包含许多复杂函数，例如，矩阵求逆、FFT 等函数。

3．编程与数据类型

MATLAB 提供了许多种数据类型，例如，整型、双精度、字符、结构型等，以方便用户选择使用。这里还包含运算所需的操作符和 MATLAB 的编程技术。

4．文件 I/O

MATLAB 提供了一组读/写文件的命令，文件类型可以是各种常用的格式，例如，.m、

.mdl、.mat、.fig、.pdf、.html 文件和普通的文本文件等。注意，.mat 文件可以采用 load 命令直接读取。

5. 图形处理

MATLAB 包含有丰富的图形处理能力，提供了绘制各种图形、图像数据的函数。另外，它还包括一些低级的图形命令，可以供用户自己制作、控制图形特性之用。

6. 三维可视化

MATLAB 提供了一组绘制二维曲面和三维曲线的函数，它们还可以对图形进行旋转、缩放等操作。

7. 创建图形用户界面

为方便用户设计图形用户界面，MATLAB 提供了一些可以用于设定窗口、修改属性等操作的函数。

8. 外部接口

这组函数允许用户在 MATLAB 中编写 C 或 FORTRAN 程序，从而使 MATLAB 与 C、FORTRAN 程序结合起来。对熟悉 C 和 FORTRAN 语言编程的人来说，可轻而易举地将以前编写的 C、FORTRAN 语言程序移植到 MATLAB 中。

1.2.2 MATLAB 的重要部件

MATLAB 系统提供了两个重要部件：Simulink 和 Toolboxes，它们在系统和用户编程中占据着重要的地位。

1. Simulink

Simulink 是 MATLAB 附带的软件，它是对非线性动态系统进行仿真的交互式系统。在 Simulink 交互式系统中，可利用直观的方框图构建动态系统，然后采用动态仿真的方法得到结果。

2. Toolboxes(工具箱)

针对各个应用领域中的问题，MATLAB 提供了许多实用函数，称为工具箱函数。MATLAB 之所以能得到广泛应用，源于 MATLAB 众多的工具箱函数给各个领域的应用人员带来的方便。

综上所述，我们可用图 1.1 来表示 MATLAB 的系统组成。

1.3 MATLAB 的搜索路径

MATLAB 是通过搜索路径来查找 M 文件的，因此 MATLAB 系统文件、Toolboxes 工具箱函数、用户自己编写的 M 文件等都应保存在搜索路径之内。当用户输入一个标识符(比如 Value)时，MATLAB 按下列步骤处理：

(1) 检查 Value 是否为变量。

(2) 检查 Value 是否为内部函数。

(3) 在当前工作目录下是否存在 Value.m 文件。

(4) 在 MATLAB 搜索路径上是否存在 Value.m 文件。

如果在搜索路径上存在多个 Value.m 文件，则只执行所找到的第一个 Value.m 文件；如果找不到这一文件，则给出出错信息。

MATLAB 提供了搜索路径的管理窗口，如图 1.2 所示。利用"Add Folder"按钮可以将指定的文件夹添加到搜索路径中，采用"Add with Subfolders"按钮可以一次将指定目录及其子目录添加到路径中，添加的文件夹位于最上面，也就是 MATLAB 最新搜索的文件夹。使用"Move to Top"和"Move to Bottom"按钮可以将选定的文件夹移到最上面和最下面。使用"Move Up"和"Move Down"按钮可以将选定的文件夹上移和下移一个条目。使用"Remove"按钮可以在搜索路径中删去选定的文件夹。在对搜索路径进行修改后，应该使用"Save"按钮保存，以便在下次启动 MATLAB 时能够采用这种设置，如果不保存，则修改后的路径设置只在本次任务中起作用。

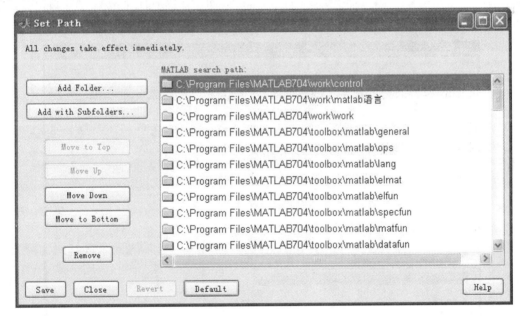

图 1.2 搜索路径管理窗口

另外，通过 what 命令可显示出搜索路径上的文件名，例如：

    what

    what matlab/design

可分别显示出当前目录和 matlab\design 目录中的文件目录。要显示出文件的内容可采用 type 命令，例如，显示 value.m 的内容，可输入

    type value

要对文件 value.m 进行编辑，可输入

    edit value

1.4 MATLAB 的工作空间

MATLAB 工作空间包含着本次 MATLAB 任务过程中所建立的变量，MATLAB 提供了一组命令来管理、处理这些变量，同时还提供了专门的工作空间浏览器。

1．工作空间浏览器

在 MATLAB 环境下，输入命令可以在工作空间中建立一些变量，如图 1.3 所示。在图中，左上方为 MATLAB 的工作空间，它直观地显示出变量名、尺寸、占用的存储空间以及变量类型。在工作空间的菜单条中有四个按钮，依次为"装入数据文件"、"保存工作空间"、"打开变量显示"和"删除变量"，使用它们可以用来对工作空间中的变量进行操作。当选定一个变量后，可以使用"打开变量显示"按钮，直观地显示出变量的内容；使用"删除变量"按钮，可以从工作空间中删去选定的变量；使用"保存工作空间"按钮，可以将工作空间保存在 mat 文件中，默认的文件名为 matlab.mat；在以后打开 MATLAB 窗口时，可以使用"装入数据文件"按钮装入所保存的工作变量。

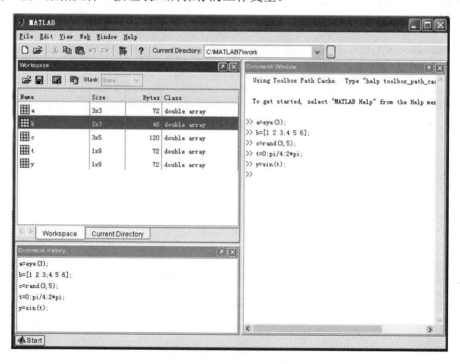

图 1.3　工作空间浏览器

2．显示、清除变量

who 和 whos 命令可在命令窗口中显示出工作空间中的变量列表。clear 命令可清除工作空间中的所有变量，如果在 clear 之后加上变量名，则可以清除指定变量，例如：

clear a b

只清除变量 a 和变量 b。

3．保存和恢复工作空间

save 命令可用来保存整个工作空间或者其中的一部分变量，相应的 load 命令可以恢复所保存的变量。例如，save entire 可将整个工作空间保存在 entire.mat 文件中，命令 save var1 x y z 可将变量 x、y、z 保存在 var1.mat 文件中，这些文件均为二进制文件，可直接由 load 命令得到恢复，例如，load entire，load var1。

在保存变量时，还可以指定文件的格式，这只需在 save 命令中加上适当的开关选项，如表 1.1 所示。

表 1.1　save 命令的开关选项

选　项	功　能　说　明
−mat	采用二进制 MAT 文件格式(缺省)
−ascii	采用 8 位 ASCII 码格式
−ascii−double	采用 16 位 ASCII 码格式
−ascii−tabs	采用 8 位 ASCII 码格式，并在保存时采用制表符分隔数据
−ascii−double−tabs	采用 16 位 ASCII 码格式，并在保存时采用制表符分隔数据
−v4	按 MATLAB V4.x 格式保存
−append	数据保存到已存在的 mat 文件之后

如果指定−v4 选项，则 MATLAB 只能保存那些与 MATLAB 4.x 兼容的数据结构，亦即不能保存结构、单元阵列、多维阵列及对象。如果指定 ASCII 码格式，则每次只能保存一个变量。如果利用 save 保存多个变量，则 MATLAB 也能建立 ASCII 码文件，但它不能由 load 命令恢复。

在 save 和 load 命令中，文件名、变量名可以用字符串表示，这时我们将 save 和 load 看作函数来调用，例如：

```
save('var2', 'x', 'y')
s='var2';
load(s)
```

等同于

```
save var2 x y
load var2
```

由于采用了字符串，使得保存多个文件或读取多个文件变得很方便，例如，利用 save 命令产生从 data1～data10 这样 10 个文件(分别保存变量 x1～x10)：

```
file='data'，xstr='x';
for i=1:10
save([file int2str(i)]，[xstr int2str(i)]);
end
```

同样可利用循环读取多个文件，例如，读取 data1～data10 文件，可输入

```
for i=1：10
load(['data' int2str(i)])
end
```

利用通配符还可以有选择地保存或读取变量，例如：

```
save multid x*
load multid x*98
```

第一行完成在 multid.mat 中保存所有以 x 开头的变量，第二行完成从 multid.mat 中读取以 x 开头、以 98 结尾的所有变量，中间字符个数不限。

1.5　MATLAB 的集成环境

前面的内容已经使我们对 MATLAB 中的简单语句有了一定的了解，本节介绍 MATLAB 的集成环境。

MATLAB 既是一种语言，又是一种编程环境，在这一环境中，系统提供了许多编写、调试和执行 MATLAB 程序的便利工具。

在 Windows 的桌面的 MATLAB 图标上点击两下可启动 MATLAB，这时显示出如图 1.4 所示的 MATLAB 集成环境。该图形窗口分成三部分：命令窗口(图的右边)、工作空间(图的左上边)和命令历史(图的左下边)。

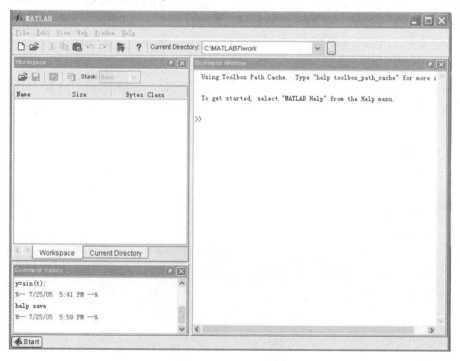

图 1.4　MATLAB 的集成环境

1.5.1　MATLAB 命令窗口

MATLAB 命令窗口用于输入命令和输出结果，在这里输入的命令会立即得到执行，并显示出执行结果，这非常适用于编写短小的程序。对于编写大型、复杂程序应采用 M 文件编程方法。

在 MATLAB 命令窗口的菜单条中提供了 File(文件)、Edit(编辑)、View(显示)、Web(网络)、Window(窗口)和 Help(帮助)等菜单命令。利用 File 菜单可以对文件进行操作，包括新建、打开、输入数据等功能；利用 Edit 菜单可以完成编辑操作，包括剪切、复制、粘贴、特殊粘贴等功能；利用 View 菜单可以控制窗口显示；利用 Web 菜单可以直接连接到与 MATLAB 有关的网站；利用 Window 菜单可以在各个窗口之间进行切换；利用 Help 菜单可以获得使用 MATLAB 的帮助信息。使用 File 菜单的 Preferences 命令，可以设置各个窗口的显示特性。

另外，在 MATLAB 集成环境中还提供了快捷操作按钮，可方便用户使用。

1.5.2　命令历史窗口

在 MATLAB 命令窗口中，可以输入各种合法的 MATLAB 命令，生成 MATLAB 工作空间中的变量，与此同时，命令行保存在命令历史窗口中。在以后输入命令时，可以调出以前输入的命令并加以修改。MATLAB 提供的窗口命令编辑键如表 1.2 所示，利用这些键可方便地修改以前的命令。

表 1.2　MATLAB 的窗口命令编辑键

按　键	复　合　键	功　　能
↑	Ctrl-p	调出前一行
↓	Ctrl-n	调出下一行
←	Ctrl-b	光标向后移一个字符
→	Ctrl-f	光标向前移一个字符
Ctrl-←	Ctrl-l	光标向左移一个字
Ctrl-→	Ctrl-r	光标向右移一个字
Home	Ctrl-a	光标移到行首
End	Ctrl-e	光标移到行末
Esc	Ctrl-u	清除本行
Del	Ctrl-d	删除光标处的字符
Backspace	Ctrl-h	删除光标前的字符
	Ctrl-k	删除至行末

在命令历史窗口中直接利用鼠标可以将命令行拖拉到命令窗口，也可以直接双击命令行调出命令并进行执行。

MATLAB 程序结果的显示可利用 format 命令加以控制。下面以变量 x 为例，给出各种格式及显示结果。

```
X=[4/3 1.2345e-6]
>> format short                    %短格式(缺省情况)
    1.3333      0.0000
>> format short e
    1.3333e+000    1.2345e-006
>> format short g
    1.3333    1.2345e-006
>> format long                     %长格式
    1.33333333333333      0.00000123450000
>> format long e
    1.333333333333333e+000      1.234500000000000e-006
>> format long g
    1.33333333333333      1.2345e-006
>> format bank                     %银行格式
    1.33       0.00
>> format rat                      %比率格式
    4/3        1/810045
>> format hex                      %十六进制格式
    3ff5555555555555      3eb4b6231abfd271
```

除了上述这些格式命令之外，MATLAB 缺省显示为隔行显示(即 format loose 格式)，为采用逐行显示，可输入命令

```
format compact                     %紧凑格式
```

1.5.3 编辑 M 文件

将 MATLAB 语句按特定的顺序组合在一起就得到了 MATLAB 程序，其文件名的后缀为 M，故称为 M 文件。MATLAB 7.x 提供了 M 文件的专用编辑/调试器，在编辑器中，会以不同的颜色表示不同的内容，如命令、关键字、不完整字符串、完整字符串及其它文本，这样就可以发现输入错误，缩短调试时间。

启动编辑器的方法有两种：

(1) 在工作空间中键入

```
edit fname
```

这时可启动编辑器，并打开 fname.m 文件。

(2) 在命令窗口的 File 菜单或工具栏上选择 New 命令或 NewFile 图标。

编辑器窗口如图 1.5 所示，它提供了一组菜单和快捷键，提供了编辑 M 文件和调试 M 文件的两大功能。

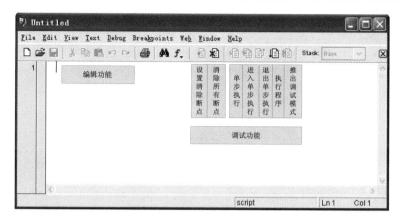

图 1.5　编辑器窗口

MATLAB 编辑器与其它 Windows 编辑程序类似，这里不再赘述，只对下列几点作特别说明：

(1) 在编辑 M 文件时，可直接转到指定的行，这可从 Edit 菜单中选择 Go To Line 命令来完成，如图 1.6 所示。

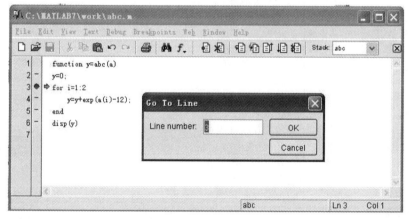

图 1.6　转到指定行对话框

(2) 可直接计算 M 文件中表达式的值，结果显示在命令窗口中，这可通过选择表达式，然后在 View 菜单中选择 EvaluateSelection 命令来实现。

(3) 可根据 MATLAB 的句法自动缩排，以增加 M 文件的可读性，这可通过先选择文本块，然后按鼠标右键，选择 Smart Indent 命令来实现。

1.6　MATLAB 的通用命令

本节介绍有关管理命令和函数、管理变量和工作空间、控制命令窗口、使用文件和工作环境、启动和退出 MATLAB 的函数等。

MATLAB 的通用命令如表 1.3 所示，这里将通用命令分成五类，后面将详细讨论这五类函数的具体用法。

表 1.3　MATLAB 的通用命令

管理命令和函数	
help	MATLAB 函数和 M 文件的在线帮助
version	MATLAB 版本号
ver	显示 MathWorks 产品的版本信息
path	控制 MATLAB 的目录搜索路径
addpath	将目录添加到 MATLAB 的搜索路径上
rmpath	从 MATLAB 的搜索路径上删除目录
whatsnew	显示 MATLAB 和工具箱的 README 文件
what	列出相应目录下的 M 文件、MAT 文件和 MEX 文件
which	函数和文件定位
type	列出文件
doc	在 Help 浏览窗口中显示帮助信息
lookfor	在 Help 文本中搜索关键字
lasterr	上一条出错信息
error	显示出错信息
profile	测量并显示 M 文件执行的效率
管理变量和工作空间	
who，whos	列出内存中的变量目录
disp	显示文本或阵列
clear	从工作空间中清除项目
mlock	防止 M 文件被删除
munlock	允许删除 M 文件
length	求向量或矩阵的长度
size	求阵列维大小
save	将工作空间变量保存到磁盘
load	从磁盘中恢复变量
pack	释放工作空间内存
控制命令窗口	
echo	执行过程中回显 M 文件
format	控制输出显示格式
more	控制命令窗口的分页显示
使用文件和工作环境	
diary	在磁盘文件中保存任务
dir	显示目录列表
cd	改变工作目录
mkdir	建立目录
copyfile	复制文件
delete	删除文件和图形对象
edit	编辑 M 文件
inmem	获取内存中的 M 文件名
matlabroot	获取 MATLAB 安装的根目录名
fullfile	构造文件全名
fileparts	获取文件名的组成部分
tempdir	返回系统临时工作目录名
tempname	产生临时文件的惟一文件名
启动和退出 MATLAB	
matlabrc	启动 MATLAB 的 M 文件
startup	启动 MATLAB 的 M 文件
quit	终止(退出)MATLAB

1.6.1　管理命令和函数

1．help

功能：MATLAB 函数和 M 文件的在线帮助。

格式：

　　help

　　help topic

说明：

　　直接输入 help 可列出所有主要的帮助主题。每个主要的帮助主题都要对应于 MATLAB 搜索路径上的目录名。

　　help topic 可给出特定主题(由 topic 指定)的帮助，topic 可以取函数名、目录名或者 MATLAB PATH 相对应的部分路径名。当 topic 为函数名时，help 命令将显示出有关这一函数的帮助信息。当 topic 为目录名时，help 可显示出指定目录中的 contents 文件，这时没有必要给出目录的全路径名，只需给出路径名中的最后一部分或几部分。

　　用户可为自己编写的 M 文件加上 help 内容，这只需在第二行开始的连续多行上加上以 ％开头的说明，这些内容就会在 help 命令中得以显示。

2．version

功能：MATLAB 版本号。

格式：

　　v=version

　　[v,d]=version

说明：

　　version 命令可以列出当前 MATLAB 的版本号。v=version 可得到表示 MATLAB 版本号的字符串 v；[v,d]=version 可以得到包含版本日期的字符串 d。例如：

　　version

　　ans =

　　　　7.0.4.365 (R14) Service Pack 2

3．ver

功能：显示 MathWorks 产品的版本信息。

格式：

　　ver

　　ver product

　　v = ver('product')

说明：

　　命令 ver 可以显示出 MathWorks 所有产品的版本信息；ver product 可以显示出指定产品的版本信息；v = ver('product')可以在变量 v 中保存指定产品的版本信息。

4．path

功能：控制 MATLAB 的目录搜索路径。

格式：

  path   path(path,'newpath')

  p=path   path('newpath',path)

  path('newpath')

说明：

path 显示当前的 MATLAB 搜索路径，MATLAB 搜索路径保存在 pathdef.m 文件中(位于 matlab\toolbox\local 子目录)；p=path 可在字符串变量 p 中得到当前的搜索路径；path ('newpath')可由'newpath'字符串设定路径；path(path,'newpath')、path('newpath',path)可将由'newpath'字符串指定的路径加到当前路径中，前者加在当前路径之后，而后者加在当前路径之前。

5．addpath

功能：在 MATLAB 搜索路径中添加目录。

格式：

  addpath('directory')

  addpath('dir1', 'dir2', 'dir3', …)

  addpath(…, '–flag')

说明：

addpath('directory')可将指定目录添加到 MATLAB 当前搜索路径的前面；addpath ('dir1', 'dir2', 'dir3', …)可将所有指定目录添加到搜索路径的前面；addpath(…, '–flag')可将指定目录添加到路径中，flag 用于指定目录是加在路径前面还是后面：

0 或 begin，指定目录加到路径之前；

1 或 end，指定目录加到路径之后。

6．rmpath

功能：从 MATLAB 搜索路径中删除目录。

格式：

  rmpath directory

  rmpath(directory)

说明：

rmpath diretory 可从 MATLAB 的当前搜索路径中删除指定的目录(由 directory 指定)。上面两种格式的功能是一样的。

7．whatsnew

功能：显示 MATLAB 和工具箱的 README 文件。

格式：

  whatsnew

  whatsnew matlab

  whatsnew toolboxpath

说明：

whatsnew 可显示 MATLAB 产品或指定工具箱的 README 文件，在 README 文件中给出了新的功能；whatsnew matlab 可显示 MATLAB 的 README 文件；whatsnew toolboxpath 可显示出由字符 toolboxpath 指定的工具箱的 README 文件。

8．what

功能：直接列出 M 文件、MAT 文件和 MEX 文件。

格式：

    what

    what dirname

说明：

what 命令可列出当前目录下的 M 文件、MAT 文件和 MEX 文件；what dirname 可列出由 dirname 指定的目录中的这些文件，命令中不必输入路径全名，只要在 MATLAB 路径中输入路径的最后一部分即可。

9．which

功能：定位函数和文件。

格式：

    which fun　　　　　　　　which fun1 in fun2

    which fun –all　　　　　　　which fun(a, b, c, …)

    which file.ext　　　　　　　s=which(…)

说明：

which fun 可显示由 fun 存储的路径名，fun 可以是 M 文件、MEX 文件、工作空间变量、内部函数或 SIMULINK 模型，当 fun 取后面三种时，函数 which 显示出相应的信息。

which fun –all 可显示名为 fun 的所有函数，–all 选项可用于 which 的所有形式。

which file.ext 可显示指定文件的所有路径名。

which fun1 in fun2 可显示 M 文件 fun2 中的 fun1 函数的路径，which fun1 可完成同样的功能。

which fun(a, b, c, …)可显示给定输入变量的函数的指定函数，例如 g=inline('sin(x) ')，则 which feval(g)会给出引用了 inline/feval.m 的信息。

s=which(…)可将 which 函数执行的结果放入字符串 s 中。

10．type

功能：列出文件。

格式：

    type filename

说明：

type filename 可在 MATLAB 命令窗口中显示出指定文件的内容。在文件名 filename 中，可使用部分路径名(借助于 MATLAB 的搜索路径和通配符)。如果不指定文件扩展名，则默认为 .m 文件。

11．doc

功能：在 Help 浏览窗口中显示帮助信息。

格式：

  doc

  doc command

说明：

doc 命令可打开帮助窗口；doc command 可显示指定命令或函数的帮助信息。

12．lookfor

功能：在 Help 文本中搜索关键字。

格式：

  lookfor topic

  lookfor topic –all

说明：

lookfor topic 可在所有 M 文件帮助文档的首行(H1 行)中搜索字符串 topic；而 lookfor topic –all 可在所有 M 文件的第一个解释块中搜索字符串 topic。

13．lasterr

功能：显示或返回上一条出错信息。

格式：

  str=lasterr

  lasterr(' ')

说明：

str=lasterr 可得到由 MATLAB 产生的上一条出错信息；lasterr(' ')可对 lasterr 进行复位，使之清除以前产生的出错信息的记忆，这时再次使用 str=lasterr 时，得到一个空矩阵。

lasterr 命令与 findstr、if…end 等语句相结合，可设计出根据出错情况而自动处理的"智能"程序。

14．error

功能：显示出错信息。

格式：

  error('error_message')

说明：

error('error_message')命令可显示出错信息，并将控制权交给键盘，出错信息为 error_message 中的内容。如果 error_message 为空，则不执行 error 命令。

15．profile

功能：测量并显示 M 文件执行的效率。

格式：

  profile function   profile off

  profile report   profile done

profile report n	profile reset
profile report frac	info=profile
profile on	

说明：

profile 是一个实用程序，它可测量 M 文件的执行效率，从而有助于用户设计出最优的 M 文件。

在上述格式中，function 为 M 文件相对应的函数名；report 指显示当前测量的 M 文件的总结报告；report n 只显示报告的前 n 行；frac 显示为 0～1 之间的小数，profile report frac 可显示一个报告，报告的每一行的执行时间大于总时间的 frac 倍。

profile on 和 profile off 分别表示允许和不允许测量 M 文件的执行效率；profile done 可关闭 profile 并清除它的数据；profile reset 可进行复位，但不退出 profile。

info=profile 可得到带有域的结构，其域包括

- file：被测函数的全路径名。
- function：被测函数名。
- interval：取样间隔(以秒为单位)。
- count：取样数向量。
- state：表示 profile 状态，当允许时为 on；不允许时为 off。

1.6.2　管理变量和工作空间

1．who，whos

功能：列出内存中变量的目录。

格式：

who	whos
who global	whos global
who –file filename	whos –file filename
who … var1 var2	whos … var1 var2
s=who(…)	s=whos(…)

说明：

who 与 whos 命令非常类似，who 命令只列出当前内存中的变量名，而 whos 除了列出变量名之外，还列出了变量的大小及变量是否具有非零虚部。

在上述格式中，who global 表示列出整个工作空间中的变量；who –file filename 命令列出由 MAT 文件(由 filename 指定)指定的变量；who … var1 var2 只列出指定的变量，这里可采用通配符。

s=who(…)可将显示的结果置入字符串 s 中；s=whos(…)得到带有域的结构，其域包括

- name：变量名。
- bytes：给阵列分配的字节数。
- class：变量的类。

2．disp

功能：显示文本或阵列。

格式：

　　disp(X)

说明：

当 X 为阵列时，disp(X)显示出阵列内容；当 X 为字符串时，disp(X)显示出字符串。

3．clear

功能：从工作空间中删除项目。

格式：

　　clear　　　　　　　　　　　clear global name

　　clear name　　　　　　　　clear keyword

　　clear namel name2 name3

说明：

clear 可清除工作空间中的所有变量；clear name 可从工作空间中删除 M 文件、MEX 文件或变量名，并可以采用通配符"*"删除指定的项目，如果 name 是全局的，则它可从当前工作空间中删去，但保留那些将它宣称为全局的函数访问权；clear namel name2 name3 可从工作空间中删去 name1、name2 和 name3；clear global name 可删去全局的变量名。

clear keyword 可清除指定的项目，keyword 可取

● functions：从内存中清除当前编译过的 M 函数。

● variables：从工作空间中清除所有的变量。

● mex：从内存中清除所有的 MEX 文件。

● global：清除所有的全局变量。

● all：清除所有变量、函数和 MEX 文件，使工作空间为空。

4．mlock

功能：防止 M 文件被清除。

格式：

　　mlock

　　mlock(fun)

说明：

mlock 可锁定当前执行的 M 文件，后续的 clear 命令不会将它清除；mlock(fun)可锁定内存中名为 fun 的 M 文件。利用 munlock 命令可恢复到正常状态。

5．munlock

功能：允许清除 M 文件。

格式：

　　munlock

　　munlock(fun)

说明：

munlock 命令可使当前运行的 M 文件解锁，即允许由后续 clear 命令清除；munlock(fun) 可使内存中名为 fun 的 M 文件解锁。缺省情况下，所有 M 文件为解锁状态。

6．length

功能：求向量或矩阵的长度。

格式：

    n=length(X)

说明：

当 X 为非空阵列时，length(X)等效于 max(size(X))；当 X 为空阵列时，length(X)=0。n=length(X)可得到最长维尺寸；当 X 为向量时，它等于向量的长度。例如：

    >> X=rand(5,12,3);
    n=length(X)
    n =
          12

7．size

功能：求阵列维大小。

格式：

    d=size(X)   m=size(X,dim)
    [m,n]=size(X)   [d1, d2, d3, …, dn]=size(X)

说明：

由于 MATLAB 5.0 以上版本增强了阵列功能，使之在 MATLAB 中可采用多维阵列，因此 size 的功能也相应地得到增强。

d=size(X)可得到阵列 X 每个维的尺寸，d 为一向量，阵列 X 的维数(即向量 d 的长度)可由 ndim(X)得到。

当 X 为矩阵(二维阵列)时，[m, n]=size(X)可得到其尺寸；当 X 为多维阵列时，[d1, d2, d3, …, dn]=size(X)可得到各个维的尺寸；m=size(X,dim)可得到指定维 dim 的尺寸。例如：

    >> X=rand(2, 4, 8)
    m=size(X, 2)
    m =
          4
    >> d=size(X)
    d =
          2   4   8
    >> [d1, d2, d3]=size(X)
    d1 =
          2
    d2 =
          4
    d3 =
          8

8．save

功能：在磁盘上保存工作空间变量。

格式：

　　　　save　　　　　　　　　　　　save filename options

　　　　save filename　　　　　　　　save filename variables options

　　　　save filename variables

说明：

　　save 命令可将工作空间中的所有变量以二进制的格式保存到 matlab.mat 文件中，这些变量可由 load 命令重新装入；save filename 命令可将所有变量保存到指定的 filename.mat 文件中；save filename variables 只保存指定的变量 variables。

　　save 命令可利用 options 参数指定存储格式，默认存储格式为二进制 MAT 文件格式。可使用的格式选项包括

- –ascii：8 位 ASCII 码格式。
- –ascii–double：16 位 ASCII 码格式。
- –ascii–tabs：8 位 ASCII 码格式，用制表符分隔。
- –ascii–double–tabs：16 位 ASCII 码格式，用制表符分隔。

9. load

功能：从磁盘中恢复变量。

格式：

　　　　load　　　　　　　　　　　　load filename.ext

　　　　load filename　　　　　　　　load filename –ascii

　　　　load(filename)　　　　　　　　load filename –mat

说明：

　　load 命令可恢复由 save 命令保存在磁盘文件中的变量，它与 save 命令是互逆命令。

　　load 命令可装入保存在 matlab.mat 中的所有变量；load filename 可从 filename.mat 文件中恢复变量；load(filename)可装入 filename 文件，例如：

　　　　str='filename.mat';　load(str)

等同于 load filename。

　　load filename.ext 可读取 ASCII 码文件，得到的数据存放在名为 filename 的变量中。注意，ASCII 码文件中允许出现注释行(以％开头)。

　　load filename –ascii 可按 ASCII 码方式装入文件；load filename –mat 可按 MAT 文件方式装入文件。

10. pack

功能：释放工作空间内存。

格式：

　　　　pack

　　　　pack filename

说明：

　　pack 命令可压缩内存中的信息并保存到 pack.tmp 文件中，以此释放出更多的内存空间；pack filename 可将压缩信息保存到指定的文件 filename 中。

1.6.3   控制命令窗口

1. echo

功能：执行过程中回显 M 文件。

格式：

echo on	echo off	echo
echo fcnname on	echo fcnname off	echo fcnname
echo on all	echo off all	

说明：

echo 命令可以控制执行过程中 M 文件的回显。正常情况下，在执行过程中 M 文件里的命令不会显示在屏幕上，但通过 echo 命令可以显示这些执行的命令，这有助于调试 M 文件程序。

对于普通的 MATLAB 程序文件和函数文件，echo 命令的结果稍有不同。对于普通的 MATLAB 文件，echo 命令可取 on 和 off 两种状态：echo on 表示打开命令回显；echo off 表示关闭命令回显；echo 表示翻转 echo 状态。

对函数文件，echo 命令较为复杂，echo 应作用于一个函数文件，当使之处于 echo on 状态时，文件边解释边执行，因此执行效率很低，故一般只用于调试。在函数文件中 echo fcnname on 表示打开函数文件的回显；echo fcnname off 表示关闭函数文件的回显；echo fcnname 表示翻转指定函数文件的 echo 状态；echo on all 表示设置所有函数文件为 echo on；echo off all 表示设置所有函数文件为 echo off。

2. format

功能：控制输出显示格式。

格式：

format

format options

说明：

MATLAB 的所有计算都是在双精度下进行的，format 命令只是用来控制不同的显示格式。format 命令的格式及意义如下(以 10π 为例给出显示结果)：

- format：缺省情况，等同于 format short。
- format short：5 位定点格式，例如 31.4159。
- format long：15 位定点格式，例如 31.41592653589793。
- format short e：5 位浮点，例如 3.1416e+001。
- format long e：15 位浮点，例如 3.141592653589793e+001。
- format short g：5 位定点或浮点取优，例如 31.416。
- format long g：15 位定点或浮点取优，例如 31.4159265358979。
- format hex：十六进制数，例如 403f6a7a2955385e。
- format bank：货币格式，例如 31.42。
- format rat：分数之比，例如 3550/113。

- format +：以+、−、空格的形式表示，例如+。
- format compact：消去显示之间的空行，以紧凑的格式显示。
- format loose：行间加一空行。

3．more

功能：控制命令窗口的分页输出。

格式：

    more off
    more on
    more(n)

说明：

more on 可使 MATLAB 命令窗口按分页格式显示；more off 关闭分页显示格式；more(n) 可指定每页显示的行数，缺省时每页显示 23 行。

在分页显示时，可使用下列按键控制输出：

- Enter(回车)：输出前移一行。
- Spacebar(空格)：输出前移一页。
- q：终止该文本显示。

1.6.4　使用文件和工作环境

1．diary

功能：在磁盘文件中保存任务。

格式：

    diary   diary on
    diary filename   diary off

说明：

diary 命令可建立键盘输入和系统响应的日志，其输出为 ASCII 码文件，可用于打印或插入到其它文档。

diary 有两种状态：on 和 off，diary 命令可在这两种状态之间切换。diary filename 可将日志保存到指定的文件 filename 中，如不指定文件，则默认写到 diary 文件中；如果指定文件已经存在，则新产生的日志加到文件的尾部。

diary on 切换到 diary 的打开状态，日志文件采用当前使用的 filename 或 diary；diary off 关闭 diary。

2．dir

功能：显示目录列表。

格式：

    dir
    dir dirnames
    names=dir
    names=dir('dirnames')

说明：

前两种格式与 DOS 操作系统下的 dir 命令一样，可列出指定目录下的指定文件。后两种格式可得到一个 mxl 的结构，其域包括

- name：文件名。
- date：修改日期。
- bytes：文件占用的字节数。
- isdir：当 name 为目录名时为 1；当 name 为文件名时为 0。

例如：

```
>> cd \matlab7.0
>> N=dir
N =
    20x1 struct array with fields:
    name
    date
    bytes
    isdir
>> N(3,:)
ans =
    name: 'MATLAB 7.0.lnk'
    date: '23-Jul-2005 22:17:45'
    bytes: 612
    isdir: 0
```

3．cd

功能：改变工作目录。

格式：

```
cd
cd directory
cd..
```

说明：

cd 命令与 DOS 系统中的 cd 命令完全一样，cd 用于显示当前目录名；cd directory 可改变到指定目录；cd.. 可退到上一层目录。

4．mkdir

功能：建立目录。

格式：

```
mkdir(dirname)
mkdir(parentdir, newdir)
status=mkdir(…)
[status,msg]=mkdir(…)
```

说明：

前两种格式与 DOS 系统中的 md 命令一样，mkdir(dirname)可在当前目录下建立指定目录；mkdir(parentdir, newdir)可在已存在的 parentdir(父目录)下建立新目录 newdir。

第三种格式可在建立目录之后，返回一个状态：

- status=1：目录建立成功。
- status=2：目录已存在。
- status=0：目录建立失败。

第四种格式还会在出错时得到一个非空的信息 msg。

5．copyfile

功能：复制文件。

格式：

copyfile(source,dest)	status=copyfile(…)
copyfile(source,dest, 'writable')	[status,msg]=copyfile(…)

说明：

copyfile(source,dest)命令可将源文件复制到目标文件中，这与 DOS 系统中的 copy 命令完全一样；copyfile(source,dest, 'writable')只是在复制之前检查目标磁盘的可写入性。

status=copyfile(…)命令在文件复制后，还返回一个状态：

- status=1：文件复制成功。
- status=0：文件复制失败。

[status, msg]=copyfile(…)命令还会在出错时得到一个非空的信息 msg。

6．delete

功能：删除文件和图形对象。

格式：

```
delete filenames
delete(h)
```

说明：

delete filenames 可删除指定的文件，这里可使用通配符(*)。delete(h)可删除句柄为 h 的图形对象。

7．edit

功能：编辑 M 文件。

格式：

edit	edit class/fun
edit fun	edit private/fun
edit file.ext	edit class/private/fun

说明：

edit 可打开新的编辑器窗口；edit fun 可在文本编辑器中打开指定的 M 文件 fun.m；edit file.ext 可打开指定的文本文件；其它三种格式可分别用于编辑一种方法、一个个人函数或个人方法，这三种格式不常用。

8．inmem

功能：获取内存中的 M 文件名。

格式：

> M=inmem
>
> [M, mex]=inmem

说明：

M=inmem 可得到一个单元阵列字符串，它包含存在于 P 代码缓冲器(内存)中的 M 文件名；[M,mex]=inmem 得到的单元阵列字符串包含已装入的 MEX 文件名。

9．matlabroot

功能：获取 MATLAB 安装的根目录名。

格式：

> rd=matlabroot

说明：

rd=matlabroot 可得到 MATLAB 软件安装时的根目录名，由此可正确得到各个功能函数的目录路径。例如，为得到"通用命令"这一类函数的目录名，可输入

> \>> rd=matlabroot;
>
> rg=fullfile(rd, 'toolbox', 'matlab', 'general')
>
> rg =
>
> F:\matlab7.0\toolbox\matlab\general

10．fullfile

功能：构造文件全名。

格式：

> fullfile(dir1, dir2, …, filename)

说明：

fullfile 命令可将给定目录名 dir1、dir2 等和给定的文件名 fileanme 连接成文件全名，即可生成 dirl\dir2\…\filename。例如：

> \>> fullfile(matlabroot,'toolbox','matlab','general','contents.m')
>
> ans =
>
> F:\matlab7.0\toolbox\matlab\general\contents.m

11．fileparts

功能：获取文件的组成部分。

格式：

> [path,name,ext,ver]=fileparts(file)

说明：

这一命令可得到指定文件 file 的路径、文件名、扩展名和版本，在 Windows 系统下，ver 为空。利用 fullfile 命令可重构文件全名。

12．tempdir

功能：返回系统临时工作目录名。

格式：

　　　　tmp_dir=tempdir

说明：

这一命令可得到系统临时工作的目录名。

13．tempname

功能：产生临时文件的惟一文件名。

格式：

　　　　tempname

说明：

tempname 可得到以字符 tp 开头的字符串，它可用作临时文件的文件名。

1.6.5　启动和退出 MATLAB

1．matlabrc

功能：启动 MATLAB 的 M 文件。

格式：

　　　　matlabrc

说明：

在启动 MATLAB 时，系统可自动执行主 M 文件 matlabrc.m，在 matlabrc.m 的末尾还会检测是否存在 startup.m，如存在则会自动执行它。在网络系统中，matlabrc.m 保留给系统管理员，而各个用户可利用 startup.m 进行初始设置。

2．startup

功能：启动 MATLAB 的 M 文件。

格式：

　　　　startup

说明：

见 matlabrc 命令。

3．quit

功能：终止或退出 MATLAB。

格式：

　　　　quit

说明：

quit 命令可终止 MATLAB，但不保存工作空间的内容。为保存工作空间的内容，可使用 save 命令。

习　　题

1．MATLAB 的主要特点是什么？

2．画出 MATLAB 系统的组成结构。

3. 建立自己的工作目录 MYBIN 和 MYDATA，并将它们分别加到搜索路径的前面或后面。

4. 在 MYBIN 和 BIN(MATLAB 系统自动生成)中分别建立 test.m 文件，然后在 MATLAB 中键入 test，这时检查执行的是哪一个 test.m 文件？如改变搜索路径，结果又会如何？如果在 MATLAB 环境中建立一个名为 test 的变量，则键入 test 时是给出变量值还是执行 test.m 文件？

5. 利用 save、load 命令，保存和恢复工作空间，进行一些自我练习，以便将来使用。

6. 练习使用 MATLAB 的集成环境，熟悉系统提供的各种工具。

第二章　MATLAB 基本操作

　　本章主要介绍 MATLAB 的一些基础知识，包括矩阵的建立、简单操作、逻辑操作和关系运算。为此在 2.4～2.7 节中分别给出 MATLAB 的操作符和特殊字符、基本矩阵和矩阵操作、基本数学函数、逻辑函数的详尽说明。

2.1　表　达　式

　　MATLAB 中的表达式由变量、数值、函数及操作符组成。

1. 变量

　　MATLAB 中的变量不需要事先定义，在遇到新的变量名时，MATLAB 会自动建立该变量并分配存储空间。当遇到已存在的变量时，MATLAB 会更新其内容，如有必要会重新分配存储空间。

　　变量名由字母、数字和下划线构成，并且必须以字母开头，最长为 31 个字符。MATLAB 能区分大小写字母，因此变量 A 和 a 是两个完全不同的变量。

　　对变量的赋值可采用赋值语句：

　　　　变量=表达式[;]

其中，"="为赋值号，赋值号右端表达式的结果赋给左边的变量；如果行末加上分号，则表达式结果不在屏幕上显示，否则在屏幕上显示出计算结果。当左端的变量名缺省时，表达式计算结果直接赋给系统默认的变量 ans。为显示出某变量的内容，只需键入变量名即可。

　　MATLAB 中还提供了一些用户不能清除的固定变量，如 ans、eps、pi、Inf、NaN。

　　(1) ans：在没有给定输出变量名时，系统默认采用变量 ans。

　　(2) eps：在决定诸如奇异性和秩时，eps 可作为一个容许误差，如 eps=2^{-52}，即精确到 $2.22×10^{-16}$。另外用户也可将此变量置为包括零值的其它任何值。

　　(3) pi：即是 π，可由 4×atan(1)计算得到，也可以用 imag(log(−1))得到。

　　(4) Inf：表示正无穷大，当输入 1/0 时会产生 Inf，即

　　　　Warning: Divide by zero.

　　　　(Type "warning off MATLAB:divideByZero" to suppress this warning.)

　　　　ans =

　　　　　　Inf

(5) NaN：变量 NaN 表示不定值，它由 Inf/Inf 或 0/0 运算产生。

(6) i 或 j：虚数单位，在构成复数时，可以直接采用 i 或 j，例如 3+2i。在运算中，可以将 i 或 j 当作已知变量使用，例如 a=123，b=−15，则 c=a+i*b。

(7) realmax：最大的正浮点数(1.7977e+308)。

(8) realmin：最小的正浮点数(2.2251e−308)。

2．数值

MATLAB 中采用人们习惯使用的十进制数，并可采用科学表示法表示特大数和特小数，虚数可用 i 或 j 表示。例如：

5	−39	0.025
1.61e−21	7.8e15	−3.21e−125
3.0i	−5.1+7.8i	780+3.2e2j

浮点数的范围为 $10^{-308} \sim 10^{308}$ 之间。其它类型的数据，比如二进制数、十六进制数均当作字符串输入，然后通过字符串变换函数 bin2dec、hex2dec 等将其转换成十进制数(详见第七章)。

3．操作符

MATLAB 中包含有算术运算、逻辑运算、关系运算、位运算及其它操作符。

MATLAB 的算术运算操作符：

+	加法	()	指定运算顺序
−	减法	.*	元素对元素乘法
*	乘法	./	元素对元素除法
/	除法	.\	元素对元素左除法
\	左除法	.^	元素对元素指数
^	指数	.'	非共轭阵列转置
'	复共轭转置		

MATLAB 的逻辑运算操作符：

&	逻辑与	~	逻辑非
|	逻辑或	xor	逻辑异或

MATLAB 的关系运算操作符：

<	小于	>=	大于等于
<=	小于等于	==	等于
>	大于	~=	不等于

MATLAB 在对两矩阵中的元素进行关系比较时，如果关系成立则为 1，如果关系不成立则为 0，因此关系比较的结果是由 0 和 1 构成的矩阵。

4．函数

MATLAB 强大的功能可从函数中略见一斑。从本质上看，MATLAB 函数可分为以下三类：

(1) MATLAB 的内部函数，这种函数是 MATLAB 系统中自带的函数，也是我们经常使用的函数。

(2) MATLAB 系统附带的各种工具箱中的 M 文件所提供的大量实用函数，这些函数都是指定领域中特别有用的函数，使用这些函数时，必须安装相应的工具箱函数。

(3) 由用户自己增加的函数，以适用于特定领域。

MATLAB 的这一特点是其它许多软件平台无法比拟的。

MATLAB 中提供的通用数理类函数包括：

- 基本数学函数
- 特殊函数
- 基本矩阵函数
- 特殊矩阵函数
- 矩阵分解和分析函数
- 数据分析函数
- 微分方程求解
- 多项式函数
- 非线性方程及其优化函数
- 数值积分函数
- 信号处理函数

函数的变量个数可以有多个，函数的输出也可以有多个，这取决于函数本身。例如，y=sin(0.1*pi)，a=ones(4, 7)，[I, J, V] = find(X)等。

下面简述函数的几种特殊用法。

(1) 函数的嵌套。

例如，函数 x=sqrt(log(z))表示先对 z 取对数，然后再对结果进行开方运算。

(2) 多输入函数。

例如，函数 theta=atah2(y,x)表示求矩阵 x 和 y 对应元素实部的反正切。

(3) 多输出函数。有些函数可产生多个输出值，这时输出值用[ ]括起来，且输出变量之间用逗号间隔。例如，函数[v,d]=eig(a)可得到矩阵 a 的特征向量 v 及其对应的特征值 d。又如[y,i]=max(x)可计算出向量 x 中的最大值 y 及其在 x 中的位置 i。

多输出函数可以只得到部分值，如 y=max(x)，只得到 x 中的最大值 y。

有关函数的具体用法，可通过 Help 命令得到

       help funname

当 funname 为函数名时，MATLAB 将列出该函数的有关说明；当 funname 为目录名(专题名称)时，MATLAB 将列出这一类函数的清单；当 funname 缺省时，将列出当前 MATLAB 系统中的所有专题信息。

5．表达式

将变量、数值、函数用操作符连接起来，就构成了表达式。当表达式太长时可分装在几行中，这时行末以三个点(…)结束，表示下行为续行。每一行最多为 4096 个字符。

下面是几个有效表达式的示例：

       a=(1+sqrt(10))/2;

       b=abs(3+5i);

       c=sqrt(bessell(4/3),a−i);

       d=sin(exp(−2.3));

       e=pi*d;

行末的分号用于抑制结果的显示，因此上述表达式计算后赋给左边相应的变量，但并不在屏幕上显示。如要查看变量的值，只需键入相应的变量名。

2.2　矩　阵　基　础

为了使读者能尽快熟悉 MATLAB 环境，也为了使读者对 MATLAB 语言提供的便利性有初步的认识，本节先介绍一些矩阵的基本操作。

2.2.1　矩阵的输入

在 MATLAB 中，输入矩阵可有以下几种方法：

- 输入元素列表。
- 从外部数据文件中读取矩阵。
- 利用 MATLAB 内部函数与工具箱函数产生矩阵。
- 用户自己编写 M 文件产生矩阵。

每一种产生矩阵的方法都是直观、方便的。

1．直接输入矩阵

输入元素列表时，可按下列约定输入：

- 矩阵行中的元素以空格或逗号间隔。
- 矩阵行之间用分号或回车间隔。
- 整个元素列表用方括号括起来。

例如，输入

```
a=[1  2  3; 4  5  6; 7  8  9]
```

按回车键后，MATLAB 可显示出所输入的矩阵：

```
a =

    1    2    3
    4    5    6
    7    8    9
```

另外，利用冒号操作符可使列表更为简便，其格式为 Dstart:Dstep:Dend，表示产生的数据从 Dstart 开始，步长为 Dstep，到 Dend 结束，长度为 fix(abs(Dend−Dstart)/Dstep)，Dstep 可以取负值。例如：

```
>> a=[1:3,4:6,7:9]
a =
    1    2    3    4    5    6    7    8    9
>>a1=[6: −1:1]
a1 =
    6    5    4    3    2    1
```

2．利用外部数据文件输入矩阵

我们经常会处理由其它系统所生成的数据文件,MATLAB 提供了读取数据文件的函数。

常用的函数有 load(读取 ASCII 码的 DAT 文档)、wavread(读取 Microsoft 的 WAV 格式的音频文件)、imread(从图像文件中读取图像数据)及由 fopen、fread、fclose 构成的任意文件的读取。

当 DAT 文档中包含规则数据(每行包含的数据个数相同)时,可采用 load 命令读取,其得到的变量名就是文件名,例如,d1.dat 文档内容如图 2.1 所示,则在 MATLAB 下可以输入

```
>> load d1.dat
>> d1
d1 =
    1.0e+003 *

    0.0122    0.0340    0.0560
    0.1200    0.3400    0.5600
         0    1.2000    0.9000
    0.0650    0.0660    0.0991
```

| 12.2, 34, 56 |
| 120, 340, 560 |
| 0, 1200, 900 |
| 65, 66, 99.1 |

图 2.1　d1.dat 文件实例

又如,假设已经通过其它语言程序产生了一个 100 行 4 列的数据文件 score.dat,则可利用读入命令产生矩阵

    load score.dat

这时得到一个名为 score 的矩阵,其大小为 100×4。

当 DAT 文档中包含的数据不规则时,则应该采用 fopen、fread、fclose 命令读取,详见在线帮助。

3. 利用 MATLAB 内部函数与工具箱函数产生矩阵

矩阵可通过输入每个元素来直接产生,也可以通过读取由其它软件产生的数据来产生,除此之外,还可以由标准 M 函数产生矩阵。例如:

```
>> a=eye(4)          %产生 4×4 的单位阵
a =
    1    0    0    0
    0    1    0    0
    0    0    1    0
    0    0    0    1
>> a1=eye(2,3)       %产生 2×3 的单位阵
a1 =
    1    0    0
    0    1    0
>> b=zeros(2,10)     %产生 2×10 的全 0 阵
b =
    0    0    0    0    0    0    0    0    0    0
    0    0    0    0    0    0    0    0    0    0
>> c=ones(2,10)      %产生 2×10 的全 1 阵
```

```
    c =
        1    1    1    1    1    1    1    1    1    1
        1    1    1    1    1    1    1    1    1    1
>> c1=8*ones(3,5)          %产生 3×5 的常数阵
    c1 =
        8    8    8    8    8
        8    8    8    8    8
        8    8    8    8    8
```

MATLAB 的有些函数可输入更多的变量，以产生多维矩阵。例如：

```
    d=zeros(3，2，2);          %产生 3×2×2 的零矩阵(多维阵列)
```

为了进行信号分析与处理，经常需要对接收信号进行仿真，而在信号仿真中离不开随机数的产生，MATLAB 提供的 rand 和 randn 函数可分别产生均匀分布和正态分布的随机数。例如，要产生[0，1]之间均匀分布的随机向量 r1(2×3)，可输入

```
>> r1=rand(2, 3)              %产生[0，1]之间均匀分布的随机矩阵
    r1 =
        0.4565    0.8214    0.6154
        0.0185    0.4447    0.7919
>> r2=5−10*rand(2, 3)          %产生[−5，5]之间均匀分布的随机矩阵
    r2 =
        0.8973    4.4211   −3.1317
       −3.9365    1.4713    4.9014
>> r3=randn(2,3)               %产生均值为 0、方差为 1 的标准正态分布的随机矩阵
    r3 =
        1.1892    0.3273   −0.1867
       −0.0376    0.1746    0.7258
>> r4=2*randn(2,3)+3           %产生均值为 3、方差为 4 的正态分布的随机矩阵
    r4 =
        2.8087    3.5888    4.4286
        1.3353    0.3276    6.2471
```

利用 diag 函数可产生对角阵，例如：

```
>> d=[2 −10 8]
    d =
        2   −10     8
>> a=diag(d)                   %标准对角阵，非零元素位于主对角线上
    a =
        2     0     0
        0   −10     0
        0     0     8
>> a1=diag(d,1)                %非零元素位于次对角线上
```

```
      a1 =
           0     2     0     0
           0     0   -10     0
           0     0     0     8
           0     0     0     0
   >> a2=diag(d, -1)                  %非零元素位于次对角线
      a2 =
           0     0     0     0
           2     0     0     0
           0   -10     0     0
           0     0     8     0
```

fliplr 和 flipud 函数可以将矩阵元素按左右翻转和上下翻转，例如：

```
   >> fliplr(diag(d))                 %非零元素位于反主对角线
   ans =
        0     0     2
        0   -10     0
        8     0     0
```

diag 函数还可以从矩阵中提取对角线元素，例如：

```
   >> r=rand(3,3)
      r =
           0.1389    0.6038    0.0153
           0.2028    0.2722    0.7468
           0.1987    0.1988    0.4451
   >> b=diag(r)                       %提取主对角线元素
      b =
           0.1389
           0.2722
           0.4451
   >> b1=diag(fliplr(r))              %提取反主对角线元素
      b1 =
           0.0153
           0.2722
           0.1987
```

利用 diag 函数可得到复杂的矩阵，例如：

```
   >> v=[1 2 3 4]; v1=[7 8 9];
   >> c=diag(v)+diag(v1,1)
   c =
        1     7     0     0
        0     2     8     0
        0     0     3     9
        0     0     0     4
```

2.2.2　矩阵元素的存储

在 MATLAB 系统中，矩阵元素是按列存储的。矩阵中的元素可以只采用一个下标来寻址，例如：

```
>> a=[1 2 3;10 20 30]
a =
        1       2       3
       10      20      30
>> a(2)
ans =
       10
>> a(4)
ans =
       20
>> a(1:6)
ans =
       1      10       2      20       3      30
```

多元阵列的元素也按类似方式存储。

2.2.3　矩阵的操作

1. 矩阵转置

对矩阵进行转置是很简单的。例如，对矩阵 A 的转置为 A'，注意：当 A 为复数矩阵时，则 A'表示共轭转置，如果要实现非共轭转置，则应采用 A.'，例如：

```
>> A=[100 200 300];
>> A'
ans =
       100
       200
       300
>> B=[100+100i 200+200i 300+300i];
>> B'
ans =
       1.0e + 002 *
       1.0000 – 1.0000i
       2.0000 – 2.0000i
       3.0000 – 3.0000i
>> B.'
```

```
ans =
    1.0e+002 *
    1.0000 + 1.0000i
    2.0000 + 2.0000i
    3.0000 + 3.0000i
```

2. 矩阵重排

对已经存在的矩阵，可以根据其存储方式进行重排。例如：

```
>> a=[1 2;3 4;5 6]
a =
    1    2
    3    4
    5    6
>> b=a(:)                    %变成一维向量
b =
    1
    3
    5
    2
    4
    6
>> c=reshape(a,2,3)          %变成 2×3 矩阵，注意变换前后的矩阵元素个数必须相等
c =
    1    5    4
    3    2    6
>> d=zeros(2,2)             %先定义一个 2×2 的全 0 阵
d =
    0    0
    0    0
>> d(:)=a(3:6)             %然后从 a 阵中取出 4 个元素，构成新矩阵
d =
    5    4
    2    6
```

3. 矩阵元素求和

MATLAB 提供的 sum 函数可以完成对矩阵元素按列求和。例如：

```
>> a=[1 2 3;10 20 30;4 5 6]
a =
    1    2    3
   10   20   30
    4    5    6
```

```
>> sum(a)

ans =

        15    27    39
```

如果要按行计算元素和，可输入

```
>> sum(a')'

ans =

        6
        60
        15
```

为获取矩阵 a 的对角线上的元素，可采用 diag 函数

```
>> diag(a)

ans =

        1
        20
        6
```

因此计算矩阵 a 对角线上的元素之和，可输入

```
>> sum(diag(a))

ans =

        27
```

4．矩阵下标

矩阵中的元素可通过下标来存取，例如，a(i，j)表示矩阵 a 中处于第 i 行第 j 列的元素。

```
>> a=[1 2 3;10 20 30;4 5 6]

a =

        1     2     3
        10    20    30
        4     5     6

>> b=a(1,2)+a(2,3)

b =

        32
```

由于矩阵元素在内存中是按列存储的，因此还可以通过单变量下标来访问矩阵元素。例如，上面例子等效于

```
>> b=a(4)+a(8)

b =

        32
```

利用下标修改矩阵中的个别元素是很方便的，例如：

```
>> a(2,1)=15;
>> a(3,2)=25
```

```
    a =
          1      2      3
         15     20     30
          4     25      6
```

在下标中可直接使用 end 表示这一维的最后一个元素，例如：

```
    >> a(2:end,2)
    ans =
         20
         25
```

当访问不存在的矩阵元素时，会产生一出错信息，例如：

```
    >> c=a(4,2)
    ??? Index exceeds matrix dimensions.
```

另一方面，可通过给未存在的矩阵元素赋值的方法，增加矩阵的行数或列数，例如：

```
    >> a(4,2)=11
    a =
          1      2      3
         15     20     30
          4     25      6
          0     11      0
```

虽然这不失为一种自动扩大矩阵的方法，在编写应用程序时可随着循环次数的增加而自动增加记录行数，但这要付出执行时间作为代价。因此，在编写程序时，应在程序初始化部分，先预分配好记录矩阵的大小，这样可大大加快程序的执行速度。

5．矩阵扩大

我们经常会遇到利用小矩阵构成大矩阵的情况，MATLAB 提供了三种方法来实现这一功能，这三种方法分别为连接操作符[ ]、阵列连接函数 cat 和重复函数 repmat。

（1）连接操作符[ ]：像分块矩阵构造大矩阵一样，通过连接操作符[ ]将小矩阵连接成大矩阵。例如：

```
    >> a=[1 2;3 4]
    a =
          1      2
          3      4
    >> b=[a a+5; a-5 zeros(size(a))]        %利用小矩阵 a 生成 4×4 的大矩阵
    b =
          1      2      6      7
          3      4      8      9
         -4     -3      0      0
         -2     -1      0      0
    >> c=[a; 5 10]                          %给 a 矩阵的下面加上一行
```

```
c =
      1     2
      3     4
      5    10
>> d=[a [5;10]]                    %给 a 矩阵的右边加上一列
d =
      1     2     5
      3     4    10
>> e=[[5;10] a]                    %给 a 矩阵的左边加上一列
e =
      5     1     2
     10     3     4
```

(2) 阵列连接函数 cat：可以将两个矩阵按指定维进行连接，从而得到大矩阵。例如：

```
>> a=[1 2; 3 4];
>> b=[5 6; 7 8];
>> c=cat(1, a, b)                  %沿着第 1 维连接
c =
      1     2
      3     4
      5     6
      7     8
>> d=cat(2, a, b)                  %沿着第 2 维连接
d =
      1     2     5     6
      3     4     7     8
>> e=cat(3, a, b)                  %沿着第 3 维连接，生成多维阵列
e(:, :, 1) =
      1     2
      3     4
e(:, :, 2) =
      5     6
      7     8
```

(3) 重复函数 repmat：可以将小矩阵以重复的形式产生大矩阵。例如：

```
>>a=[1 2; 3 4]
>> f=repmat(a, 2, 3)
f =
      1     2     1     2     1     2
      3     4     3     4     3     4
      1     2     1     2     1     2
      3     4     3     4     3     4
```

6．矩阵缩小

将大矩阵变成小矩阵的方法有抽取法和删除法两种。

(1) 抽取法是指从大的矩阵中抽取其中的一部分，从而构成新的矩阵。例如：

```
>> a=[1:4; 5:8; 9:12; 13:16]
a =
        1     2     3     4
        5     6     7     8
        9    10    11    12
       13    14    15    16
>> b=a(2:3, 3:4)
b =
        7     8
       11    12
>> c=a([2 4], [1 3])
c =
        5     7
       13    15
```

　(2) 删除法是在原来矩阵中，利用空矩阵[]删除指定的行或列。例如，在上面的矩阵 a 的基础上，有

```
>> a(2,:)=[]                    %删除第 2 行
a =
        1     2     3     4
        9    10    11    12
       13    14    15    16
>> a(:,[1,3])=[]                %删除第 1 列和第 3 列
a =
        2     4
       10    12
       14    16
```

命令左边的冒号表示行或列中所有元素。应该注意，删除后应该得到一个适当维数的矩阵，例如：

```
>> a(1,2)=[]
???   Indexed empty matrix assignment is not allowed.
```

如果能删除这一元素，则剩余部分不能构成一个矩阵。

利用单下标可删除单个元素或多个元素，剩余部分变成行向量，例如：

```
>> a(2)=[]
a =
        2    14     4    12    16
```

7．矩阵变换

MATLAB 提供了一组变换函数，如 rot90、tril、triu、fliplr、flipud 等，它们可以将矩阵变换成期望的形式。例如：

```
>> A=fix(10*rand(2,4))            %产生[0，10]之间均匀分布的随机矩阵(取整)
A =
     9     4     5     6
     4     8     2     8
>> B1=tril(A,1), B2=triu(A,1)     %上三角矩阵和下三角矩阵
B1 =
     9     4     0     0
     4     8     2     0
B2 =
     0     4     5     6
     0     0     2     8
>> C1=fliplr(A), C2=flipud(A)     %左右翻转、上下翻转
C1 =
     6     5     4     9
     8     2     8     4
C2 =
     4     8     2     8
     9     4     5     6
```

8．矩阵运算

利用基本的数学函数，可以对矩阵进行运算。例如：

```
>> a=[2 4;6 8]
a =
     2     4
     6     8
>> b=sqrt(a)
b =
    1.4142    2.0000
    2.4495    2.8284
>> d=exp(a)
d =
   1.0e+003 *
    0.0074    0.0546
    0.4034    2.9810
```

利用取整和求余函数，可得到整数或精确到小数点后的第几位。例如：

```
>> x1=10-round(20*rand(2,5))      %产生[-10 10]之间的随机数(取整)
```

```
x1 =
    -4    -1    -4    -7    -2
     4     7     2    -7     0
>> x2=10-round(2000*rand(2,5))/100        %产生[-10 10]之间的随机数(精确到 0.01)
x2 =
   -8.0000   -2.9000   -3.2000    4.2100   -0.6800
   -6.4300   -6.3600    3.1600    3.1800   -4.5400
```

2.3 逻辑和关系运算

1. 逻辑操作符

MATLAB 提供了三个逻辑操作符：&(与)、|(或)和~ (非)，与之相对应有三个逻辑操作函数：and、or 和 not，它们的作用是相同的，只是使用格式略有差异。

另外，xor(异或)是第四个逻辑操作函数。

在逻辑操作中，所有的非零值元素都当作"1"(逻辑真)处理。例如：

```
>> x=[23 -5; 0 0.001]
x =
   23.0000   -5.0000
        0    0.0010
>> ~x                        %x 的逻辑非
ans =
    0    0
    1    0
>> y=[0.1 0; -0.1 0]
y =
    0.1000        0
   -0.1000        0
>> z1=x&y,z2=and(x,y)        %x、y 的逻辑与
z1 =
    1    0
    0    0
z2 =
    1    0
    0    0
>> z3=xor(x,y)
z3 =
    0    1
    1    1
```

2．关系操作符

MATLAB 提供了六种关系操作符：> (大于)、>= (大于等于)、< (小于)、<= (小于等于)、== (等于)、~= (不等于)。如果给定的关系成立，则操作结果为逻辑真(1)，否则操作结果为逻辑假(0)。这些操作符与逻辑操作符配合使用，可使程序设计更加灵活。例如：

```
if and(a==1, b>5)
    …
end
```

表示当 a=1 且 b>5 时执行指定的语句。又如：

```
if or(a>1,b<1), disp('a>1 or b<1'), end
if and(a<=1,b<5), disp('a<=1 and b<5'), end
```

利用关系操作符可以实现多分支处理，例如：

```
if a>1
    语句 1
elseif a==1
    语句 2
else
    语句 3
end
```

表示当 a>1、a=1、a<1 时分别执行语句 1、语句 2 和语句 3。

3．逻辑函数

MATLAB 提供了许多测试用的逻辑函数，灵活、巧妙地运用这些函数，可以得到期望的结果。利用 all 函数可以测定矩阵所有元素是否非零，如果所有元素非零，则为真。例如，编写一段测试矩阵是否全非 0 阵的测试程序：

```
function testallzeros(a)
if all(a)
    disp('The all element of matrix is not zero.');
else
    disp('The matrix has zero element.');
end
```

这样，可以对任意矩阵进行测试，例如：

```
>> a=[1 2;0 4];
>> testallzeros(a)
    The matrix has zero element.
>> b=rand(3,3)
    b =
        0.4447    0.9218    0.4057
        0.6154    0.7382    0.9355
        0.7919    0.1763    0.9169
```

```
>> testallzeros(b)
    The all element of matrix is not zero.
```

这表明 testallzeros 函数可以测定矩阵中是否包含 0 元素。与 all 函数类似，any 函数可以测试出矩阵中是否含有非零值，例如：

```
>> a=[1 0 0;0 0 1;0 0 0]
    a =
        1    0    0
        0    0    1
        0    0    0
>> any(a)
    ans =
        1    0    1
```

这说明矩阵 a 中第 1、3 列中包含非零元素，而第 2 列中不含有非零元素。

find 函数可以找出矩阵中的非零元素及其位置，例如：

```
>> a=zeros(4,5);
>> a(3,2)=0.5;
>> a(4,4)= -0.4
    a =
        0         0         0         0         0
        0         0         0         0         0
        0    0.5000         0         0         0
        0         0         0   -0.4000         0
>> [i,j,v]=find(a)
    i =
        3
        4
    j =
        2
        4
    v =
        0.5000
       -0.4000
```

这说明在矩阵 a 中，第 3 行第 2 列的元素为 0.5，第 4 行第 4 列的元素为 -0.4。

exist 函数可以测定文件是否存在，它可在装入数据文件之前对数据文件作检测，例如：

```
if exist('sg.dat')
    load sg.dat
else
    sg=zeros(30,2);
end
```

这样，当存在 sg.dat 时，直接将数据读入到 MATLAB 的 sg 变量中；当不存在 sg.dat 时，将变量 sg 初始化为全 0 矩阵，这在信号处理中很有用。

利用 is* 这一组函数可对矩阵进行各种检测，其中 isnan 函数可从阵列中检测出非数值 (NaN)。如果阵列中包含 NaN，则基于这一阵列的任何函数值也为 NaN，因此在数据处理之前，一般应对数据进行分析，删去包含 NaN 的测量样本，然后进行处理。例如，设已得到 5 个点的测量值 a，现要计算其均值：

```
>> a
a =

     1.0000     2.0000     2.0000
     2.0000     3.0000     0.4000
     3.0000     5.0000    -0.9000
     4.0000        NaN     0.9000
     5.0000    -2.0000    -0.8000

>> m=mean(a)                    %求均值
m =

     3.0000        NaN     0.3200
```

无法得到所需要的均值，为此，应该删去包含 NaN 的测量样本：

```
>> b=any(isnan(a'))'           %找出 NaN 值位置
b =

     0
     0
     0
     1
     0

>> [i,j]=find(b)
i =

     4

j =

     1

>> if length(i), a(i,:)=[], end        %删除 NaN 所在的行
a =

     1.0000     2.0000     2.0000
     2.0000     3.0000     0.4000
     3.0000     5.0000    -0.9000
     5.0000    -2.0000    -0.8000

>> m1=mean(a)
m1 =

     2.7500     2.0000     0.1750
```

这样处理后，a 阵中已去除了非数值 NaN，为后续处理做好了准备。虽然在处理时删去了一个采样点，但在实际应用时，取样点个数成千上万，因此去除个别几个异常值，不但是完全可以的，也是完全有必要的。

2.4 操作符和特殊字符

这一节给出了 MATLAB 的操作符和特殊字符。表 2.1 简要地列出了本节要讨论的操作符和特殊字符，后面将详细讨论这些操作符和特殊字符的应用。

表 2.1 操作符和特殊字符

算术操作符/算术操作运算	
+ − * / \ ^ '	矩阵和阵列的算术运算
kron	Kronecker 张量积
:	建立向量、阵列的下标或用于迭代
特殊字符	
[] () {} = ' " . . ... , ; % !	特殊字符
关系操作符	
< > <= >= == ~=	关系操作运算
逻辑操作符/逻辑操作运算	
&	~	逻辑操作运算
xor	异或操作运算

1. 算术操作符 + − * / \ ^ '

功能：矩阵和阵列的算术运算。

格式：

A+B   A−B   A*B   A.*B

A/B   A./B   A\B   A.\B

A^B   A.^B   A'   A.'

说明：

MATLAB 定义了两种不同的算术运算：矩阵和阵列算术运算。矩阵算术运算由线性代数规则来定义，而阵列算术运算是元素对元素的运算，用句点来区分这两种运算。由于对加法、减法而言，这两种运算是相同的，因此不必使用 .+ 和 .−。

● A+B，A−B 是最简单的运算；A、B 应该具有相同的尺寸，当然如果其中之一为标量也是可以的，这时标量被看做是与另一个具有相同尺寸的等元素矩阵。

● C=A*B 完成矩阵 A、B 的线性代数积，即

$$C(i, j) = \sum_{k=1}^{n} A(i,*)B(k, j)$$

当 A、B 中任一个为标量时，直接将它乘到另一个矩阵的每个元素中。

- C=A.*B 是 A、B 对应元素相乘，即

$$C(i, j)=A(i, j)B(i, j)$$

- A/B 完成矩阵右除，它相当于 A*inv(B)。
- C=A./B 完成阵列右除，即

$$C(i, j)=A(i, j)/B(i, j)$$

- A\B 完成矩阵左除。当 A 为方阵时，相当于 inv(A)*B，因此 X=A\B 是线性方程 Ax=B 的解(利用高斯消元法求解)。如果 A 为 m×n 矩阵，B 为 m 列向量，则 X=A\B 是在最小二乘意义下方程 Ax=B 的解。
- C=A.\B 完成阵列左除，即

$$C(i, j)=B(i, j)/A(i, j)$$

- A^B 完成矩阵幂，它有两种形式：X^p(指数为标量)和 x^P(底数为标量)。

X^p 是矩阵 X 的 p 次幂(p 为标量)，当 p 为整数时，可通过连续相乘来完成；当 p 为负整数时，则先对 X 求逆；当 p 为其它值时，幂函数计算要涉及到特征值和特征向量，这样当[V, D]=eig(X)时，有 X^p=V*D.^p/V。

x^P 是标量 x 的矩阵指数函数，这也要用到矩阵 P 的特征值和特征向量。当指数和底数均为矩阵时，无法求解。

- C=A.^B 完成阵列幂，它是矩阵元素对元素的运算，即

$$C(i,j)=A(i,j).^B(i,j)$$

- A'可求出矩阵转置，对复数阵 A 可求出其复共轭转置。
- A.'可求出阵列转置，对复数阵 A 不涉及到共轭运算。

以上这些矩阵或阵列的算术运算是 MATLAB 的基本运算，它们还具有相对应的 M 函数，在适当的场合可直接调用这些命令来完成某一运算，对应关系如表 2.2 所示。

表 2.2　算术运算对应的 M 函数

功　能	算术表达式	M 函数	功　能	算术表达式	M 函数
二进制加法	A+B	puls(A,B)	阵列右除	A./B	rdivide(A,B)
	+A	upuls(A)	矩阵左除	A\B	mldivide(A,B)
二进制减法	A−B	minus(A,B)	阵列左除	A.\B	ldivide(A,B)
	−B	uminus(A)	矩阵求幂	A^B	mpower(A,B)
矩阵乘	A*B	mtimes(A,B)	阵列求幂	A.^B	power(A,B)
阵列乘	A.*B	times(A)	矩阵转置	A'	ctranspose(A)
矩阵右除	A/B	mrdivide(A,B)	阵列转置	A.'	transpose(A)

2．算术操作运算 kron

功能：kronecker 张量积。

格式：

　　K=kron(X，Y)

说明：

K=kron(X，Y)可得到 X 和 Y 的 Kronecker 张量积，其结果是由 X 和 Y 所有元素可能的积形成的大型阵列，如果 X 为 m×n，Y 为 p×q，则 kron(X, Y)为 m*p×n*q。

例如，设 X 为 2×3 矩阵，则

$$\text{Kron}(X, Y) = \begin{bmatrix} X(1,1)*Y & X(1,2)*Y & X(1,3)*Y \\ X(2,1)*Y & X(2,2)*Y & X(2,3)*Y \end{bmatrix}$$

3. 算术操作运算(:)

功能：建立向量、阵列的下标或用于迭代。

说明：

冒号是 MATLAB 中最常用的操作符之一，它可用于建立向量、阵列的下标和迭代，其格式如表 2.3 所示。利用冒号可从向量、矩阵和高维阵列中选取指定的行和列，其格式如表 2.4 所示。

表 2.3　冒号使用格式(1)

格　式	功　能
j:k	等同于[j, j+1, …, k]
j:k	当 j>k 时为空
j:i:k	等同于[j, j+i, j+2i, …, k]
j:i:k	当 i>0 且 j>k，或者 i<0 且 j<k 时为空

表 2.4　冒号使用格式(2)

格　式	功　能
A(:, j)	取 A 的第 j 列
A(i, :)	取 A 的第 i 行
A(:, :)	等效于二维阵列，对矩阵而言，它等同于 A
A(j:k)	取出 A(j)，A(j+1)，…，A(k)元素
A(:, j:k)	取出 A 的从第 j 列到第 k 列的元素，即取出 A(:, j)，A(:, j+1)，…，A(:, k)
A(:, :, k)	取出三维阵列 A 的第 k 列
A(i, j, k, :)	取出四维阵列 A 中的向量，向量由 A(i, j, k, 1)，A(i, j, k, 2)，A(i, j, k, 3)等元素组成
A(:)	将 A 的所有元素排成列向量

4. 特殊字符[] () {} = ' " . .. … , ; % !

功能：特殊字符。

格式：

　　[] () {} = '. .. … , ; % !

说明：

(1) [](方括号)用于形成向量和矩阵，例如，[6.9 2.5 0]为向量，[1 2 3；4 5 6]为矩阵，其中分号用于结束第一行。[]内还可以采用矩阵和向量，例如，只要 A、B、C 的维数适当，就可利用 D=[A B; C]产生更大的矩阵。

A=[]表示产生空矩阵 A，A(m, :)=[]表示从 A 中删去第 m 行，A(:, n)=[]表示从 A 中删去第 n 列，A(1:n)表示将 A 的前 n 格元素重新排列成列向量，[A1, A2, A3, …]=

function_name(…)表示利用指定函数产生多个矩阵变量 A1，A2，A3 等。

(2) { }(花括号)用于单元阵列的赋值，例如，A(2,1)={[1 2 3; 4 5 6]}，A{2, 2}=('str')。

(3) ()(括号)通常用于一般的算术表达式，表示优先运算，它还用于表示函数变量、向量下标和矩阵下标等。如果 X，V 为向量，则 X(V)表示[X(V(1)), X(V(2)), …, X(V(n))]。例如，X(3)表示 X 的第 3 个元素，X([1 2 3])为 X 的前 3 个元素。

如果 X 有 n 个元素，则 X(n: −1:1)可将它们反序输出；当 V 有 m 个元素，W 有 n 个元素时，则 A(V, W)可形成 m×n 矩阵，例如，A([1,5], :)=A([5, 1], :)可将 A 的第 1 行与第 5 行交换。

(4) =(等号)用于表示赋值，如 B=A 表示将 A 的元素赋给 B。

(5) '(撇)表示矩阵转置。X'表示 X 的复共轭转置，X.'表示 X 的非共轭转置。

(6) ' '(引号)用于表示字符向量，其值为相应字符的 ASCII 码。

(7) .(点)可表示小数点，如 3.14；"."还可以表示元素对元素运算，它与其它算术运算符结合，构成阵列运算操作符；另外，"."还可以表示域访问，例如，A 为一种结构，field 为 A 的域，则可使用 A.field 和 A(i).field 来访问域内容。

(8) ..(两个点)在 cd 命令中用于表示父目录。

(9) ...(三个点)用于行末表示续行。

(10) ,(逗号)用于分隔矩阵下标和函数变量，也用于分隔多语句行中的语句。

(11) ;(分号)在方括号内用于指示行末，在语句或表达式后面使用,表示抑制输出结果。

(12) %(百分号)表示注释信息，指示逻辑行的结束，在"％"之后的任意文本都作为说明。

(13) !(感叹号)指示其后的内容为操作系统命令。

应该注意，有些特殊字符的使用具有等效的 M 文件函数，如水平串联[A, B, C, …]等效于 horzcat(A, B, C, …)；垂直串联[A; B; C; …]等效于 vertcat(A, B, C, …)。

5.　关系操作符< 　> 　<= 　>= 　== 　~=

功能：关系操作运算。

格式：

A>B	A>=B
A<B	A<=B
A==B	A~=B

说明：

关系操作符可完成两个阵列之间元素对元素的比较，其结果为同维数的阵列。当关系成立时相应的元素置为逻辑真(1)，否则置为逻辑假(0)。

操作符<、<=、>、>=只用于操作数的实部比较，而==、~=用于比较实部和虚部。

关系操作符的优先级介于逻辑操作符和算术操作符之间。

测试两个字符串是否相同可采用 strcmp，这时可比较不同长度的字符串。

6.　逻辑操作符 & 　| 　~

功能：逻辑操作运算。

格式：

　　A&B　　　　　AlB　　　　　~A

说明：

&、|、~分别表示逻辑与、或、非，它们都是按元操作的。0 表示逻辑假(F)，任何非零值表示逻辑真(T)。

逻辑操作的优先级最低，因此要优先计算算术和关系操作符。逻辑操作之间的优先次序为非(~)优先级最高，与(&)和或(|)优先级相同。

注意，逻辑操作有相应的 M 文件。

A&B 等效为 and(A, B)；

A|B 等效为 or(A, B)；

~A 等效为 not(A)。

7．逻辑操作运算 xor

功能：异或操作。

格式：

　　C=xor(A,B)

说明：

C=xor(A,B)完成阵列 A 和 B 对应的元素的异或操作。例如：

```
a=[0   0   pi   eps];
b=[0 –2   4   1.2];
c=xor(a, b)
c=
    0   1   0   0
```

2.5　基本矩阵和矩阵操作

这一节给出有关矩阵的产生和操作的函数。先简要地列出这些函数，如表 2.5 所示，然后分别列出各个函数的使用说明。

表 2.5　基本矩阵和矩阵操作

基本矩阵和阵列	
eye	建立单位矩阵
ones	建立全 1 阵列
zeros	建立全 0 阵列
rand	建立均匀分布的随机数和阵列
randn	建立正态分布的随机数和阵列
linspace	建立线性间空向量
logspace	建立对数间空向量

续表

特殊变量和常数	
ans	列出变量最近的值
pi	圆周率 π(=3.14159…)
i,j	虚数单位
NaN	非数值
Inf	无穷大数
realmax	最大的正浮点数
realmin	最小的正浮点数
nargin,nargout	函数变量数
varargin,varargout	传递或返回可变的变量数
eps	浮点数相对精度
computer	识别运行 MATLAB 的计算机
inputname	输入变量名
flops	统计浮点运算次数

时间和日期	
tic,toc	秒表定时器
date	当前日期字符串
now	当前日期和时间
clock	当前时间的日期向量
etime	计算使用的时间
cputime	计算 CPU 时间
datestr	日期字符串格式
datevec	日期部分
datenum	串行日期数值
weekday	星期日期
eomday	月末的日期
calendar	日历

矩阵操作	
diag	对角矩阵和矩阵的对角化
reshape	阵列重新排列
rot90	矩阵旋转 90°
fliplr	矩阵左右翻转
flipud	矩阵上下翻转
tril	矩阵的下三角阵
triu	矩阵的上三角阵
cat	阵列连接
repmat	复制并平铺阵列

2.5.1 基本矩阵和阵列

1. eye

功能：单位矩阵。

格式：

y=eye(n)

y=eye(m,n)   y=eye([m n])

y=eye(size(A))

说明：

y=eye(n)可产生 n×n 的单位阵 y；y=eye(m,n)或者 y=eye([m n])可产生 m×n 的矩阵 y，其对角线上的元素为 1，其它元素为 0；y=eye(size(A))可产生与 A 同维数的单位阵 y。例如：

```
>> y=eye(3,2)
y =
     1     0
     0     1
     0     0
```

2．ones

功能：建立全 1 阵列。

格式：

```
y=ones(n)
y=ones(m, n)                    y=ones([m n])
y=ones(d1, d2, d3, …)          y=ones([d1 d2 d3 …])
y=ones(size(A))
```

说明：

ones 函数可产生全 1 阵列，即所有元素都为 1，其格式说明类似于 eye 函数，但应注意一点，eye 函数不能应用于多维阵列，而 ones 函数可应用于多维阵列。例如：

```
>> y=ones(3,2)
y =
     1     1
     1     1
     1     1
```

3．zeros

功能：建立全 0 阵列。

格式：

```
y=zeros(n)
y=zeros(m, n)                   y=zeros([m n])
y=zeros(d1, d2, d3, …)         y=zeros([d1 d2 d3 …])
y=zeros(size(A))
```

说明：

zeros 函数可产生全 0 阵列，即所有元素都为 0，其格式说明与 ones 函数类似，同样，zeros 也可应用于多维阵列。例如：

```
>> y=zeros(3,2)
y =
     0     0
     0     0
     0     0
```

4．rand

功能：产生均匀分布的随机数和阵列。

格式：

y=rand(n)

y=rand(m, n)　　　　　　　　　y=rand([m n])

y=rand(d1, d2, d3, ⋯)　　　　　y=rand([d1 d2 d3 ⋯])

y=rand(size(A))

rand

s=rand('state')

说明：

rand 函数可产生(0　1)之间的均匀分布的随机数，并构成指定的阵列。

前四种格式与 ones 函数类似，可分别产生 n×n，m×n，d1×d2×d3×⋯和与 A 同维数的随机数阵列。

rand 不带参数时，每次得到一个随机数标量。s=rand('state')可得到均匀随机数产生器当前状态的一个 35 元素的向量，根据这种向量可改变产生器的状态：

- rand('state', s)：状态重置为 s。
- rand('state', 0)：产生器复位到初始状态。
- rand('state', j)：产生器复位到第 j 个状态。
- rand('state', sum(100*clock))：每次都可将产生器复位到不同的状态。

5．randn

功能：产生正态分布的随机数和阵列。

格式：

y=randn(n)

y=randn(m, n)　　　　　　　　y=randn([m n])

y=randn(d1, d2, d3, ⋯)　　　　y=randn([d1 d2 d3 ⋯])

y=randn(size(A))

randn

s=randn('state')

说明：

randn 函数可产生均值为 0，方差为 1 的正态分布随机数，并构成指定的阵列。它与 rand 函数几乎一样，因此有关格式说明可参见 rand 函数。

6．linspace

功能：产生线性间空向量。

格式：

y=linspace(a,b)

y=linspace(a,b,n)

说明：

linspace 函数的功能类似于"："操作符，可产生线性间空向量，linspace 还提供了产生点数的直接控制。

y=linspace(a,b)可在 a 和 b 之间等间隔地产生 100 个点；y=linspace(a,b,n)则可产生指定的 n 个点。

7. logspace

功能：产生对数间空向量。

格式：

　　　y=logspace(a,b)

　　　y=logspace(a,b,n)

　　　y=logspace(a,pi)

说明：

logspace 函数可产生对数间空向量，这对建立频率向量是很有用的。

y=logspace(a,b)可在 10^a 和 10^b 之间产生 50 个对数间隔点；y=logspace(a,b,n)可在 10^a 和 10^b 之间产生 n 个对数间隔点；y=logspace(a,pi)可在 10^a 和 π 之间产生对数间隔点，这在数字信号处理领域中是很有用的，实际上这种格式只是一种特例(b=pi)。

2.5.2　特殊变量和常数

1. ans

功能：列出变量当前的值。

格式：

　　　ans

说明：

当在表达式中未指定输出变量时，MATLAB 会自动产生 ans 变量作为输出变量。ans 可列出变量中当前的值。

2. pi

功能：圆周率 $\pi(=3.14159\cdots)$

格式：

　　　pi

说明：

pi 可得到 π 的浮点值，这样可以极大地方便程序设计。π 值也可以通过 4*atan(1)和 imag(log(−1))得到。

3. i 和 j

功能：虚数单位。

格式：

　　　i　　　　　　　j

　　　a+bi　　　　　a+bj

　　　x+i*y　　　　　x+j*y

说明：

i 和 j 都能用作为基本的虚数单位，从而在输入复数时可以直接使用它们。i 和 j 也可用作后缀，这时数值与 i 或 j 之间无需使用乘号，当然也可以输入乘号。例如：

      z=5+8i;

      z=-3+8.2j;

另外，i 或 j 还可以作为变量，例如在循环中用作为循环变量。虚数单位还可以直接构造，例如：

      q=sqrt(-1);

      z=5+8*q;

4．NaN

功能：非数值。

格式：

      NaN

说明：

NaN 可得到非数值的 IEEE 算术表示。下列操作会产生 NaN 结果：

- 算术运算中包含有 NaN 值。
- 含有无穷大数的加减运算，如(+Inf)+(-Inf)。
- 含有无穷大数的乘法运算，如 0*Inf。
- 含有无穷大数的除法运算，如 Inf/Inf。
- 取余运算中除数为 0，如当 y=0 时的 rem(x,y)操作。

5．Inf

功能：无穷大数。

格式：

      Inf

说明：

Inf 可得到正无穷大数的 IEEE 算术表示，除数为 0 或溢出的操作会产生无穷大(Inf)。例如：

- 1/0、1e1000、2^1000 和 exp(1000)都会产生 Inf。
- log(0)会产生-Inf。
- Inf-Inf 和 Inf/inf 会产生 NaN。

6．realmax

功能：最大的正浮点数。

格式：

      n=realmax

说明：

n=realmax 可得到特定计算机上最大的正浮点数表示，任何比它还大的数都会产生溢出，从而得到 Inf。例如：

      >> n=realmax

      n =

          1.7977e+308

7. realmin

功能：最小的正浮点数。

格式：

    n=realmin

说明：

n=realmin 可得到特定计算机上最小的正浮点数，任何小于它的数会产生向下溢出。例如：

    >> n=realmin
    n =
        2.2251e-308

8. nargin，nargout

功能：函数变量数。

格式：

    n=nargin   n=nargout
    n=nargin('fun')   n=nargout('fun')

说明：

在函数体内使用 nargin 和 nargout，可得到用户所提供的输入和输出变量数；在函数体外部使用 nargin('fun')和 nargout('fun')可得到指定函数的输入和输出变量数，但当函数具有可变的变量数时，得到的输入或输出变量数为负值。例如，函数 polyeig 用于求取多项式特征值和特征向量，其输入变量数可变，输出变量数为 3，则

    >> n1=nargin('polyeig')
    n1 =
        -1
    >> n2=nargout('polyeig')
    n2 =
        3

打开 polyeig.m 文件，可以看到在函数体内使用 nargin 函数的示例，从而根据输入变量数的不同进行不同处理。

9. varargin，varargout

功能：传递或返回可变的变量数。

格式：

    function varargout=fun(…)
    function … =fun(varargin)

说明：

varargin 和 varargout 用于函数文件中，指使用可变的输入和输出变量数。

function varargout=fun(…)表示通过函数 fun 可得到可变个输出变量；function … = fun(varargin)表示可给函数 fun 输入可变个输入变量。

有许多函数都可有可变个输入和输出变量数，如 plot，eig 等，它们可提高函数使用的

灵活性。

10．eps

功能：浮点数相对精度。

格式：

eps

说明：

eps 可得到从 1.0 到下一个浮点数之间的距离，它可用作许多函数(如 pinv、rank)的缺省容许值。例如：

```
>> eps
ans =
        2.2204e−016
```

11．computer

功能：识别运行 MATLAB 的计算机。

格式：

str=computer

[str,maxsize]=computer

说明：

str=computer 可得到表示当前计算机类型的字符串；[str,maxsize]=computer 还得到了一个整数 maxsize，表示这种版本的 MATLAB 允许在阵列中使用的最大单元数。str 可以取下列值：

- SUN4 表示 Sun4SPARC 工作站。
- SOL2 表示 Solaris2SPARC 工作站。
- PCWIN 表示 MS WINDOWS。
- MAC2 表示所有的 Macintosh。
- HP700 表示 HP9000/700。
- ALPHA 表示 DEC Alpha。
- AXP_VMSG 表示 Alpha VMSG_float。
- AXP_VMSIEEE 表示 Alpha VMS IEEE。
- VAX_VMSD 表示 VAX/VMS D_float。
- VAX_VMSG 表示 VAX/VMS G_float。
- LNX86 表示 Linux Intel。
- SGI 表示 Silicon Graphics(R4000)。
- SGI64 表示 Silicon Graphics(R8000)。
- IBM_RS 表示 IBM RS6000 工作站。

例如：

```
>> [str,m]=computer
        str =
            PCWIN
```

　　　　　　m =

　　　　　　　　2.1475e+009

12．inputname

功能：输入变量名。

格式：

　　　　inputname(argnum)

说明：

这一命令应用于函数体内，用于获取指定个(argnum)输入变量的变量名，如果输入变量不存在，比如以表达式的形式传递参数，则得到一个空字符串。

例如，我们编写一测试函数 myfun.m，其内容为

　　　　function c=myfun(a,b)

　　　　disp(sprintf('First calling variable is "%s".',inputname(1)));

　　　　c=a+b;

则输入

　　　　>>　x=5; y=3;

　　　　　　z=myfun(x,y)

　　　　　　First calling variable is "x".

但当输入

　　　　>> z=myfun(x+1,z*y);

　　　　　　First calling variable is " ".

13．flops

功能：统计浮点运算次数。

格式：

　　　　f=flops

　　　　flops

说明：

f=flops 可累积浮点操作次数；flops(0)可使累积器清 0。

2.5.3　时间和日期

1．tic，toc

功能：秒表定时器。

格式：

　　　　tic

　　　　toc

　　　　t=toc

说明：

tic 表示启动秒表定时器，toc 可打印出 tic 与 toc 之间语句执行的时间；t=toc 可在 t 变量中得到执行的时间。

利用 tic 和 toc 可测定所编 MATLAB 程序的运行时间，这在程序设计中是很有用的。

2．date

功能：当前日期字符串。

格式：

  str=date

说明：

str=date 可得到当前日期的字符串，其格式为 dd-mmm-yyyy，其中 mmm 表示月份的前三个字母。

3．now

功能：当前日期和时间。

格式：

  t=now

说明：

t=now 可得到当前日期和时间的串行日期值，rem(now，1)可得到时间，floor(now)可得到日期。例如：

  >> t=now, t1=rem(now,1), t2=floor(now)

   t =

    7.3252e+005

   t1 =

    0.4430

   t2 =

    732523

4．clock

功能：当前时间的日期向量。

格式：

  c=clock

说明：

c=clock 可得到六元素的日期向量，它包含当前日期和时间的十进制格式。

c=[year month day hour minute second]中前五个元素为整数，最后一个元素表示 1/100 秒。利用 fix(clock)可只取整数秒。例如：

  >> c=fix(clock)

   c =

    2005 7 30 10 40 58

表示现在是 2005 年 7 月 30 日 10:40:58。

5．etime

功能：计算使用的时间。

格式：

  e=etime(t2,t1)

说明：

e=etime(t2,t1)可从时间向量 t2、t1 中计算出使用时间(以秒为单位)，其中 t1、t2 由 clock 命令得到，均为六元素日期向量，即

    t=[year month day hour minute second]

例如，为计算出 2048 点 FFT 所需的执行时间，可输入

    x=rand(2048,1);

    t1=clock;

    fft(x);

    t2=clock;

    t=etime(t2,t1)

    t =

       0.0150

这说明完成 2048 点 FFT 需要 0.015 秒。应该注意：① 在测试时，应该构成 M 文件，然后运行程序文件；② 这个结果是第一次执行的时间，第二次执行时间更短；③ 执行时间与用户使用的机器有关，也与计算机当前已执行的任务有关。

6．cputime

功能：计算 CPU 时间。

格式：

    cputime

说明：

cputime 可计算出自 MATLAB 启动后能使用的总的 CPU 时间(以秒为单位)。

首次使用 cputime 时，表示启动了 CPU 时间计数器，因此可利用 cputime 计算出某一程序段的执行时间。例如：

    t1=cputime;

    surf(peaks(40));

    t=cputime−t1

    t =

       0.6570

这说明画出这一峰值函数曲面需要 0.657 秒，这与 clock 命令类似，但计算结果不完全相同。

7．datestr

功能：日期字符串格式。

格式：

    str=datestr(D, dateform)

说明：

str=datestr(D, dateform)可将串行日期数值阵列 D 的每个元素转换成字符串，可选的变量 dateform 指定了结果的数据格式，其中 dateform 可以是数值，也可以是字符串，这两种格式如表 2.6 所示。

表2.6　dateform 格式

dateform(数值)	dateform(字符串)	举　例
0	'dd-mmm-yyyy HH:MM:SS'	30-Jul-2005 10:45:30
1	'dd-mmm-yyyy'	30-Jul-2005
2	'mm/dd/yy'	07/30/05
3	'mmm'	Jul
4	'm'	J
5	'mm'	07
6	'mm/dd'	07/30
7	'dd'	30
8	'ddd'	Sat
9	'd'	S
10	'yyyy'	2005
11	'yy'	05
12	'mmmyy'	Jul05
13	'HH:MM:SS'	10:45:30
14	'HH:MM:SS AM'	10:45:30 AM
15	'HH:MM'	10:45
16	'HH:MM AM'	10:45 AM
17	'QQ-YY'	Q7-05
18	'QQ'	Q7

在这一命令中，D 由 now 或 date 命令产生，而由 str=datestr(D,dateform)得到结果字符串，可作为 datenum 或 datevec 命令的输入。

在命令中，当不指定 dateform 时，可取以下默认值：

● 1：当 D 只包含日期信息(30-Jul-2005)时。
● 16：当 D 只包含时间信息(10:45 AM)时。
● 0：当 D 包含日期和时间信息(30-Jul-2005 10:45:30)时。

8. datevec

功能：日期部分。

格式：

　　c=datevec(A)

　　[Y,M,D,H,MI,S]=datevec(A)

说明：

c=datevec(A)可将输入 A 分成 n×6 阵列，其每一行包含[Y,M,D,H,MI,S]向量，其中前五个日期向量元素为整数。输入 A 要么是 datestr 函数产生的字符串，要么是 datenum 和 now 函数产生的数值。

[Y,M,D,H,MI,S]=datevec(A)可得到日期向量的各个分量。例如：

```
>> D=now;
>> str=datestr(D,1);
>> c=datevec(str)
c =
        2005      7      30      0      0      0
```

9. datenum

功能：串行日期数值。

格式：

```
N=datenum(str)
N=datenum(Y,M,D)
N=datenum(Y,M,D,H,MI,S)
```

说明：

datenum 函数可将日期字符串和日期向量转换成串行日期数值。

N=datenum(str)中，str 是由 datestr 函数在日期格式为 0、1、2、6、13、14、15 和 16 时得到的。在另外两种格式中可直接指定日期格式。

由 datenum 函数得到的结果，其格式类似于直接采用 now 函数得到的结果。例如：

```
>> str=datestr(now,1)
str =
30-Jul-2005
>> n=datenum(str)
n =
        732523
```

10. weekday

功能：星期日期。

格式：

```
[N,S]=weekday(D)
```

说明：

[N,S]=weekday(D)可从串行日期数值阵列或日期字符串中获得以数值(N)和字符串(S)的形式表示的星期日期，其中 N，S 的含义为

- N=1 或 S=Sun 表示星期日。
- N=2 或 S=Mon 表示星期一。
- N=3 或 S=Tue 表示星期二。
- N=4 或 S=Wed 表示星期三。
- N=5 或 S=Thu 表示星期四。
- N=6 或 S=Fri 表示星期五。
- N=7 或 S=Sat 表示星期六。

例如：

```
>> [n,s]=weekday(732523)
```

```
        n =
              7
        s =
              Sat
>> [n,s]=weekday('30-Jul-2005')
        n =
              7
        s =
              Sat
```

11．eomday

功能：月末的日期。

格式：

　　d=eomday(Y,M)

说明：

d=eomday(Y,M)可得到由 Y、M 指定年份、月份的最后一天。例如：

```
>> d=eomday(2005,7)
        d =
              31
```

12．calendar

功能：日历。

格式：

　　c=calendar　　　　　　　　c=calendar(y,m)

　　c=calendar(d)　　　　　　　calendar(⋯)

说明：

c=calendar 可得到一个 6×7 的矩阵，它包含当月的日历；c=calendar(d)可得到由 d 指定的日期所在月的日历，其中，d 可以是日期数值或日期字符串；c=calendar(y,m)可得到由 y、m 指定年份、月份的日历。

calendar(⋯)可直接在屏幕上显示出日历。

2.5.4　矩阵操作

1．diag

功能：对角矩阵和矩阵的对角化。

格式：

　　X=diag(V,k)　　　　　　　　V=diag(X,k)

　　X=diag(V)　　　　　　　　　V=diag(X)

说明：

当 V 为 n 元向量时，X=diag(V,k)可得到 n+abs(k)阶的方阵 X，其 V 的元素处于第 k 条对角线上，k=0 表示主对角线，k>0 表示在主对角线之上，k<0 表示在主对角线之下。

X=diag(V)等同于 k=0 时的 X=diag(V,k)，即产生 V 的元素处于主对角线的对角方阵。

当 X 为矩阵时，V=diag(X,k)可得到列向量 V，它取自于 X 的第 k 个对角线上的元素；V=diag(X)相当于 k=0。例如：

```
>> X=diag([1 2 3]), Y=diag([1 2 3],1)
X =
     1     0     0
     0     2     0
     0     0     3
Y =
     0     1     0     0
     0     0     2     0
     0     0     0     3
     0     0     0     0
```

又如输入

```
>> Z=fix(10*rand(3))
Z =
     5     3     8
     1     0     9
     2     6     1
>> V1=diag(Z),V2=diag(Z, −1)
V1 =
     5
     0
     1
V2 =
     1
     6
```

2．reshape

功能：阵列重新排列。

格式：

B=reshape(A,m,n)　　　　　　　B=reshape(A,[m n p …])

B=reshape(A,m,n,p,…)　　　　　B=reshape(A,siz)

说明：

B=reshape(A,m,n)可从 A 中重新形成 m×n 矩阵 B，当 A 中没有 m×n 个元素时，会显示出错信息。

B=reshape(A,m,n,p,…)或 B=reshape(A,[m n p …])可从 A 中形成多维阵列 B(m×n×p×…)；B=reshape(A,siz)也可得到多维阵列，其中 siz 表示重新形成阵列维数的向量。例如：

```
A=fix(20*rand(3,4))
```

A =

4	12	15	14
17	9	5	14
5	13	19	11

B=reshape(A,2,6)

B =

4	5	9	15	19	14
17	12	13	5	14	11

3．rot90

功能：矩阵旋转 90°。

格式：

B=rot90(A)

B=rot90(A,k)

说明：

B=rot90(A)可将矩阵 A 按逆时针方向旋转 90°。B=rot90(A, k)可将矩阵 A 按逆时针方向旋转 k×90°，其中 k 应为整数。

注意，矩阵旋转 90°与矩阵转置不同。例如：

```
>> A=round(10*rand(3,3))
```

A =

10	5	5
2	9	0
6	8	8

```
>> B1=rot90(A), B2=A'
```

B1 =

5	0	8
5	9	8
10	2	6

B2 =

10	2	6
5	9	8
5	0	8

4．fliplr

功能：矩阵左右翻转。

格式：

B=fliplr(A)

说明：

B=fliplr(A)可将矩阵 A 的列按左右方向翻转。例如：

```
>> A=round(10*rand(3,4))
```

```
A =
     4     9     4     4
     6     7     9     9
     8     2     9     1
>> B=fliplr(A)
B =
     4     4     9     4
     9     9     7     6
     1     9     2     8
```

5．flipud

功能：矩阵上下翻转。

格式：

　　B=flipud(A)

说明：

B=flipud(A)可将矩阵 A 的行按上下方向翻转。例如：

```
>> A=round(10*rand(3,4))
A =
     4     1     6     0
     8     2     3     7
     0     2     2     4
>> B=flipud(A)
B =
     0     2     2     4
     8     2     3     7
     4     1     6     0
```

6．tril

功能：矩阵的下三角阵。

格式：

　　L=tril(X)

　　L=tril(X,k)

说明：

L=tril(X)可得到 X 矩阵的下三角阵；L=tril(X,k)可得到 X 的第 k 条对角线及其以下的元素，当 k=0 时表示主对角线，k>0 表示在主对角线之上，k<0 表示在主对角线之下。例如：

```
>> x=ones(4,4);
>> l=tril(x), l1=tril(x, −1)
l =
     1     0     0     0
     1     1     0     0
```

1	1	1	0
1	1	1	1

ll =

0	0	0	0
1	0	0	0
1	1	0	0
1	1	1	0

7．triu

功能：矩阵的上三角阵。

格式：

    U=triu(X)

    U=triu(X,k)

说明：

U=triu(X)可得到 X 矩阵的上三角阵；U=triu(X,k)可得到 X 的第 k 条对角线及其以上的元素。k 的含义可参见 tril 函数。例如：

    >> x=ones(4, 4);

    >> u=triu(x, −1)

    u =

1	1	1	1
1	1	1	1
0	1	1	1
0	0	1	1

8．cat

功能：阵列连接。

格式：

    C=cat(dim,A,B)

    C=cat(dim,A1,A2,A3,···)

说明：

C=cat(dim,A,B)可将阵列 A、B 沿着 dim 维连接起来；C=cat(dim, A1, A2, A3, ···)可将所有输入阵列沿着 dim 维连接起来，因此，cat(2, A, B)就等同于[A, B]，而 cat(1, A, B)等同于[A; B]。例如：

    >> a=[1 2;3 4]; b=[5 6;7 8];

    >> c1=cat(1,a,b), c2=cat(2,a,b), c3=cat(3,a,b)

    c1 =

1	2
3	4
5	6
7	8

c2 =

1	2	5	6
3	4	7	8

c3(:,:,1) =

1	2
3	4

c3(:,:,2) =

5	6
7	8

9. repmat

功能：复制并平铺阵列。

格式：

  B=repmat(A,m,n)   B=repmat(A,[m n p …])

  B=repmat(A,[m n])   repmat(A,m,n)

  B=repmat(A,n)

说明：

B=repmat(A,m,n)或 B=repmat(A,[m n])可按 m×n 的格式平铺 A 的备份，从而得到更大的矩阵；B=repmat(A,n)可按 n×n 的格式平铺 A 的备份；B=repmat(A,[m n p …])可按 m×n×p×…的格式平铺 A 的备份。在 repmat(A, m, n)中，当 A 为标量时，可快速产生全等矩阵 m×n。例如：

  >> a=[1 2;3 4];

  >> b=repmat(a,2,3)

  b =

1	2	1	2	1	2
3	4	3	4	3	4
1	2	1	2	1	2
3	4	3	4	3	4

  >> c=repmat(5,2,3)

  c =

5	5	5
5	5	5

2.6　基本数学函数

这一节给出一些常用的数学函数，先简要地列出这些函数，如表 2.7 所示，然后分类列出各个函数的使用说明。

表 2.7 基本数学函数

三角函数	
sin,sinh	正弦和双曲正弦
asin,asinh	反正弦和反双曲正弦
cos,cosh	余弦和双曲余弦
acos,acosh	反余弦和反双曲余弦
tan,tanh	正切和双曲正切
atan,atanh	反正切和反双曲正切
atan2	四象限反正切
cot,coth	余切和双曲余切
acot,acoth	反余切和反双曲余切
sec,sech	正割和双曲正割
asec,asech	反正割和反双曲正割
csc,csch	余割和双曲余割
acsc,acsch	反余割和反双曲余割
指数和对数函数	
exp	指数函数
log	自然对数
log10	常用对数
log2	求解以 2 为底的对数和将浮点数分解成指数和尾数部分
pow2	求解 2 的幂和组合成浮点数
nextpow2	求解 2 的下一个整数幂
sqrt	求解平方根
复数函数	
abs	绝对值
angle	相角
conj	复共轭
imag	复数虚部
real	复数实部
cplxpair	将复数排序成共轭对
取整和求余函数	
fix	朝零方向取整
floor	朝负无穷大方向取整
ceil	朝正无穷大方向取整
round	朝最近的整数取整(四舍五入)
mod	模数(即有符号的除后余数)
rem	除后余数
sign	符号函数

2.6.1　三角函数

1．sin，sinh

功能：正弦和双曲正弦。

格式：

　　　　Y=sin(X)　　　　　　Y=sinh(X)

说明：

三角函数都是面向阵列中的元素操作的，而且其角度的单位均为弧度。这一点适用于所有的三角函数，以后不再说明。

Y=sin(X)和 Y=sinh(X)可分别得到 X 的正弦值和双曲正弦值。

2．asin，asinh

功能：反正弦和反双曲正弦。

格式：

　　　　Y=asin(X)　　　　　　Y=asinh(X)

说明：

类似于 sin 函数，这里不再赘述。

3．cos，cosh

功能：余弦和双曲余弦。

格式：

　　　　Y=cos(X)　　　　　　Y=cosh(X)

说明：

类似于 sin 函数，这里不再赘述。

4．acos，acosh

功能：反余弦和反双曲余弦。

格式：

　　　　Y=acos(X)　　　　　　Y=acosh(X)

说明：

类似于 sin 函数，这里不再赘述。

5．tan，tanh

功能：正切和双曲正切。

格式：

　　　　Y=tan(X)　　　　　　Y=tanh(X)

说明：

类似于 sin 函数，这里不再赘述。

6．atan，atanh

功能：反正切和反双曲正切。

格式：

  Y=atan(X)   Y=atanh(X)

说明：

类似于 sin 函数，这里不再赘述。

7．atan2

功能：四象限反正切。

格式：

  p=atan2(Y,X)

说明：

p=atan2(Y,X)可得到 Y 和 X 的实部的四象限反正切值，虚部忽略，其值为

$$p=\arctan(Y/X)$$

由 X 和 Y 的符号确定角度的象限，得到的结果处于$[-\pi，\pi]$之间。这与 atan 函数不同，它的角度只处于$[-\pi/2，\pi/2]$之间。

8．cot，coth

功能：余切和双曲余切。

格式：

  Y=cot(X)   Y=coth(X)

说明：

类似于 sin 函数，这里不再赘述。

9．acot，acoth

功能：反余切和反双曲余切。

格式：

  Y=acot(X)   Y=acoth(X)

说明：

类似于 sin 函数，这里不再赘述。

10．sec，sech

功能：正割和双曲正割。

格式：

  Y=sec(X)   Y=sech(X)

说明：

类似于 sin 函数，这里不再赘述。

11．asec，asech

功能：反正割和反双曲正割。

格式：

  Y=asec(X)   Y=asech(X)

说明：类似于 sin 函数，这里不再赘述。

12．csc，csch

功能：余割和双曲余割。

格式：

　　　Y=csc(X)　　　　　　　　　Y=csch(X)

说明：

类似于 sin 函数，这里不再赘述。

13．acsc，acsch

功能：反余割和反双曲余割。

格式：

　　　Y=acsc(X)　　　　　　　　　Y=acsch(X)

说明：

类似于 sin 函数，这里不再赘述。

2.6.2　指数和对数函数

1．exp

功能：指数函数。

格式：

　　　Y=exp(X)

说明：

exp 函数是面向阵列元素的操作，Y=exp(X)可求出以 e 为底的指数(e=2.7183)。当 X=a+jb 时，$Y=e^X=e^a(\cos(b)+j\sin(b))$。例如：

```
>> X=[1+2i 1−2i; 3+4i 3−4i];
>> Y=exp(X)
Y =
```
$$-1.1312 + 2.4717i \qquad -1.1312 - 2.4717i$$
$$-13.1288 - 15.2008i \qquad -13.1288 + 15.2008i$$

2．log

功能：自然对数。

格式：

　　　Y=log(X)

说明：

Y=log(X)可得到 X 的自然对数(以 e=2.7183 为底)，当 X 为复数或负数(X=a+jb)时，可得到

　　　log(X)=log(abs(X))+j*atan2(b,a)

例如：

```
>> x=[2 1; −1 −2];
>> y=log(x)
```

```
y =
    0.6931              0
    0 + 3.1416i    0.6931 + 3.1416i
```

3. log10

功能：常用对数。

格式：

```
Y=log10(X)
```

说明：

类似于 log 函数，Y=log10(X)可得到 X 的常用对数(以 10 为底)，这里不再赘述。

4. log2

功能：以 2 为底的对数和将浮点数分解成指数和尾数部分。

格式：

```
Y=log2(X)
[F,E]=log2(X)
```

说明：

Y=log2(X)可计算出 X 的以 2 为底的对数。

[F, E]=log2(X)可将 X 表示成二进制数形式，其中 F 为小数部分，其值应在[0.5, 1]之间，E 表示 2 的整数次幂，因此 E 应为整数。经过这样分解后，X 的每一个分量有

$$X(i)=F(i)*2^{E(i)}$$

例如：

```
>> x=[34.12 657.32; -56.45 0.00345];
>> [f,e]=log2(x)
f =
    0.5331    0.6419
   -0.8820    0.8832
e =
    6    10
    6    -8
```

5. pow2

功能：求解 2 的幂和组合成浮点数。

格式：

```
X=pow2(Y)
X=pow2(F,E)
```

说明：

pow2 函数是 log2 的逆函数。X=pow2(Y)可得到 2 的 Y 次幂；X=pow2(F,E)可将以指数和尾数表示的格式转换成浮点数。例如，设已由 log2 函数得到 F、E，可将它们组合成原来的浮点数：

```
>> x=pow2(f,e)
x =
        34.1200      657.3200
       −56.4500        0.0034
```

6. nextpow2

功能：2 的下一个整数幂。

格式：

```
p=nextpow2(A)
```

说明：

p=nextpow2(A)可得到大于或等于 abs(A)的最小 2 次幂，即 $2^p \geqslant$ abs(A)。例如：

```
>> p=nextpow2(56)
p =
        6
>> p1=nextpow2(64)
p1 =
        6
>> p2=nextpow2(65)
p2 =
        7
```

7. sqrt

功能：平方根。

格式：

```
B=sqrt(A)
```

说明：

B=sqrt(A)可求出阵列 A 中每个元素的平方根。

2.6.3　复数函数

1. abs

功能：绝对值和复数模。

格式：

```
Y=abs(X)
```

说明：

类似于 exp 函数，这里不再赘述。

2. angle

功能：相角。

格式：

```
P=angle(Z)
```

说明：

P=angle(Z)可得到复数 Z 的相位角，它处于[−π, π]之间。对于复数 Z，可利用 abs 和 angle 函数求取幅值和相角，即

> R=abs(Z)

> Theta=angle(Z)

另外，利用下列语句可恢复复数 Z：

> Z=R.*exp(i*theta)

3. conj

功能：复共轭。

格式：

> ZC=conj(Z)

说明：

ZC=conj(Z)可求出复数 Z 的复共轭。

4. imag

功能：复数虚部。

格式：

> Y=imag(Z)

说明：

Y=imag(Z)可求出复数 Z 的虚部。

5. real

功能：复数实部。

格式：

> X=real(Z)

说明：

X=real(Z)可求出复数 Z 的实部。

6. cplxpair

功能：将复数排序成共轭对。

格式：

> B=cplxpair(A)　　　　　　　　B=cplxpair(A,[],dim)

> B=cplxpair(A,tol)　　　　　　　B=cplxpair(A,tol,dim)

说明：

B=cplxpair(A)可对 A 中各维上的复数进行排序，将复共轭对放在一起，复共轭的判定采用缺省的容限 100*eps。当 A 为向量时，cplxpair 可将 A 的复数排序成复共轭对；当 A 为矩阵时，cplxpair 按列进行排序；当 A 为多维阵列时，cplxpair 按第一个非单点维进行排序。

B=cplxpair(A,tol)采用了指定的容限 tol。

B=cplxpair(A,[],dim)表示沿着由标量 dim 指定维进行排序。

B=cplxpair(A,tol,dim)表示采用指定的容限 tol，并按指定维 dim 进行排序。

2.6.4 取整和求余函数

1．fix

功能：朝零方向取整。

格式：

  B=fix(A)

说明：

根据接近于零的原则，对 A 中的元素进行取整。例如：

    >> b1=fix(0.99), b2=fix(1.01)

    b1 =

        0

    b2 =

        1

2．floor

功能：朝负无穷大方向取整。

格式：

  B=floor(A)

说明：

根据接近于负无穷大的原则，对 A 中的元素取整。例如：

    >> b3=floor(−0.5), b4=floor(0.5)

    b3 =

        −1

    b4 =

        0

3．ceil

功能：朝正无穷大方向取整。

格式：

  B=ceil(A)

说明：

根据接近于正无穷大的原则，对 A 中的元素取整。例如：

    >> b5=ceil(−0.5), b6=ceil(0.6)

    b5 =

        0

    b6 =

        1

4．round

功能：朝最近整数取整(四舍五入)。

格式：

    B=round(A)

说明：

根据四舍五入的原则，对 A 中的元素取整。例如：

    >> b7=round(−0.5), b8=round(0.4)

    b7 =

        −1

    b8 =

        0

5．mod

功能：模数(即有符号数的除后余数)。

格式：

    M=mod(X,Y)

说明：

M=mod(X,Y)可得到 X 除以 Y 后的余数，一般而言，M=X−Y.*floor(X./Y)。例如：

    >> m=mod(16,3)

    m =

        1

    >> m1=mod(−16,3)

    m1 =

        2

    >> m2=mod(16, −3)

    m2 =

        −2

6．rem

功能：除后余数。

格式：

    R=rem(X,Y)

说明：

R=rem(X,Y)可得到 U(X,Y)的余数，即有 R=X−Y.*fix(X./Y)。例如：

    >> rem(11,4)

    ans =

        3

7．sign

功能：符号函数。

格式：

    Y=sign(X)

说明：Y=sign(X)可得到 X 的符号阵列。

2.7　逻 辑 函 数

这一节给出了 MATLAB 提供的逻辑函数。由于逻辑与、或、非和异或函数已在操作符和特殊字符一节中讨论，这里不再赘述。

表 2.8 简要列出了本节要讨论的逻辑函数，后面将详细讨论这些函数的具体用法。

表 2.8　逻 辑 函 数

all	测试矩阵所有元素是否为非零
any	测试任意非零值
find	查找非零元素的值和下标
exist	检查给定变量或文件是否存在
is*	检测状态(共有 26 种函数)
isa	检测给定类的对象
logical	将数值转变成逻辑值

1．all

功能：测试矩阵所有元素是否为非零。

格式：

  B=all(A)

  B=all(A,dim)

说明：

B=all(A)用于测试矩阵 A 的所有元素是否非零或是否为逻辑真(1)。当 A 为向量时，all(A)在 A 所有元素非零时得到逻辑真，当 A 中有一个或多个零元素时得到逻辑假(0)。当 A 为矩阵时，all(A)将 A 的列当作向量，得到由 0、1 构成的行向量。当 A 为多维阵列时，将沿着第一个非单点维构成向量，得到每个向量的逻辑条件值。

B=all(A,dim)可测试沿着指定维 dim 上的逻辑条件。例如执行：

```
>> a=[0.53  0.47  0.81  0.3  −0.12  −0.91];
>> b=a>0.5
b =
    1    0    1    0    0    0
>> if all(a>0.5)
      do something1
else
      do something2
end
```

时，会执行 something2 语句。

对矩阵 A 采用两次 all 函数可得到标量结果：

```
>> all(all(eye(3)))
ans =
      0
>> all(all(ones(3,3)))
ans =
      1
```

2．any

功能：测试任意非零值。

格式：

```
B=any(A)
B=any(A,dim)
```

说明：

B=any(A)可测试沿着阵列的各个维中的任意元素是否有非零值或逻辑真(1)。

当 A 为向量时，如果 A 中有任意元素为非零，则得到逻辑真；否则当所有元素为零时得到逻辑假。

当 A 为矩阵时，将 A 中的列当作向量，得到由 0、1 构成的行向量。当 A 为多维阵列时，any(A)将沿着第一个非单点维构成向量，得到每个向量的逻辑条件值。

B=any(A,dim)可测试指定维 dim 的逻辑条件。例如：

```
>>A=[0.53   0.47   0.81   0.3   −0.12   0.91];
>> if all(a>0.5)
        do something1
else
        do something2
end
```

则可执行 something1 语句。

3．find

功能：查找非零元素的值和下标。

格式：

```
k=find(X)
[i,j]=find(X)
[i,j,v]=find(X)
```

说明：

k=find(X)可在阵列 X 中找出非零元素的下标。如果 X 为全零阵列，则得到一个空阵列。[i,j]=find(X)可在矩阵 X 中找出非零元素的行列下标，这一功能经常用于稀疏矩阵中。[i,j,V]=find(X)还可得到非零值的列向量 v。

一般情况下，find(X)将 X 看做 X(:)，即通过串联 X 中的列使之形成一个长的列向量。例如：

```
a=eye(2,3);
find(a~=0)
ans =
     1
     4
[i,j]=find(a~=0)
i=
     1
     2
j=
     1
     2
```

又如：

```
m=magic(4)
m =
     16     2     3    13
      5    11    10     8
      9     7     6    12
      4    14    15     1
[i,j]=find(m>13)
i =
     1
     4
     4
j =
     1
     2
     3
```

4．exist

功能：检查给定变量或文件是否存在。

格式：

```
a=exist('itern')
ident=exist('item', kind)
```

说明：

a=exist('item')可得到变量或文件 item 的状态，其含义为：

- a=0 表示 item 不存在。
- a=1 表示变量 item 在工作空间中存在。
- a=2 表示 item 为 M 文件或未知类型的文件。

- a=3 表示 item 为 MEX 文件。
- a=4 表示 item 为 MDL 文件。
- a=5 表示 item 为 MATLAB 内部函数。
- a=6 表示 item 为 P 文件。
- a=7 表示 item 为目录。

当 item 处于 MATLAB 搜索路径上,但其文件扩展名不为 mdl、p 或 mex 时,exist('item') 或 exist('item．ext')将得到 2,item 也许是 MATLAB 的部分路径名。

在 ident=exist('item',kind)中,当在 item 中找到了指定的 kind 时,得到逻辑真(1);否则得到逻辑假(0)。kind 可取

- 'var' 检查变量。
- 'builtin' 检查内部函数。
- 'me' 检查文件。
- 'dir' 检查目录。

例如:

    ident=exist('plot')
    iden=
        5

这说明,plot 是一个内部函数。

5. is*

功能:检测状态。

格式:

k=iscell(C)	k=islogical(A)
k=iscellstr(S)	TF=isnan(A)
k=ischar(S)	k=isnumeric(A)
k=isempty(A)	k=isobject(A)
k=isequal(A, B, …)	k=isppc
k=isfield(S, 'field')	TF=isprime(A)
TF=isfinite(A)	k=isreal(A)
k=isglobal(NAME)	TF=isspace('str')
TF=ishandle(H)	k=issparse(S)
k=ishold	k=isstruct(S)
k=isieee	k=isstudent
TF=isinf(A)	k=isunix
TF=isletter('str')	k=isvms

说明:

在 k=iscell(C)中,当 C 为单元阵列时,k 为逻辑真(1)。

在 k=iscellstr(S)中,当 S 为字符串的单元阵列时,k 为逻辑真(1)。字符串单元阵列是每个元素均为字符阵列的单元阵列。

在 k=ischar(S)中，当 S 为字符阵列时，k 为逻辑真。

在 k=isempty(A)中，当 A 为空阵列时，k 为逻辑真。

在 k=isequal(A, B, …)中，当输入阵列具有相同类型、尺寸和内容时，k 为逻辑真。

在 k=isfield(S, 'field')中，当 field 为结构阵列中的域名时，k 为逻辑真。

在 TF=isfinite(A)中，可得到一个与 A 同维数的结果阵列。当 A 的元素为有限值时，相应的结果元素为逻辑真；否则当 A 的元素为无穷或 NaN 时，相应的结果元素为逻辑假。

对任意阵列 A，isinf(A)和 isnan(A)函数相同，它与 isfinite(A)函数非常类似。

在 k=isglobal(NAME)中，当 NAME 为全局变量时，k 为逻辑真。

在 TF=ishandle(H)中，可得到与 H 同维数的结果阵列，当 H 的元素为图形句柄时，相应的结果元素为逻辑真。

在 k=ishold 中，当处于图形保留状态(hold on)时，k 为逻辑真。

在 k=isieee 中，当机器采用 IEEE 算法时，k 为逻辑真。

在 TF=isletter('str')中，可得到与 'str' 同维数的阵列。当 str 包含字母时，相应的结果为逻辑真。

在 k=islogical(A)中，当 A 为逻辑阵列时，k 为逻辑真。

在 TF=isnan(A)或 TF=isinf(A)中，可得到与 A 同维数的结果阵列。当 A 中的元素为 NaN 或 Inf 时，相应的结果为逻辑真。

在 k=isnumeric(A)中，当 A 为数值阵列时，k 为逻辑真。例如，稀疏阵列和双精度阵列为数值，而字符串、单元阵列和结构阵列就不是数值。

在 k=isobject(A)中，当 A 为对象时，k 为逻辑真。

在 k=isppc 中，当 MATLAB 运行在 Macintosh Power PC 计算机时，k 为逻辑真。

在 TF=isprime(A)中，当 A 为初始阵列时，可得到逻辑真。

在 k=isreal(A)中，当 A 中的所有元素都为实数时，k 为逻辑真。

在 TF=isspace('str')中，当 str 为空格时，得到的结果元素为逻辑真。

在 k=issparse(S)中，当 S 为稀疏阵存储格式时，k 为逻辑真。

在 k=isstruct(S)中，当 S 为一种结构时，k 为逻辑真。

在 k=isstudent 中，当使用 MATLAB 的学生版时，k 为逻辑真。

在 k=isunix 中，当使用 MATLAB 的 UNIX 版本时，k 为逻辑真。

在 k=isvms 中，当使用 MATLAB 的 VMS 版本时，k 为逻辑真。

6．isa

功能：检测给定类的对象。

格式：

　　k=isa(obj, 'class_name')

说明：

在 k=isa(obj, 'class_name')中，当 obj 属于 class_name 类时，k 为逻辑真，否则为逻辑假。

class_name 为用户定义的或预定义的对象类，MATLAB 预定义的类包括：

● cell 多维单元阵列。

- double 多维双精度阵列。
- sparse 二维实的(或复的)稀疏阵列。
- char 字符阵列。
- struct 结构。
- 'class_name'用户定义的对象类。

7．logical

功能：将数值转变成逻辑值。

格式：

　　k=logical(A)

说明：

在 k=logical(A)中，可得到用于逻辑索引或逻辑测试的阵列，k 与 A 同维数，相应于 A 的非零值显示成 1，相应于 A 的零值显示成 0。

习　题

1．利用基本矩阵产生 3×3 和 15×8 的单位阵、全 1 阵、全 0 阵、均匀分布随机阵([-1，1]之间)、正态分布随机阵(均值为 1，方差为 4)。

2．利用 diag 等函数产生下列矩阵：

$$a=\begin{bmatrix} 0 & 0 & 8 \\ 0 & -7 & 5 \\ 2 & 3 & 0 \end{bmatrix} \qquad b=\begin{bmatrix} 2 & 0 & 4 \\ 0 & 5 & 0 \\ 7 & 0 & 8 \end{bmatrix}$$

然后利用 reshape 函数将它们变换成行向量。

3．产生一均匀分布在(-5，5)之间的随机阵(50×2)，要求精确到小数点后一位。

4．编程实现当 $\alpha\in[-\pi，\pi]$，间隔为 1° 时求解正弦和余弦的值。

5．利用 rand 函数产生(0，1)间均匀分布的 10×10 随机矩阵 A，然后统计 A 中大于等于 0.6 的元素个数。

6．利用 randn 函数产生均值为 0，方差为 1 的 10×10 正态分布随机矩阵 A，然后统计 A 中大于-0.5 且小于 0.5 的元素个数。

7．编程实现下表功能：

a ＼ b	b≤0.5	b＞0.5
a＜1	语句 1	语句 2
a≥1	语句 3	语句 4

8．有一矩阵 A，找出矩阵中值大于 1 的元素，并将它们重新排列成列向量 B。

9．在一测量矩阵 A(100×3)中，存在有奇异值(假设大于 100 的值认为是奇异值)，编程实现删去奇异值所在的行。

10．在给定的 100×100 矩阵中，删去整行全为 0 的行，删去整列全为 0 的列。

第三章　MATLAB 图形系统

　　MATLAB 采用了许多先进技术，以提供功能强大的图形系统。MATLAB 之所以受到广大读者的喜爱，与其能提供良好的用户界面是分不开的，而界面的友好性与自身的图形系统又是密不可分的。

　　MATLAB 提供的图形函数有四类：通用图形函数、二维图形函数、三维图形函数和特殊图形函数。本章主要介绍利用 MATLAB 提供的图形函数来建立图形的方法，让读者从轻松、愉快的学习中领略 MATLAB 图形系统的概貌。

3.1　图　形　绘　制

　　这里以产生一个简单的正弦函数曲线为例来说明图形的绘制，这一过程在 MATLAB 中是很简单的。设要产生 $0 \sim 2\pi$ 之间的正弦函数，则可按下列步骤进行：

　　(1) 产生 x 轴、y 轴数据

　　　　>> x=0:pi/20:2*pi;

　　　　>> y=sin(x);

　　(2) 打开一个新的图形窗口

　　　　>> figure(1)

　　(3) 绘制出正弦曲线

　　　　>> plot(x,y, 'r–')

其中，'r–' 表示以红色实线绘制出正弦曲线。

　　(4) 给图形加上栅格线：

　　　　>> grid on

这样就得到了如图 3.1 所示的正弦曲线。

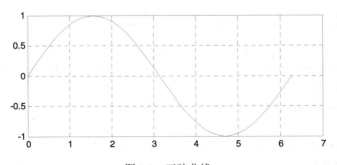

图 3.1　正弦曲线

从这一过程可以看出，在 MATLAB 中建立曲线图形是很方便的。

我们还可以将图形窗口进行分割，从而绘制出多条曲线。例如，将图形窗口分割成 2×2 的窗格，在每个窗格中分别绘制出正弦、余弦、正切、余切函数曲线。其 MATLAB 程序为

```
x=0:pi/50:2*pi;
k=[1   26   51   76   101];
x(k)=[];                      %删除正切和余切的奇异点
figure(1)
subplot(2,2,1)
plot(x,sin(x)), grid on       %绘制正弦函数曲线
subplot(2,2,2)
plot(x,cos(x)), grid on       %绘制余弦函数曲线
subplot(2,2,3)
plot(x,tan(x)), grid on       %绘制正切函数曲线
subplot(2,2,4)
plot(x,cot(x)), grid on       %绘制余切函数曲线
```

执行后得到如图 3.2 所示的三角函数曲线。

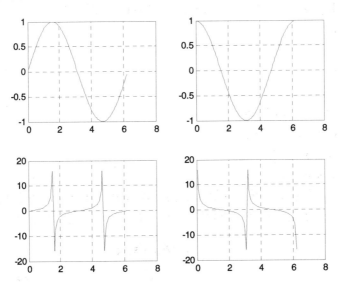

图 3.2 常用三角函数的曲线

从上面这两个简单例子，我们已经领略到利用 MATLAB 绘制图形的便捷性。

3.2 图形标注

绘制图形后，还要给图形进行标注，例如，可以给每个图加上标题、坐标轴标记和曲线说明等。给图 3.1 加上标题和轴标记，可输入

```
title('sin(\alpha)')
xlabel('\alpha')
ylabel('sin(\alpha)')
```

则可以得到如图 3.3 所示的结果。这里\alpha 表示 α，取自于 Tex 字符集，详见附录 A 的 text 函数中的字符集。

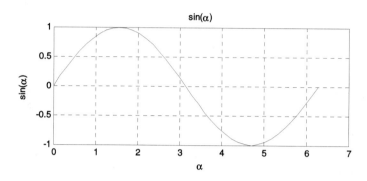

图 3.3　含标题的正弦曲线

利用 legend 函数可对图中的曲线进行说明。例如，在同一张图上可得到 $y=x^2$ 和 $y=x^3$ 曲线，然后利用 legend 函数对曲线进行标注。MATLAB 程序为

```
x=-2:.1:2;
y1=x.^2;
y2=x.^3;
figure(1)
plot(x,y1, 'r-', x, y2, 'k.'), grid on
legend('\ity=x^2', '\ity=x^3')
title('y=x^2 和 y=x^3 曲线')
xlabel('x'), ylabel('y')
```

执行后得到如图 3.4 所示的曲线。从这一示例可以看出，MATLAB 标注函数中采用了中文字符，这极大地方便了用户；在字符串中，"^"表示上标，"_"表示下标。

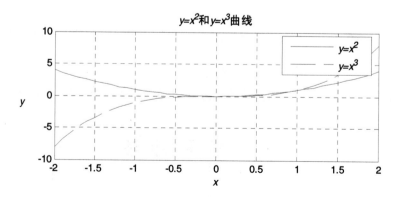

图 3.4　插图说明使用示例

利用 text 函数也可以对曲线进行标注。例如，在同一张图上绘制出正弦和余弦曲线，则 MATLAB 程序为

```
x=0:pi/50:2*pi;
y1=sin(x); y2=cos(x);
figure(1)
plot(x, y1, 'k-', x, y2, 'k-'), grid on
text(pi, 0.05, '\leftarrow sin(\alpha)')
text(pi/4-0.05, 0.05, 'cos(\alpha)\rightarrow')
title('sin(\alpha)和 cos(\alpha)')
xlabel('\alpha'), ylabel('sin(\alpha) 和 cos(\alpha)')
```

执行后得到如图 3.5 所示的结果。

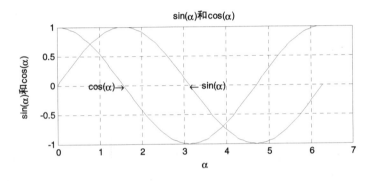

图 3.5　文本标注使用示例

对更复杂的曲线图形，可利用 gtext 进行标注。gtext 和 text 类似，只是可利用鼠标来放置文本，因此可交互式地对曲线图形进行标注。

3.3　对数和极坐标系中图形绘制

有时变量变化范围很大，如 x 轴从 0.01 到 100，这时如果仍采用 plot 绘图，就会失去局部可视性，因此应采用对数坐标系进行绘图。例如，求 0.01～100 之间的常用对数(以 10 为底的对数)，MATLAB 程序为

```
x=0.01:.01:100; y=log10(x);
figure(1)
subplot(2,1,1)
plot(x,y,'k-'), grid on
title('\ity=log_{10}(x) in Cartesian coordinates'), ylabel('y')
subplot(2,1,2), grid on
semilogx(x,y,'k-')                    %半对数绘图
title('\ity=log_{10}(x) in Semi-log coordinates')
xlabel('x'), ylabel('y')
```

执行后得到如图 3.6 所示的结果，从图中可以看出，在对数坐标系中，可清晰地看到局部信息。

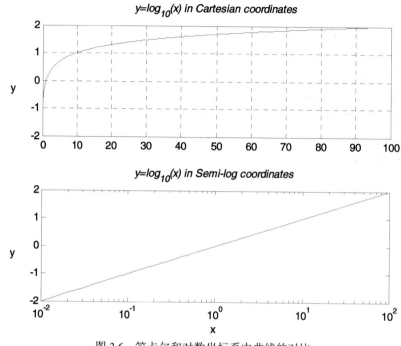

图 3.6　笛卡尔和对数坐标系中曲线的对比

对于任一矩阵，通过 eig 函数可求出其特征值，从而了解矩阵的特性，为此希望能够直观地显示出特征值。由于特征值一般为复数，因此在极坐标系中可使用 polar 函数。例如，输入

```
a=randn(2,2); b=eig(a)
c1=abs(b), c2=angle(b)
figure(1)
subplot(2,1,1)
plot(b,'rx'), grid on
title('Plot using Cartesian coordinates')
subplot(2,1,2)
polar(c2,c1,'rx')
gtext('Plot using polar coordinates')
```

执行后得到如图 3.7 所示的结果，从图中可以看出，在极坐标系中表示特征值更加直观。

在控制系统中，可以先求出系统的零极点，然后利用 polar 函数在极坐标系中绘制出零极点图，直观地显示出系统的零极点，这有助于我们对控制系统进行深入了解。如输入 MATLAB 程序：

```
num=[1 1.1];　den=[1 2 5 7 4];
[z,p,k]=tf2zp(num,den);
c1=abs(z);c2=angle(z);
```

c3=abs(p);c4=angle(p);

figure(1)

polar(c4,c3,'bx')

hold on,polar(c2,c1,'ro')

gtext('极坐标系中零极点的表示')

执行后得到如图 3.8 所示的零极点图。当然零极点图也可以直接采用 pzmap 函数绘制。

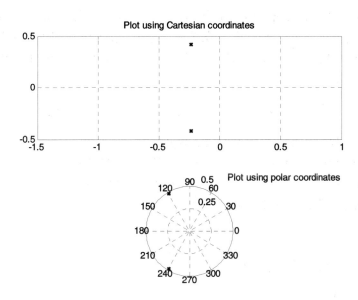

图 3.7　笛卡尔和极坐标系中特征值的表示

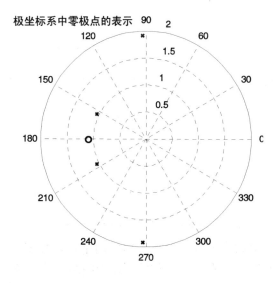

图 3.8　极坐标系中系统零极点的表示

3.4　复杂图形绘制

在同一个图形窗口中绘制多条曲线是 MATLAB 的一大功能。绘制多条曲线可以有以下几种应用方法。

(1) 将曲线数据保存在 n×m 的矩阵 y 中，而 x 为相应的 x 轴向量 n×1 或 1×n，则 plot(x, y) 命令可以在同一个图形窗口中绘制出 m 条曲线。这种方法非常适用于由其它软件产生的数据，然后由 load 命令读入到 MATLAB 中，并绘制出曲线。例如，MATLAB 提供了一个多峰函数 peaks.m，其函数表达式为

$$f(x, y) = 3(1-x)^2 e^{-x^2-(y+1)^2} - 10\left(\frac{x}{5} - x^3 - y^5\right) e^{-x^2-y^2} - \frac{1}{3} e^{-(x+1)^2-y^2}$$

利用这一函数，可以方便地产生多条曲线的数据

```
[x,y]=meshgrid(−3:0.15:3);        %产生 41×41 的输入矩阵
z=peaks(x,y);                     %计算相应的峰值函数
```

然后利用 plot 函数可直接绘制出这 41 条曲线

```
x1=x(1,:);
plot(x1, z), grid on
```

这时可得到如图 3.9 所示的多条曲线。

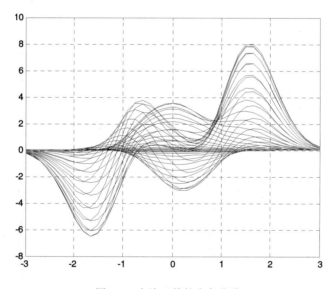

图 3.9　多峰函数的多条曲线

(2) 在同一个 plot 函数中分别指定每条曲线的坐标轴数据，即采用 plot(x1, y1, x2, y2，…)。例如，对于下列两个函数(这是神经网络中的两个重要函数：logsig 和 tansig)：

$$y_1 = \frac{1}{1 + e^{-x}}$$

$$y_2 = \frac{1 - e^{-x}}{1 + e^{-x}}$$

可分别求出−5～5 之间的值，在同一张图上画出曲线，并利用 legend 函数对曲线进行说明，MATLAB 程序为

```
x=[-5:.1:5];
y1=1./(1+exp(-x));
y2=(1-exp(-x)).*y1;
figure(1)
plot(x,y1,'r-',x,y2,'b.'),grid on
legend('logsig 函数', 'tansig 函数', 4)
title('多条曲线')
```

执行后可得到如图 3.10 所示的结果。

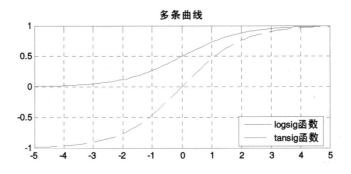

图 3.10　logsig 和 tansig 函数曲线

(3) 利用 hold on 命令先在图形窗口中绘制出第一条曲线，然后执行 hold on(保持原有图像元素)命令，最后绘制出第二条、第三条等曲线。例如，对于图 3.10 中的曲线，也可以采用下列 MATLAB 程序获得

```
figure(1)
plot(x,y1,'r-')
hold on
plot(x,y2,'b--')
grid on
```

利用这种方法绘制曲线后，可同时在数据点上以特殊记号进行标注。例如，在绘制出简单的正弦函数后，可以用圆圈表示各个数据点，MATLAB 程序为

```
x=0:pi/20:2*pi;
y=sin(x);
figure(1)
plot(x,y,'r-')
hold on
plot(x,y,'bo'),
grid on
```

```
title('sin(\alpha)')
xlabel('\alpha'),ylabel('sin(\alpha)')
```

执行后可得到如图 3.11 所示的结果。图中在每个数据点上用一圆圈表示，这种方式可以形象地表示数据的拟合和内插。

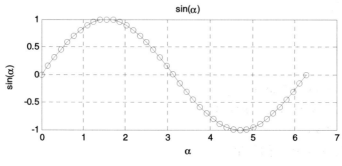

图 3.11　　正弦曲线

（4）利用 plotyy 函数可绘制出双 y 轴的图形，这样在同一张图上表示两条曲线时，可拥有各自的 y 轴。例如，在同一张纸上绘制出双 y 轴的 y1=sin(t)和 y2=2cos(t)函数，MATLAB 程序为

```
t = −pi:pi/20:pi;
y1 = sin(t); y2 = 2*cos(t);
plotyy(t,y1,t,y2), grid on
title(' sin(t) and cos(t) ')
text(0,0,'\leftarrow sin(t)')
text(pi/2,0,'\leftarrow 2cos(t)')
```

执行后可得到如图 3.12 所示的结果。图中左边轴为第一条曲线的垂直轴，右边轴为第二条曲线的垂直轴，从图中可以看出，虽然 y1 和 y2 具有不同的值域，但由于采用了双 y 轴，因此两条曲线在显示上具有相同的幅值。

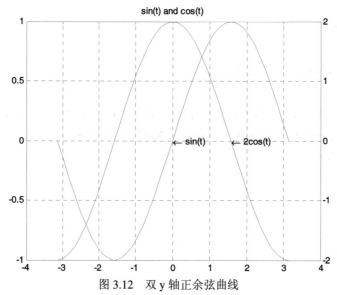

图 3.12　　双 y 轴正余弦曲线

3.5　坐标轴控制

利用 box 函数可以控制图形的上边框和右边框，box on、box off 可分别显示和隐去上边框和右边框，box 命令为乒乓开关，可以在这两种状态之间切换。为了更加灵活地控制各个边框(坐标轴)，可以采用 axes 命令。例如，在[0，pi/2]之间绘制出 y=tan(x)曲线，然后利用 box off 命令去掉边框，MATLAB 程序为

```
x=0:.025:pi/2; y=tan(x);
figure(1)
plot(x,y,'r−o'), grid on
box off
title('正切函数'), xlabel('角度(弧度)')
```

执行后得到如图 3.13 所示的曲线，图中只有 x 和 y 轴。

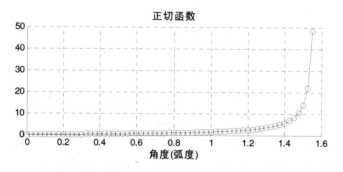

图 3.13　正切函数曲线

axis(与上面提到的 axes 不同)命令用于控制坐标轴的刻度。一般在绘制曲线时，系统会根据所采用的数据自动生成适当的坐标轴刻度，但有时需要进行修改，比如在两个曲线对比时，应采用相同的比例因子，以便直观地比较大小。例如，设已由其它系统测量出两种方法的误差，保存于 err.dat 中，其中第一列为采样时刻，第二、三列分别为两种方法的测量值，现要求直接绘制出误差曲线，同时绘制出利用 axis 修改成相同比例后的误差曲线，MATLAB 程序为

```
load err.dat
t=err(:,1); e1=err(:,2); e2=err(:,3);
figure(1)
subplot(2,2,1), plot(t,e1,'k'),title('误差 1')
subplot(2,2,3), plot(t,e2,'k'),title('误差 2')
subplot(2,2,2), plot(t,e1,'k'),title('坐标轴调整后的误差 1')
axis([0 .3 −4 4])
subplot(2,2,4), plot(t,e2,'k'),title('坐标轴调整后的误差 2')
axis([0 .3 −4 4])
```

执行后得到如图 3.14 所示的曲线。从图中可以看出，左边两图由于没有一致的轴刻度，将无法对这两种误差进行对比，而右边两图由于采用了一致的轴刻度，容易对这两种测量方法的误差进行比较。

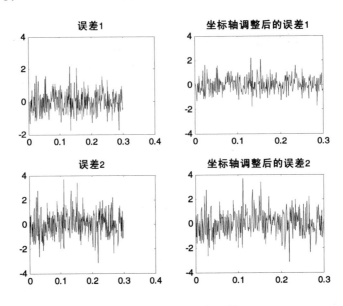

图 3.14　测量误差的比较

为了更清楚地观察曲线的局部特性，也可以修改坐标轴刻度，例如，对于一个复杂函数
$$y=\cos(\tan(\pi x))$$
利用 plot 函数绘制出曲线时，在 x=0.5 附近区域几乎看不清楚。现在利用 axis 函数调整 x 轴的刻度，则可以比较清楚地看到这一局部区域，MATLAB 程序为

```
x=0:1/3000:1; y=cos(tan(pi*x));
figure(1)
subplot(2,1,1), plot(x,y)
title('\itcos(tan(\pix))')
subplot(2,1,2), plot(x,y)
axis([0.4 0.6 −1 1]);
title('复杂函数的局部透视')
```

执行后得到如图 3.15 所示的曲线。

axis square 可使绘制图形的 x、y 轴等长，这样可以使绘制的圆成为真正的圆。例如：

```
t = 0:pi/20:2*pi;
figure(1)
subplot(2,2,1),plot(sin(t),cos(t))
title('圆形轨迹')
subplot(2,2,2),plot(sin(t),2*cos(t))
title('椭圆形轨迹')
subplot(2,2,3),plot(sin(t),cos(t)),axis square
```

title('调整后的圆形轨迹')

subplot(2,2,4),plot(sin(t),2*cos(t)),axis square

title('调整后的椭圆形轨迹')

执行后得到如图 3.16 所示的轨迹。

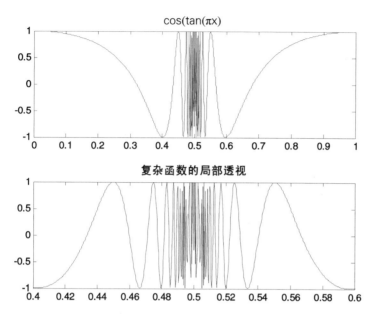

图 3.15 复杂函数曲线的局部透视

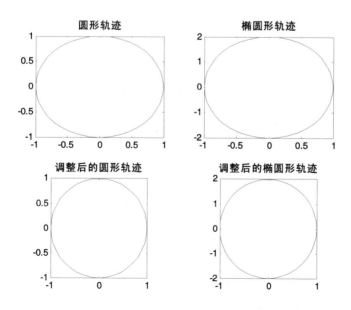

图 3.16 调整前、后的圆轨迹

利用 axis off 命令可以关闭坐标轴的显示，产生不含有坐标轴的图形。例如：

t = 0:pi/20:2*pi;

[x,y] = meshgrid(t); z = sin(x).*cos(y);

figure(1)

plot(t,z), axis([0 2*pi −1 1])

box off, axis off

title('无坐标轴和边框图形')

执行后得到如图 3.17 所示的曲线。

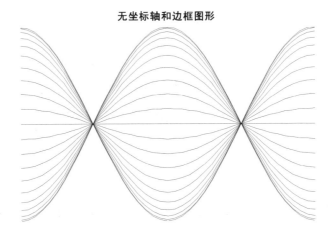

图 3.17　无坐标轴和边框图形

3.6　颜 色 控 制

在绘制曲线时可直接指定曲线的颜色，在标注文本如 title，xlabel，ylabel，zlabel，text 命令中，可利用文本特性 Color 来指定文本的颜色。例如，下列的 MATLAB 程序可产生红色的曲线、绿色的标题、蓝色的 x 与 y 轴标注和黑色的曲线标注。

x=[−pi:pi/20:pi];

y=exp(−2*sin(x));

figure(1)

plot(x,y,'r−'), grid on

title('绿色的标题(y=e^{−2sin(x)})','Color','g')

xlabel('蓝色的 x 轴标注','Color','b')

ylabel('蓝色的 y 轴标注','Color','b')

text(−0.6,3.8,'\leftarrow 黑色的曲线标注','Color','k')

执行后得到如图 3.18 所示的曲线。图中只能以黑白表示，在 MATLAB 中运行可以得到实际的彩色图形。

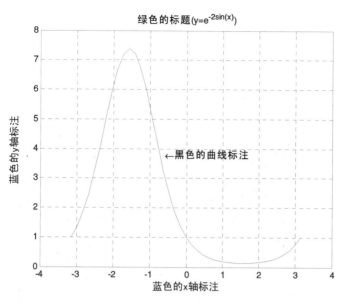

图 3.18　颜色控制

利用 colormap 函数可以改变每种颜色的色调，MATLAB 提供了许多种不同用途的颜色板。为了进一步了解各种颜色板的颜色，可输入

```
cmap=colormap; L=length(cmap);
x=[1:L]; y=x'*ones(size(x));
figure(1)
bar(x(1:2),y(1:2,:))
title('gray 颜色板的颜色')
colormap('gray')
```

执行后得到如图 3.19 所示的 gray(灰度)颜色板的颜色。

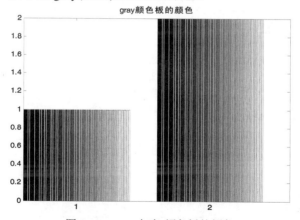

图 3.19　gray(灰度)颜色板的颜色

MATLAB 专门提供了人体脊骨的图像数据(spine)，利用 bone 颜色板可更清晰地显示这一类图像，MATLAB 程序为

```
load spine
image(X)
```

colormap bone

title('人体脊骨图')

执行后得到如图 3.20 所示的人体脊骨图。

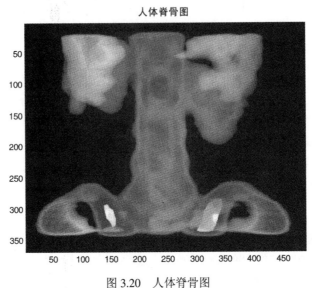

图 3.20　人体脊骨图

3.7　高级绘图函数

除了前面介绍的以二维平面为图形窗口的绘图功能外，MATLAB 还提供了一些功能很强的高级绘图函数，如表 3.1 所示，这里分类给出一些函数的使用说明。

表 3.1　高级绘图函数

区域、条形及其饼图	
bar，barh	绘制出条形图
bar3，bar3h	绘制出三维条形图
pie	绘制出饼图
pie3	绘制出三维饼图
area	二维图形的填充区域
等高线绘图	
contour	绘制矩阵的等高线
contour3	绘制出矩阵的三维等高线
contourf	绘制并填充二维等高线图
方向与速度绘图	
comet	绘制二维彗星图形
comet3	绘制三维彗星图形
compass	绘制出罗盘图
feather	绘制速度向量图
quiver	绘制颤抖或速度图
quiver3	绘制三维的颤抖或速度图

续表

离散数据绘图	
stem	绘制出离散序列数据
stem3	在三维空间中绘制出离散序列数据
stairs	绘制梯形图
柱状图	
hist	绘制出柱状图
histc	绘制出柱状图
rose	绘制角度的柱状图
多边形和曲面	
cylinder	绘制柱面图
sphere	绘制球形图
ellipsoid	绘制椭圆体
polyarea	绘制出多边形
inpolygon	删除多边形区域内部的点
fill	填充二维多边形
fill3	填充三维多边形
ribbon	绘制出带状图
slice	绘制立体切片图
waterfall	绘制瀑布图
mesh，meshc，meshz	绘制网格曲线
meshgrid	为三维绘图产生 x、y 数据矩阵
surf，surfc	绘制出三维空间中的曲面图
散布图	
plotmatrix	绘制出矩阵的散布图
scatter	绘制散布图
scatter3	绘制三维散布图

3.7.1　区域、条形及其饼图

1. bar，barh

功能：绘制出条形图。

格式：

　　　bar(Y)　　　　　　　　bar(x, Y)

　　　bar(…, width)　　　　bar(…, 'style')

　　　bar(…, 'bar_color')

说明：

bar 和 barh 函数可在二维平面上绘制出条形图，它以条形块来表示数值的大小。bar 函数绘制出的条形图呈竖直方向，barh 函数绘制出的条形图呈水平方向，其应用格式完全一致，因此，这里仅给出 bar 函数的说明。

bar(Y)可以绘制出 Y 的条形图。当 Y 为矩阵时，bar 函数将由每行元素产生的条形聚合成组，x 轴的范围为[1，size(Y, 1)]；当 Y 为向量时，x 轴的范围为[1，length(Y)]。

bar(x, Y)可以指定 x 轴坐标，向量 x 中的值可以是非单调的，但不能包含重复的值。当 Y 为矩阵时，在 x 位置上对 Y 每行元素产生的条形进行聚合。

bar(…,width)可以设定各个条形的宽度，并且可以控制组内条形的分割，缺省的宽度为 0.8。

bar(…,'style') 可以指定条形的风格，即'grouped'或'stacked'风格，缺省值为'grouped'。当'style'取'grouped'时，表示分组绘制条形图，即 Y 中每一行为一组，分别按不同颜色绘出条形图；当'style'取'stacked' 时，表示将每组中的值分段以不同颜色绘制出条形图，即每一行中的值一个接一个绘制在同一个条形块中。

bar(…, 'bar_color')可以指定条形块的颜色。

例如，输入

```
x = −2.9:0.2:2.9;
bar(x,exp(−x.*x),'r')
title('条形图\ity=e^{ −x^2}')
```

执行后可得到如图 3.21 所示的条形图。

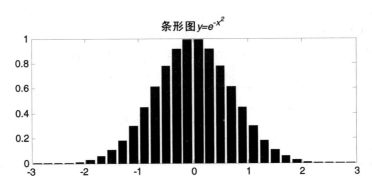

图 3.21　简单的条形图

例如，利用随机函数 rand 产生一个矩阵，这样可以得到更复杂的条形图。MATLAB 程序为

```
Y = round(rand(5,3)*10);
figure(1)
subplot(2,2,1),bar(Y,'group'),title 'Group'
subplot(2,2,2),bar(Y,'stack'),title 'Stack'
subplot(2,2,3),barh(Y,'stack'),title 'Stack'
subplot(2,2,4),bar(Y,1.5),title 'Width = 1.5'
```

执行后得到如图 3.22 所示的复杂条形图。

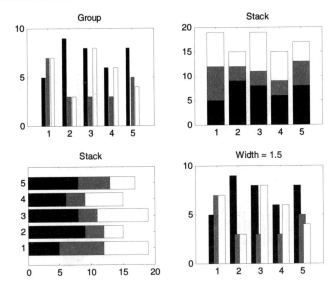

图 3.22　复杂的条形图

2．bar3, bar3h

功能：绘制出三维条形图。

格式：

bar3(Y)　　　　　　　　　bar3(x, Y)

bar3(…, width)　　　　　bar3(…, 'style')

bar3(…, 'bar_color')

说明：

bar3 和 bar3h 函数可在三维空间上绘制出条形图，它以条形块来表示数值的大小。其说明类似于 bar、barh 函数。

例如，执行下面程序可以得到如图 3.23 所示的三维条形图。

```
Y = cool(7);
subplot(2,2,1)
bar3(Y,'detached')
title('Detached')
subplot(2,2,2)
bar3(Y,0.25,'detached')
title('Width = 0.25')
subplot(2,2,3)
bar3(Y,'grouped')
title('Grouped')
subplot(2,2,4)
bar3(Y,'stacked')
title('Stacked')
colormap([1 0 0;0 1 0;0 0 1])
```

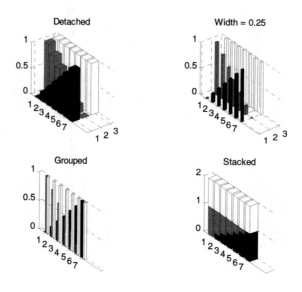

图 3.23 三维条形图

3. pie

功能：绘制出饼图。

格式：

    pie(X)

    pie(X, explode)

    pie(…, labels)

说明：

pie(X)可以将 X 中的数据绘制出饼图；Pie(x, explode) 可利用 explode 指定分离出的切片；pie(…, labels)可以为每个切片添加文本标注，这时标注个数必须与 X 中的元素个数一致。例如，输入

    x = [1.1 2.8 0.5 2.5 2];

    explode = [0 1 0 0 0];

    figure(1)

    colormap hsv

    pie(x,explode)

    title('饼图')

执行后得到如图 3.24 所示的饼图。

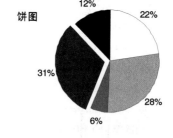

图 3.24 饼图

4. pie3

功能：绘制出三维饼图。

格式：

    pie3(X)

    pie3(X, explode)

    pie3(…, labels)

说明：

pie3 函数可绘制出三维的饼图，其说明类似于 pie 函数。例如，输入

>> x = [1 3 0.5 2.5 2];

>> explode = [0 1 0 0 0];

>> pie3(x,explode)

执行后可以得到如图 3.25 所示的三维饼图。

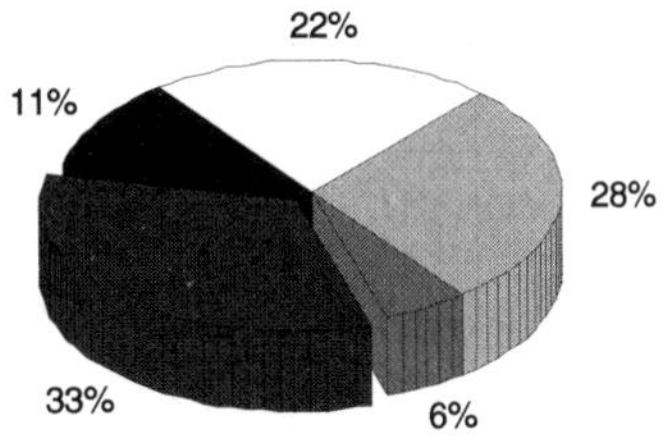

图 3.25　三维饼图

5．area

功能：二维图形的填充区域。

格式：

area(Y)

area(X, Y)

area(⋯, basevalue)

area(⋯, 'PropertyName', PropertyValue, ⋯)

area(axes_handle, ⋯)

h = area(⋯)

area('v6', ⋯)

说明：

图形区域为 Y 元素之下的部分，当 Y 为矩阵时，图形的高度由 Y 每一行的和值构成。area(Y)可以绘出向量 Y 和矩阵 Y 每一列和值的区域图形，x 轴会自动调整为 1:size(Y, 1)。当 X、Y 为向量时，area(X, Y)等同于 plot(X, Y)，只是对区域[0, Y]进行填充；当 Y 为矩阵时，area(X, Y)以填充方式绘出 Y 的所有列。

在 area(⋯, basevalue)命令中，可以指定填充区域的基值 basevalue，缺省的基值为 0；area(⋯, 'PropertyName',PropertyValue, ⋯)可以指定图形特性的值。

例如，输入

>> Y = [1, 5, 3;　　3, 2, 7;　　1, 5, 3;　　2, 6, 1];

>> area(Y),grid on

>> colormap gray

>> title 'Stacked Area Plot'

则可以得到如图 3.26 所示的图形区域。

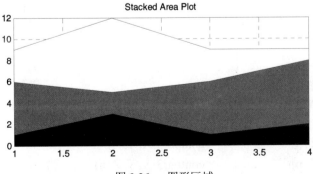

图 3.26　图形区域

3.7.2　等高线绘图

1．contour

功能：绘制矩阵的等高线。

格式：

contour(Z)	contour(X, Y, Z)
contour(Z, n)	contour(X, Y, Z, n)
contour(Z, v)	contour(X, Y, Z, v)
contour(⋯, LineSpec)	

说明：

contour 函数可以绘制出矩阵的等值线，利用 clabel 函数可以对等值线进行标注。

contour(Z)可以绘制出矩阵 Z 的等值线，其值的间隔自动选取；contour(Z, n)可以采用固定的间隔 n(n 为变量)；contour(Z, v)可以在向量 v 中指定间隔，间隔数必须等于 length(v)。在 contour(X, Y, Z)、contour(X, Y, Z, n)和 contour(X, Y, Z, v)中，X、Y 指定 x 轴和 y 轴的上、下限，Z 为高度值。contour(⋯, LineSpec)可以利用 LineSpec 指定等高线的形状和颜色。

例如，执行下面程序可以得到如图 3.27 所示的等高线图形。

```
[X,Y] = meshgrid(-2:.2:2, -2:.2:3);
Z = X.*exp(-X.^2-Y.^2);
[C,h] = contour(X,Y,Z);
set(h,'ShowText','on','TextStep',get(h,'LevelStep')*2);
title('The contour')
colormap gray
```

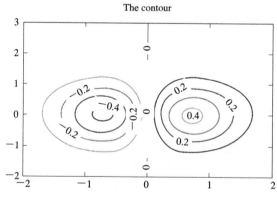

图 3.27　等高线图形

2．contour3

功能：绘制出矩阵的三维等高线。

格式：

contour3(Z)	contour3(X, Y, Z)
contour3(Z, n)	contour3(X, Y, Z, n)

contour3(Z, v)   contour3(X, Y, Z, v)

contour3(···, LineSpec)

说明：

contour3 可以绘出三维的等高线，其说明类似于 contour 函数。例如，执行下面程序可以得到如图 3.28 所示的等高线图形。

```
[X,Y] = meshgrid([-2:.25:2]);
Z = X.*exp(-X.^2-Y.^2);
contour3(X,Y,Z,30)
surface(X,Y,Z,'EdgeColor',[.8 .8 .8],'FaceColor','none')
title('The three-dimensional contour '),grid off
view(-15, 25)
```

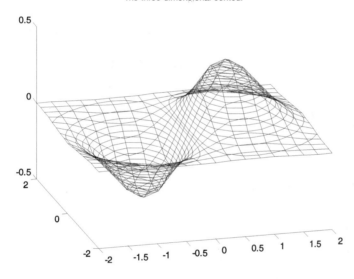

图 3.28 等高线图形

3. contourf

功能：绘制并填充二维等高线图。

格式：

contourf(Z)   contourf(X, Y, Z)

contourf(Z, n)   contourf(X, Y, Z, n)

contourf(Z, v)   contourf(X, Y, Z, v)

说明：

contourf 函数可以绘制出矩阵的等值线，并在等高线之间用不同的颜色填充，colormap 函数会影响显示的颜色。实际上，contourf 与 contour 函数类似，只是填充了颜色，因此其说明参见 contour 函数。

例如，contourf(peaks(20),10)可以产生峰值函数 peaks 的等高线，如图 3.29 所示。

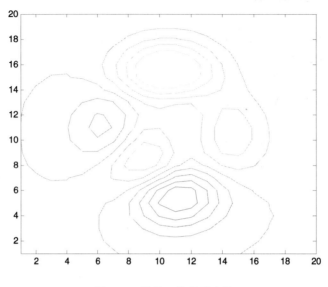

图 3.29　峰值函数的等高线

3.7.3　方向与速度绘图

1．comet

功能：绘制二维彗星图形。

格式：

comet(y)　　　　　　comet(x,y)

comet(x,y,p)

说明：

彗星图形是一幅生动的图形，其头部用圆圈表示，尾部用直线表示，用来表示数据的轨迹。

函数 comet(y)可以显示出向量 y 的彗星图；comet(x, y)可以显示出向量 x 与 y 的彗星图；comet(x, y, p)可以指定彗星的长度 p*length(y)，其中 p 的缺省值为 0.1。

例如，执行下面程序可以得到如图 3.30 所示的彗星图形，同时也给出了向量 x 和 y 的时间曲线，如图 3.31 所示。

```
t = 0:.01:2*pi;
x = cos(2*t).*(cos(t).^2);
y = sin(2*t).*(sin(t).^2);
figure(1)
comet(x,y);
figure(2)
plot(t,x,'k-',t,y,'k--'),title('The curves of x and y')
```

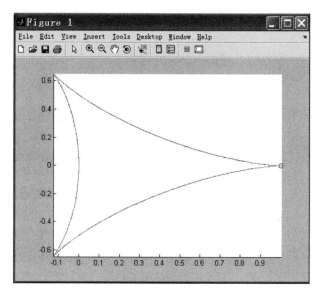

图 3.30 彗星图形

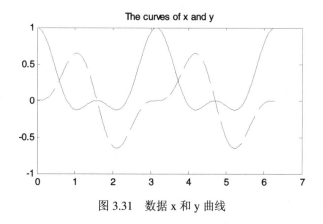

图 3.31 数据 x 和 y 曲线

2. comet3

功能：绘制三维彗星图形。

格式：

comet3(z)   comet3(x, y, z)

comet3(x, y, z, p)

说明：

函数 comet3 可以显示出向量 z 的三维彗星图，其说明类似于 comet 函数。例如，执行下面程序，可以清楚看到三维彗星图。

```
t = -10*pi:pi/250:10*pi;

figure

comet3((cos(2*t).^2).*sin(t), (sin(2*t).^2).*cos(t),t);
```

3. compass

功能：绘制出罗盘图(从原点发出的箭头图)。

格式：

　　compass(U, V)

　　compass(Z)

　　compass(…, LineSpec)

说明：

罗盘图为从原点发出的箭头图。compass(U,V)可以绘制出 n(n=length(U)或 n=length(V))个箭头，每个箭头的起点在原点，终点由(U(i),V(i))确定；在 compass(Z)中，Z 为复数，箭头的终点由(real(Z),imag(Z))确定；compass(…, LineSpec)可以指定绘图的线型、符号和颜色。例如，输入

　　　　>>Z = eig(randn(20,20));

　　　　>>compass(Z)

执行后可以得到如图 3.32 所示的罗盘图。

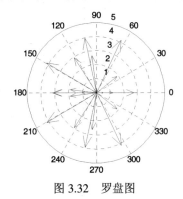

图 3.32　罗盘图

4．feather

功能：绘制速度向量图。

格式：

　　feather(U,V)

　　feather(Z)

　　feather(…, LineSpec)

说明：

速度向量图为从水平轴等间隔处出发的向量。feather(U, V)可以显示出速度向量图，其中 U 指定向量终点的 x 轴坐标，V 指定向量终点的 y 轴坐标；在 feather(Z)中，Z 为复数，向量的终点由(real(Z), imag(Z))确定；feather(…, LineSpec)可以指定绘图的线型、符号和颜色。例如，输入

　　　　>>theta = (−90:10:90)*pi/180;

　　　　>>r = 2*ones(size(theta));

　　　　>> [u,v] = pol2cart(theta,r);

　　　　>>feather(u,v);

执行后可以得到如图 3.33 所示的速度向量图。

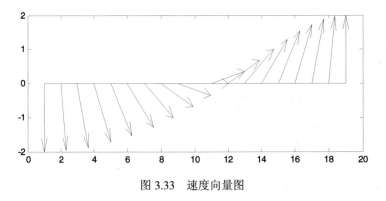

图 3.33　速度向量图

5．quiver

功能：绘制颤抖或速度图。

格式：

　　quiver(x, y, u, v)　　　　　　　　quiver(u, v)

　　quiver(⋯, scale)　　　　　　　　quiver(⋯, LineSpec)

　　quiver(⋯, LineSpec,'filled')

说明：

quiver(x，y，u，v)可以在(x，y)处显示以(u，v)为内容的箭头，用来表示速度向量。矩阵 x、y、u、v 必须具有相同的尺寸。其它格式的说明参见在线帮助。例如，下面程序可以计算函数 $z = xe^{(-x^2-y^2)}$ 的梯度场，并以颤抖图表示，执行后得到如图 3.34 所示的结果。

　　[X,Y] = meshgrid(−2:.2:2);

　　Z = X.*exp(−X.^2 − Y.^2);

　　[DX,DY] = gradient(Z,.2,.2);

　　contour(X,Y,Z)

　　hold on

　　quiver(X,Y,DX,DY)

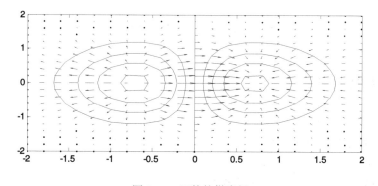

图 3.34　函数的梯度场

6. quiver3

功能：绘制三维的颤抖或速度图。

格式：

　　quiver3(x, y, z, u, v, w)　　　　　quiver3(z, u, v, w)

　　quiver3(⋯, scale)　　　　　　　　quiver3(⋯, LineSpec)

　　quiver3(⋯, LineSpec,'filled')

说明：

quiver3 函数与 quiver 函数类似，它只是在三维空间中绘制出速度图。例如，下面的程序可以计算函数 $z = xe^{(-x^2-y^2)}$ 的梯度场，并以三维空间中的速度图表示，执行后得到如图 3.35 所示的结果。

　　[X,Y] = meshgrid(−2:0.25:2, −1:0.2:1);

　　Z = X.* exp−X.^2 − Y.^2);

　　[U,V,W] = surfnorm(X,Y,Z);

　　quiver3(X,Y,Z,U,V,W,0.5,'k');

hold on, surf(X,Y,Z);

view(−35,45),axis ([−2 2 −1 1 −.6 .6])

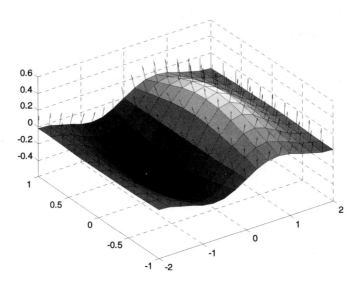

图 3.35　三维空间中函数梯度场的表示

3.7.4　离散数据绘图

1. stem

功能：绘制出离散序列数据。

格式：

stem(Y)	stem(X, Y)
stem(⋯, 'fill')	stem(⋯, LineSpec)

说明：

stem(Y)可以按离散竖条形式显示出数据 Y，x 轴取其序号，当 Y 为矩阵时，stem 绘制出 Y 每一行的元素。stem(X,Y)可以指定 x 轴的坐标 X，其中 X、Y 为相同尺寸的向量或矩阵，当 Y 为矩阵时，X 可以为向量(其长度为 size(Y, 1)，即 Y 的行数)。stem(⋯, 'fill')可以指定竖条末端圆圈的颜色；stem(⋯, LineSpec)可以为绘图指定线型、符号和颜色。例如，输入

```
>>t = linspace(−2*pi,2*pi,10);
>>h = stem(t,cos(t),'fill', −−');
>>set(get(h,'BaseLine'),'LineStyle',':')
>>set(h,'MarkerFaceColor','red')
>> title('The stems')
```

执行后可以得到如图 3.36 所示的结果。

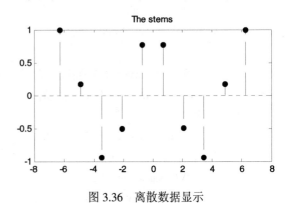

图 3.36　离散数据显示

2．stem3

功能：在三维空间中绘制出离散序列数据。

格式：

stem3(Z)　　　　　　stem3(X, Y, Z)

stem3(…, 'fill')　　　stem3(…, LineSpec)

说明：

stem3 函数与 stem 函数类似，只是 stem3 函数将离散竖条绘制在三维空间中。在 stem3(Z) 中，Z 为二维矩阵，其下标构成(x，y)。其它格式说明参见 stem 函数。例如，输入

```
X = linspace(0,1,10);
>>Y = X./2;
>>Z = sin(X) + cos(Y);
>>stem3(X,Y,Z,'fill')
>>title('The three-dimensional stem')
>>view(-25,30),box off
```

执行后可以得到如图 3.37 所示的结果。

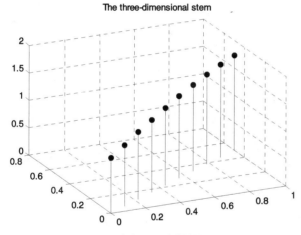

图 3.37　三维空间中离散数据的显示

3．stairs

功能：绘制梯形图。

格式：

stairs(Y)　　　　　　stairs(X,Y)

stairs(…, LineSpec)

说明：

stairs 函数与 stem 函数类似，只是 stem 函数绘制竖条图，而 stairs 函数用于绘制梯形图。参见 stem 函数。例如，输入

```
x = linspace(-2*pi,2*pi,40);
stairs(x,sin(x))
```

可以得到如图 3.38 所示的梯形图。

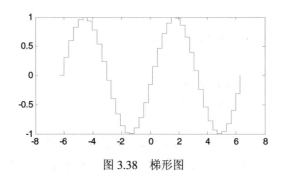

图 3.38　梯形图

3.7.5　柱状图

1. hist

功能：绘制出柱状图。

格式：

  n = hist(Y)   n = hist(Y, x)

  n = hist(Y, nbins)   [n,xout] = hist(…)

说明：

hist 函数可在二维平面上绘制出柱状图，用来表示数据值的分布情况。

n = hist(Y)可以按均匀间隔的 10 类统计向量 Y 中的元素个数，当 Y 为 m×p 矩阵时，hist 将按 Y 的列进行统计，从而得到10×p 的结果矩阵。在 n = hist(Y, nbins)中，nbins 为标量，hist 函数可以将 Y 按 nbins 类统计。

n = hist(Y, x)可以指定统计的间隔中心的向量 x。注意，x 值指定的是区域的中心，如果希望指定区域的边缘，则应采用 histc 函数。

[n, xout] = hist(…)还可以得到各类区域中心的位置 xout，从而利用 bar(xout, n)来绘制出柱状图。

当不带输出变量引用 hist 函数时，可以直接绘制出柱状图。例如，输入

  x = −2.9:0.1:2.9;

  y = randn(2000,1);

  figure(1),hist(y,x)

  title('柱状图表示数据分布')

  axis([−3 3 −Inf Inf])

执行后得到如图 3.39 所示的数据分布柱状图。

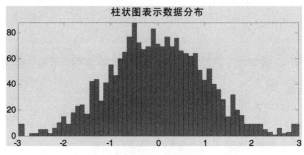

图 3.39　数据分布柱状图

2．histc

功能：绘制出柱状图。

格式：

  n = histc(x, edges)

  n = histc(x, edges, dim)

说明：

函数 histc 与 hist 类似，只是 edges 可以指定区域的边缘，dim 用于指定沿着指定维进行统计操作。

3．rose

功能：绘制角度的柱状图。

格式：

  rose(theta)   rose(theta, x)

  rose(theta, nbins)   h = rose(⋯)

说明：

函数 rose 可以在极坐标系中绘制出角度的柱状图，用以表示角度的分布情况。

rose(theta)可以按 20 个均匀角度区域统计，并绘制出极坐标系中的柱状图，向量 theta 是以弧度表示的角度值。在 rose(theta, nbins)中，nbins 为标量，用于指定区域数。

rose(theta, x)可以利用向量 x 指定角度区域，length(x)表示区域数，x 值指定区域的中心。

h = rose(⋯)命令在绘制出柱状图的同时，还给出了图形对象的句柄。

例如，输入

  >> theta = 2*pi*rand(1,50);

  >>rose(theta)

执行后可以得到如图 3.40 所示的角度柱状图。

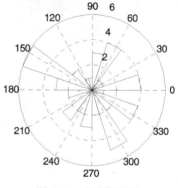

图 3.40　角度柱状图

3.7.6　多边形和曲面

1．cylinder

功能：绘制柱面图。

格式：

  [X, Y, Z] = cylinder

  [X, Y, Z] = cylinder(r)

  [X, Y, Z] = cylinder(r, n)

  cylinder(⋯)

说明：

cylinder 函数可在三维空间上画出柱面图。[X, Y, Z] = cylinder 可以计算出半径为 1 的圆柱体的坐标(x，y，z)，并在圆周上均匀选取 20 个点；[X, Y, Z] = cylinder(r)可以指定轮廓曲线；[X, Y, Z] = cylinder(r, n)可以在圆周上均匀选取 n 个点。

当不带输出变量引用函数 cylinder(…)时，可以直接绘制出柱面图。例如，执行下面程序可以得到如图 3.41 所示的简单柱面图。

```
cylinder, axis square
h = findobj('Type','surface');
set(h,'CData',rand(size(get(h,'CData'))))
title('简单柱面图')
```

利用 cylinder(r) 还可以产生具有一定外形的柱体。例如，输入

```
t = 0:pi/10:2*pi;
figure(1)
[X,Y,Z] = cylinder(2+cos(t));
surf(X,Y,Z),axis square
```

执行后得到如图 3.42 所示的复杂柱面图。

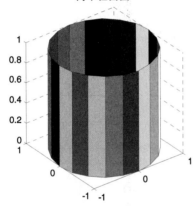

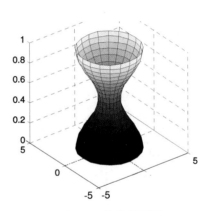

图 3.41　简单柱面图　　　　　　　　　　　图 3.42　复杂柱面图

2．sphere

功能：绘制球形图。

格式：

```
sphere
sphere(n)
[X, Y, Z] = sphere(…)
```

说明：

[X, Y, Z] = sphere(…)函数可以计算出半径为 1 的球形的坐标(x, y, z)，并在三维空间上画出这个球，球由 20×20 块面组成；sphere 函数只绘制出单位半径的球；sphere(n)可以指定球由 n×n 块面组成。例如，输入

```
>>sphere
>>axis equal
```

执行后得到如图 3.43 所示的球。

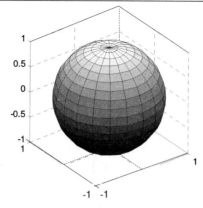

图 3.43　三维空间上的球

3. ellipsoid

功能：绘制椭圆体。

格式：

　　[x,y,z] = ellipsoid(xc,yc,zc,xr,yr,zr,n)

　　[x,y,z] = ellipsoid(xc,yc,zc,xr,yr,zr)

　　ellipsoid(axes_handle, …)

　　ellipsoid(…)

说明：

[x,y,z] = ellipsoid(xc,yc,zc,xr,yr,zr,n)可以产生 3 个(n+1)×(n+1)的矩阵,这样利用 surf(x,y,z)就可以产生以(xc,yc,zc)为中心、以(xr,yr,zr)为半径的椭圆;在[x,y,z] = ellipsoid(xc,yc,zc,xr,yr,zr)中，默认 n = 20;当没有输出变量引用函数 ellipsoid(…)时，可以直接绘制出椭圆的曲面。

4. polyarea

功能：绘制出多边形。

格式：

　　A = polyarea(X, Y)

　　A = polyarea(X, Y, dim)

说明：

A = polyarea(X, Y)可以绘制出由向量 X、Y 指定顶点的多边形区域；如果 X、Y 为矩阵，则其尺寸必须一致，多边形区域由 X、Y 相应的列构成；如果 X、Y 为多维阵列，则 polyarea 对第一个非单点维进行操作。A = polyarea(X,Y,dim)可以沿着指定维 dim 进行操作。例如，输入

　　L = linspace(0,2.*pi,6); xv = cos(L)';yv = sin(L)';

　　xv = [xv ; xv(1)]; yv = [yv ; yv(1)];

　　A = polyarea(xv,yv);

　　plot(xv,yv); title(['Area = ' num2str(A)]); axis image

执行后可以得到如图 3.44 所示的多边形图形。

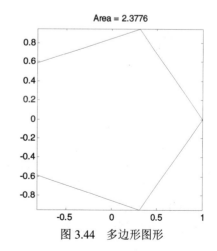

图 3.44　多边形图形

5．inpolygon

功能：删除多边形区域内部的点。

格式：

     IN = inpolygon(X,Y,xv,yv)

     [IN ON] = inpolygon(X,Y,xv,yv)

说明：

IN = inpolygon(X,Y,xv,yv)可以得到一个与 X、Y 尺寸一致的矩阵 IN，当点(X(p,q),Y(p,q)) 在区域内部时，IN(p, q)=1，否则为 0，xv、yv 用于指定多边形区域。[IN ON] = inpolygon (X,Y,xv,yv)还得到了一个与 X、Y 尺寸一致的矩阵 ON，如果点(X(p,q),Y(p,q))在区域边界上，则 ON(p, q)=1，否则为 ON(p, q) = 0。例如，下面的程序执行后可以得到如图 3.45 所示的判定结果。

     L = linspace(0,2.*pi,6); xv = cos(L)';yv = sin(L)';

     xv = [xv ; xv(1)]; yv = [yv ; yv(1)];

     x = randn(250,1); y = randn(250,1);

     in = inpolygon(x,y,xv,yv);

     plot(xv,yv,x(in),y(in),'r+',x(~in),y(~in),'bo')

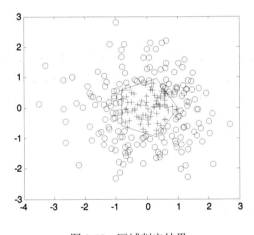

图 3.45　区域判定结果

6．fill

功能：填充二维多边形。

格式：

     fill(X,Y,C)　　　　　　fill(X,Y,ColorSpec)

     fill(X1,Y1,C1,X2,Y2,C2,…)

说明：

fill 函数可以绘制着了颜色的多边形。在 fill(X,Y,C)中，X、Y 用于指定多边形(参见 polyarea 函数)，C 用于指定颜色。当 C 为行向量时，length(C)=size(X,2) 或者 length(C)=size(Y,2)；当 C 为列向量时，length(C)=size(X,1)或者 length(C)=size(Y,1)；在填充颜色时，如果需要，fill 函数会连接多边形的起点和终点，以便形成一个封闭的多边形。

fill(X,Y,ColorSpec)可以指定填充的颜色；fill(X1,Y1,C1,X2,Y2,C2,…)可以填充多个多边形区域。

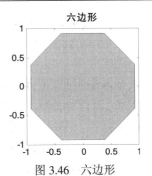

图 3.46　六边形

例如，绘制红色六边形的 MATLAB 程序如下：

　　t = (1/16:1/8:1)'*2*pi;

　　x = sin(t); y = cos(t);

　　fill(x,y,'r'),title('六边形'),axis square

执行后可以得到如图 3.46 所示的六边形。

7. fill3

功能：填充三维多边形。

格式：

　　fill3(X,Y,Z,C)　　　　　　　　　　　　fill3(X,Y,Z,ColorSpec)

　　fill3(X1,Y1,Z1,C1,X2,Y2,Z2,C2,…)

说明：

与 fill 类似，函数 fill3 可以绘制出着了颜色的三维多边形区域，其说明可参见 fill 函数，不同的是 fill3 用 X、Y、Z 指定三维的多边形区域。例如，执行下面程序，可以得到如图 3.47 所示的三维多边形区域图形。

　　X = [0 1 1 2;1 1 2 2;0 0 1 1];

　　Y = [1 1 1 1;1 0 1 0;0 0 0 0];

　　Z = [1 1 1 1;1 0 1 0;0 0 0 0];

　　C = [1.0000 0.7000 0.5000 0.3000; 1.0000 0.7000 0.5000 0.3000; 1.0000 0.7000 0.5000 0.3000];

　　fill3(X,Y,Z,C),title('着色的三维多边形区域')

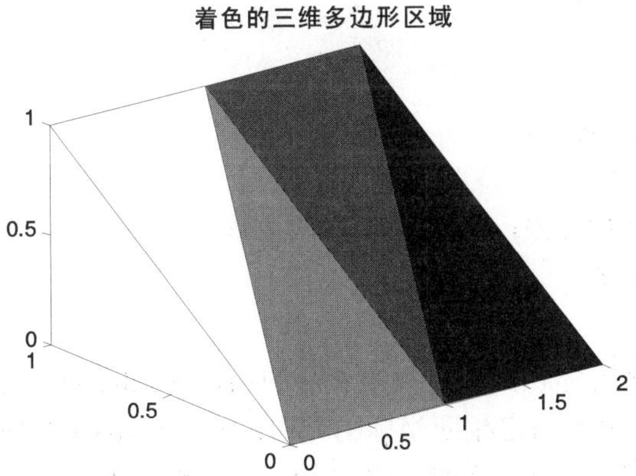

图 3.47　着色的三维多边形区域

8. ribbon

功能：绘制出带状图。

格式：

　　ribbon(Y)

　　ribbon(X,Y)

　　ribbon(X,Y,width)

```
ribbon(axes_handle, …)
h = ribbon(…)
```

说明：

ribbon(Y)可以根据 Y 的列绘制出三维带状图，其中 X = 1:size(Y,1)；ribbon(X,Y)可以指定 X 值，X、Y 必须具有相同尺寸的向量或矩阵；ribbon(X,Y,width)可以指定带状宽度，缺省值为 0.75。例如，绘制峰值函数 peaks 的带状图，可以输入

```
>> [x,y] = meshgrid(−3:.5:3, −3:.1:3);
>>z = peaks(x,y);
>>ribbon(y,z),  colormap hsv
```

执行后可以得到如图 3.48 所示的带状图。

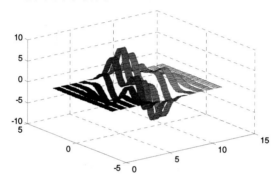

图 3.48　峰值函数的带状图

9．slice

功能：绘制立体切片图。

格式：

```
slice(V,sx,sy,sz)
slice(X,Y,Z,V,sx,sy,sz)
slice(V,XI,YI,ZI)
slice(X,Y,Z,V,XI,YI,ZI)
slice(…, 'method')
```

说明：

函数 slice 可以为测定体积的数据绘制直交的切片图。slice(V,sx,sy,sz)可以绘制出体积 V 的切片图，sx、sy 和 sz 用于指定相应坐标的方向，V 为 m×n×p 的阵列。在 slice(X,Y,Z,V,sx, sy,sz)中，X、Y、Z 为单调的正交间距向量，用于指定绘图的 x、y、z 轴坐标，每一点的颜色由 V 值的三维内插算法确定。

例如，观察函数 $v = xe^{(-x^2-y^2-z^2)}$ 在 $-2 \leqslant x \leqslant 2$、$-2 \leqslant y \leqslant 2$、$-2 \leqslant z \leqslant 2$ 上的体积情况，可以输入

```
>> [x,y,z] = meshgrid(−2:.2:2, −2:.25:2, −2:.16:2);
>>v = x.*exp(−x.^2−y.^2−z.^2);
>>xslice = [−1.2,.8,2]; yslice = 2; zslice = [−2,0];
>>slice(x,y,z,v,xslice,yslice,zslice)
```

执行后可以得到如图 3.49 所示的切片图。

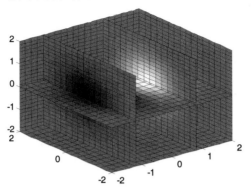

图 3.49 函数的切片图

10. waterfall

功能：绘制瀑布图。

格式：

waterfall(Z)

waterfall(X,Y,Z)

waterfall(···, C)

说明：

函数 waterfall 可以绘制出一个与 meshz 函数类似的网孔图，只是这里不绘出矩阵的列线，从而看起来具有瀑布的效果。

waterfall(Z)可以根据 Z 绘制出三维瀑布图，其中 x = 1:size(Z,1)，y = 1:size(Z,1)，Z 为曲面的高度，同时 Z 还确定了颜色；在 waterfall(X,Y,Z)中，利用向量 X、Y 指定 x 轴和 y 轴的坐标；waterfall(···, C)可以指定颜色 C。

例如，输入

>> [X,Y,Z] = peaks(30);

>> waterfall(X,Y,Z)

>> title('The waterfall graph')

执行后可以得到如图 3.50 所示的瀑布图。

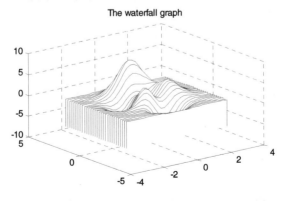

图 3.50 函数的瀑布图

11. mesh，meshc，meshz

功能：绘制网格曲线。

格式：

　　mesh(X,Y,Z)

　　mesh(Z)

　　mesh(…,C)

　　mesh(…, 'PropertyName',PropertyValue, …)

　　meshc(…)

　　meshz(…)

说明：

函数 mesh、meshc 和 meshz 可以绘制出三维空间上的网格曲线。

在 mesh(X,Y,Z) 中，X、Y 为 x 轴和 y 轴坐标，Z 既为高度值又为颜色值，当 X、Y 为向量时，设 n =length(X) 和 m=length(Y)，则有 [m,n]=size(Z)，这时 (X(i)，Y(j)，Z(i，j)) 定义了三维空间上的点；如果 X、Y 为矩阵，则 X、Y、Z 必须尺寸一致，(X(i，j)，Y(i，j)，Z(i，j)) 定义了三维空间上的点。

在 mesh(Z) 中，设 [m,n] = size(Z)，采用 X=1:n 和 Y=1:m 作为 x 轴和 y 轴的坐标，Z 为高度值和颜色值；mesh(…, C) 可以利用矩阵 C 指定颜色；mesh(…, 'PropertyName', PropertyValue, …) 可以设定图形对象的特性。

meshc(…) 可以在网格曲线的下面绘制出等高线；meshz(…) 可以在网格曲线的周围绘制出幕布。

例如，输入

　　[X,Y] = meshgrid(−3:.125:3);

　　Z = peaks(X,Y);

　　meshc(X,Y,Z);　　axis([−3 3 −3 3 −10 5])

　　title('多峰函数的网格曲线')

执行后可得到如图 3.51 所示的网格曲线。如果利用 meshz 函数，则可以得到如图 3.52 所示的网格曲线。

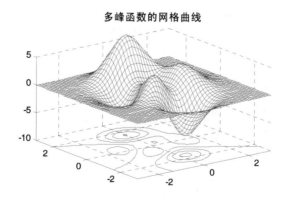

图 3.51　利用 meshc 得到的多峰函数的网格曲线

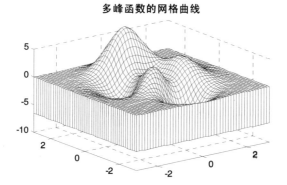

图 3.52　利用 meshz 得到的多峰函数的网格曲线

12．meshgrid

功能：为三维绘图产生 X、Y 数据矩阵。

格式：

[X,Y] = meshgrid(x,y)

[X,Y] = meshgrid(x)

[X,Y,Z] = meshgrid(x,y,z)

说明：

meshgrid 函数可产生 x、y 轴向的网格数据。

在[X, Y]=meshgrid(x, y)中，向量 x、y 分别指定 x 轴向和 y 轴向的数据点。当 x 为 n 维向量，y 为 m 维向量时，X、Y 均为 m×n 的矩阵，X(i, j)和 Y(i, j)共同指定了平面上的一点；[X,Y] = meshgrid(x)等效于[X,Y] = meshgrid(x,x)；[X,Y,Z] = meshgrid(x,y,z)可以产生三维阵列，它们指定了三维空间上的一个点。

13．surf，surfc

功能：绘制出三维空间中的曲面图。

格式：

surf(Z)　　　　　　　surf(X,Y,Z)

surf(X,Y,Z,C)　　　　surf(···, 'PropertyName', PropertyValue)

surfc(···)

说明：

surf 函数可以绘制出三维空间中的曲面，surfc(···)可以在曲面下绘制出等高线。其它格式说明类似于 mesh 函数，这里不再赘述。

例如，输入

[x,y]=meshgrid(−3:.125:3);

z=peaks(x,y); c=ones(size(z));

surfc(x,y,z,c), grid on

title('多峰函数的曲面')

执行后得到如图 3.53 所示的二维曲面。

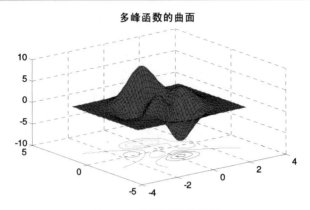

图 3.53　多峰函数的曲面

3.7.7　散布图

1．plotmatrix

功能：绘制出矩阵的散布图。

格式：

　　plotmatrix(Y)　　　　　　　　　plotmatrix(X,Y)

　　plotmatrix(…, 'LineSpec')

　　[H,AX,BigAx,P] = plotmatrix(…)

说明：

plotmatrix(X,Y)可以绘制出矩阵(X, Y)的散布图，当 X 为 p×m 矩阵、Y 为 p×n 矩阵时，plotmatrix 可以将图形窗口分割成 n×m 块；plotmatrix(Y)等效于 plotmatrix(Y,Y)，但这时对位于对角线的块采用 hist(Y(:,i))(柱状图)表示。

plotmatrix(…, 'LineSpec')可以指定绘制图形的符号，缺省值为 '.'(点)。

例如，输入

　　>> x = randn(50,3); y = x*[−1 2 1;2 0 1;1 −2 3;]';

　　>>plotmatrix(y,'*r')

执行后可以得到如图 3.54 所示的数据散布图。

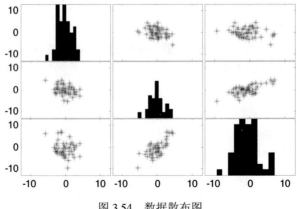

图 3.54　数据散布图

2．scatter

功能：绘制散布图。

格式：

scatter(X, Y, S, C)　　　　　　　　scatter(X,Y)

scatter(X, Y, S)　　　　　　　　　 scatter(…, markertype)

scatter(…, 'filled')　　　　　　　　scatter(…, 'PropertyName', propertyvalue)

说明：

scatter(X,Y,S,C)可以采用着色的圆圈(或某种标记)表示数据的位置，向量 X、Y 用于指定位置，S 用于指定每个标记占用的区域。当 S 为向量时，必须与 X、Y 的长度一致；当 S 为标量时，表示采用相同尺寸的标记。C 用于确定标记的颜色，当 C 为向量时，必须与 X、Y 的长度一致，C 也可以采用表示颜色的字符。

scatter(X,Y)可以采用缺省的标记尺寸和颜色；scatter(X,Y,S)可以仅指定标记的尺寸，这时只采用一种颜色，因此有时也称为泡沫图；scatter(…,markertype)可以指定标记，缺省时为'o'；scatter(…,'filled')可以对标记填充颜色；scatter(…,'PropertyName',propertyvalue)可以设定图形对象的特性。

例如，输入

>> load seamount

>>scatter(x,y,5,z)

执行后可以得到如图 3.55 所示的散布图。

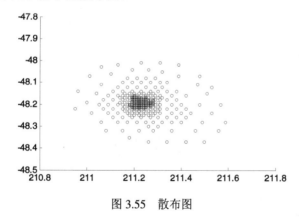

图 3.55　散布图

3．scatter3

功能：绘制三维散布图。

格式：

scatter3(X,Y,Z,S,C)　　　　　　scatter3(X,Y,Z)

scatter3(X,Y,Z,S)　　　　　　　scatter3(…, markertype)

scatter3(…, 'filled')

说明：

函数 scatter3 与 scatter 类似，只是它可以在三维空间中绘制出数据的散布图，这里不再赘述。

3.8　图　形　函　数

这一节首先给出了一些常用的图形函数(如表 3.2 所示)，然后分类列出了各个函数的使用说明。

表 3.2　(二维)图形函数

基本图形和图形操作	
plot	绘制二维图形曲线
loglog	在对数坐标系中绘制图形
semilogx,semilogy	在半对数坐标系中绘制图形
polar	在极坐标系中绘制图形
plotyy	绘制双 y 轴图形
figure	建立图形(窗口)
close	关闭图形窗口
clf	清除当前图形窗口
gcf	获得当前图形窗口的句柄
refresh	重画当前图形
plot3	绘制出三维图形
图形注释	
title	给当前坐标系图形加上标题
text	在当前坐标系中建立文本对象
gtext	利用鼠标在二维图形上放置文本
xlabel,ylabel,zlabel	在图形中添加 x、y、z 轴的标记
legend	给每个坐标系加上插图说明
坐标系控制	
subplot	建立和控制多个坐标系
hold	在图形窗口中保持当前图形
grid	给图形加上栅格线
axes	建立坐标系图形对象
axis	控制坐标系轴刻度
box	控制坐标系边框
其它重要函数	
get	获得图形对象的特性
set	设置图形对象的特性
rotate	沿着指定方向旋转对象
colormap	设置和获取当前图形的颜色板

3.8.1　基本图形和图形操作

1. plot

功能：绘制二维图形(曲线)。

格式：

　　plot(y)

　　plot(x1, y1,···)　　　　　　　　　plot(···, 'PropertyName', PropertyValue,···)

　　plot(x1, y1, LineSpec,···)　　　　　h=plot(···)

说明：

当 y 为实向量时，plot(y)以 y 的序号作为 x 轴，以向量 y 的值作为 y 轴绘制出二维曲线；当 y 为复向量时，plot(y)相当于 plot(real(x), imag(y))，即 y 的实部为 x 轴，虚部为 y 轴。在后面几种格式中，虚部均被忽略。

plot(x1, y1,···)可按(x1, y1)，(x2，y2)，··· 成对绘制出曲线，而且在同一张图上以不同颜色显示。如果 xn 或 yn 之一为矩阵，则取矩阵的行或列与另一个向量构成数据对绘制出曲线。

plot(x1, y1, LineSpec,···)可绘制出所有由三元组(xn, yn, LineSpec)指定的曲线，其中 LineSpec 用于指定线型、标记和线颜色。有关 LineSpec 的内容可参见下面的注释 1。

plot(···, 'PropertyName', PropertyValue,···)可设置图形对象的特性。有关 PropertyName 和 PropertyValue 的内容参见 axes 函数，本节示例中可略见一斑。

h=plot(···)可在绘制出图形的同时，得到图形(曲线)的句柄向量，每条曲线对应于一个句柄值。

注释 1：LineSpec 可指定绘图所使用的线型、颜色和标记，这些符号如表 3.3 所示。

表 3.3　LineSpec 指定的线型、颜色和标记

符号	线型或颜色	符号	颜色	符号	标记	符号	标记
−	实线	c	青色	+	加号	^	向上尖三角
−−	虚线	r	红色	o	圆圈	v	向下尖三角
:	点线	g	绿色	*	星号	<	向左尖三角
−.	点划线	b	蓝色	.	黑点	>	向右尖三角
		w	白色	x	叉号	pentagram	五角星
y	黄色	k	黑色	square	正方形	hexagram	六角星
m	洋红色			diamond	菱形		

注释 2：在利用 plot 函数绘制多条曲线时，plot 自动循环采用颜色板中的各种颜色，而这种颜色板可用 colormap 函数设置，比如：

　　set(gca, 'LineStyleOrder', '-|-.|--')

表示循环使用实线、点划线和虚线。

例如，要绘制出[−π，π]之间的正弦曲线和余弦曲线，利用 MATLAB 可使编程变得简单、方便，而且可得到各种图形。

MATLAB 程序为

```
x=[-pi:pi/20:pi]; y1=sin(x); y2=cos(x);
figure(1)                              %打开图形窗口
subplot(2,2,1),plot(x,y1)              %在左上角绘制出正弦曲线
grid on,title('Sin(x)')                %加上栅格和标题
subplot(2,2,2),plot(x,y2,'r:')         %在右上角绘制出余弦曲线(点线)
grid on,title('Cos(x)')
```

```
        subplot(2,2,3),plot(x,y1,'-',x,y2,'--')      %在左下角绘制出正弦、余弦曲线
        grid on,title('Sin(x) and Cos(x)')

        subplot(2,2,4),plot(x,y1,'-',x,y1,'ko')      %在右下角绘制出正弦曲线
        grid on,title('Sin(x)')
```

执行后得到如图 3.56 所示的曲线。

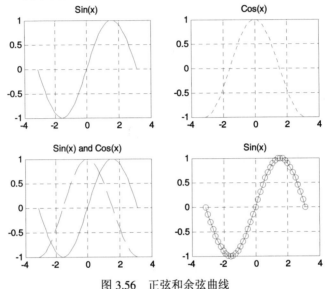

图 3.56　正弦和余弦曲线

2. loglog

功能：在对数坐标系中绘制图形。

格式：

```
        loglog(y)
        loglog(x1, y1, …)            loglog(…, 'PropertyName', PropertyValue, …)
        loglog(x1, y1, LineSpec, …)  h=loglog(…)
```

说明：

loglog 函数类似于 plot 函数，惟一不同的是在对数坐标系中绘制图形，这样对于变化范围较大的曲线，容易显示出直观的图形。其它格式的说明详见 plot 函数，这里不再赘述。

3. semilogx，semilogy

功能：在半对数坐标系中绘制图形。

格式：

```
        semilogx(y)                  semilogy(x)
        semilogx(x1, y1, …)          semilogy(x1, y1, …)
        semilogx(x1, y1, LineSpec…)  semilogy(x1, y1, LineSpec…)
        semilogx(…, 'PropertyName', PropertyValue, LineSpec…)
        semilogy(…, 'PropertyName', PropertyValue, LineSpec…)
        h=semilogx(…)
        h=semilogy(…)
```

说明：

semilogx 和 semilogy 与 plot 和 loglog 函数类似，只是本函数的 x 轴和 y 轴都采用对数表示，其格式的说明详见 plot 函数，这里不再赘述。

4. polar

功能：在极坐标系中绘制图形。

格式：

       polar(theta, rho)

       polar(theta, rho, LineSpec)

说明：

polar 函数可在极坐标系中绘制出曲线，并可加上极坐标栅格线，其中，theta 表示极坐标角度，rho 表示半径，LineSpec 可指定曲线的线型、颜色和标记。

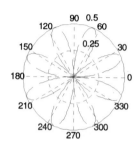

图 3.57　极坐标系中的曲线

例如，输入

    t=0:.01:2*pi;

    figure(1)

    polar(t,sin(2*t).*cos(2*t), '--r')

执行后得到如图 3.57 所示的极坐标曲线。

5. plotyy

功能：绘制左、右边都包含 y 轴的图形。

格式：

    plotyy(x1, y1, x2, y2)　　　　　　　plotyy(x1, y1, x2, y2, 'function1', 'function2')

    plotyy(x1, y1, x2，y2, 'function')　[AX,H1,H2]=plotyy(⋯)

说明：

plotyy(x1, y1, x2, y2)可绘制出(x1, y1)的曲线，其 y 轴标记在左边，同时绘制出(x2, y2)曲线，其 y 轴标记在右边。

plotyy(x1, y1, x2, y2, 'function')可利用有字符串 function 指定的函数来取代默认的 plot 函数，function 可取 plot(默认)、semilogx、semilogy、loglog、stem 及用户自己编写的 M 函数文件，但这种函数文件必须具有下列调用格式：

    h=function(x, y)

plotyy(x1, y1, x2, y2, 'function1', 'function2')可指定采用不同的函数分别绘制(x1, y1)，(x2, y2)曲线。

[AX,H1,H2]=plotyy(⋯)表示除了绘制出图形外，还可在 AX 中得到左、右两个轴的句柄，在 H1 和 H2 中得到这两个图形对象的句柄。

例如，输入

    t = 0:pi/20:2*pi;

    y1 = sin(t); y2 = 0.5*sin(t−1.5);

    figure(1)

    plotyy(t,y1,t,y2),grid on

执行后可得到如图 3.58 所示的曲线。

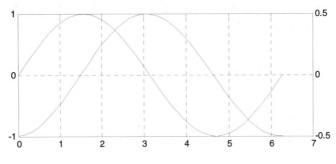

图 3.58　双 y 轴曲线

6. figure

功能：建立图形(窗口)。

格式：

　　figure

　　figure(h)

　　figure('PropertyName', PropertyValue, …)

　　h=figure(…)

说明：

figure 可打开一个新的图形窗口，以供后续绘图命令输出图形。当没有打开图形窗口时，直接使用绘图命令可自动打开一个图形窗口。如果已经打开了图形窗口，则绘图命令会在当前图形窗口中绘出图形。

figure('PropertyName', PropertyValue, …)在建立图形窗口的同时设置其特性，这一点可参见表 3.4。

表 3.4　图形特性(Figure Properties)

特 性 名 称	特 性 值	含 义
图形定位		
Position	四元向量[左、底、宽、高]	图形定位和尺寸
Units	{pixels}①	normal	inches	points| centimeters②	Position 使用的单位
指定格式和外形		
Color	ColorSpec	图形背景颜色
MenuBar	none	{figure}	菜单条
Name	string③	图形窗口标题
NumberTitle	{on}	off	图形窗口标题号
Resize	{on}	off	窗口大小允许重调
SelectionHighlight	{on}	off	选择加亮显示
Visible	{on}	off	图形可视
WindowStyle	{normal}	modal	窗口格式

特 性 名 称	特 性 值	含 义
控制颜色板		
Colormap	m×3 的 RGB 矩阵	图形颜色板
Dithermap	m×3 的 RGB 矩阵	抖动映射
DithermapMode	auto | {manual}	抖动映射模式
FixedColors	m×3 的 RGB 矩阵(只读特性)④	固定颜色
MinColormap	标量(缺省值=64)	系数使用的最少颜色数
ShareColors	{on} | off	共享颜色
指定显示形式		
BackingStore	{on} | off	屏幕像素缓冲器
Renderer	painters | zbuffer	屏显和打印形式
图形的一般信息		
Children	句柄向量	图的子属性
Parent	0	所有图的父亲是根对象
Selected	on | off	图形选择
Tag	string	用户自定义的标记
Type	string ('figure') (只读特性)	图形对象类
UserData	矩阵	用户指定数据
RendererMode	{auto} | manual	屏显和打印方式选择
当前状态信息		
CurrentAxes	坐标系句柄	当前坐标系的句柄
CurrentCharacter	单个字符(只读特性)	当前图中输入的最后一个按键
CurrentObject	对象句柄	当前对象句柄
CurrentPoint	二元向量[x 坐标, y 坐标]	鼠标单击时的位置
SelectionType	{normal} | extend | alternate | open⑤	鼠标选择类型
回叫程序执行		
BusyAction	cancel | {queue}	控制回叫程序中断
ButtonDownFcn	string	鼠标控制回叫程序
CloseRequestFcn	string	关闭图形回叫执行
CreateFcn	string	建立图形回叫程序
DeleteFcn	string	删除图形回叫程序
Interruptible	{on} | off	回叫程序中断模式
KeyPressFcn	string	键盘按键回叫功能
ResizeFcn	string	窗口大小重调回叫程序
UIContextMenu	UIContextMenu 句柄	与图形相关的菜单
WindowButtonDownFcn	string	窗口中鼠标按钮按下回叫功能
WindowButtonMotionFcn	string	窗口中鼠标移动回叫功能
WindowButtonUpFcn	string	窗口中按钮释放回叫功能

续表(二)

特 性 名 称	特 性 值	含 义
控制对象的访问		
IntegerHandle	{on} | off	指定整数或非整数图形句柄
HandleVisibility	{on} | callback | off	控制图形句柄的可视性
HitTest	{on} | off	确定图形是否变成当前对象
NextPlot	{add} | replace |replacechildren⑥	添加下一个图并决定如何显示图形
定义指针		
Pointer	crosshair | {arrow} | watch | topl | topr | botl | botr | circle | cross | fleur | left | right | top | bottom | fullcrosshair | ibeam | custom⑦	指针符号
PointerShapeCData	16×16 矩阵⑧	用户自定义指针数据(当 Pointer 定义成 custom 时使用)
PointerShapeHotSpot	二元向量	指针活动区域
影响打印的特性		
InvertHardcopy	{on} | off	改变硬拷贝为白底黑字
PaperOrientation	{portrait} | landscape⑨	纸取向
PaperPosition	四元矩阵[左、底、宽、高]	纸位置
PaperPositionMode	auto | {manual}	纸位置模式
PaperSize	[宽, 高] (只读特性)	纸尺寸
PaperType	{usletter} | uslegal | a3 | a4 | a5 | b4 | tabloid⑩	纸类型
PaperUnits	normalized | {inches} | centimeters | points	纸尺寸单位

备注:

① { }内的值为某一特性的缺省值。| 表示"或者"。

② pixels 像素点;   normal 标准(左上角为(0, 0),右下角为(1.0, 1.0));

    inches 英寸;   centimeters 厘米;   points 点数。

③ string:字符串。

④ 只读特性 说明这种特性不能改写。

⑤ normal 单击鼠标左键;extended Shift+单击鼠标左键,或者同时击鼠标左右键;alternate Control+单击鼠标左键,或者单击鼠标右键;open 双击鼠标键。

⑥ add 表示利用当前图形的格式显示图形;replace 表示将所有图形特性复位到其缺省值(Position 特性除外),并在显示图形之前删除所有的子对象;replacechildren 表示删除所有的子对象,但不复位图形特性。

⑦ crosshair 交叉十字;   cross 空心十字;   arrow 箭头;

    watch 时钟;   topl 左上斜箭头;   topr 右上斜箭头;

    botl 左下斜箭头;   botr 右下斜箭头;   circle 圆圈;

    fleur 十字箭头;   left 向左箭头;   right 向右箭头;

top　向上箭头；　　　　　　bottom　向下箭头；　　　　　　fullcross　全屏十字；

ibeam　I 形；　　　　　　　custom　自定义。

⑧ 矩阵内其值的含义：1 表示彩色像素黑；2 表示彩色像素白；NaN 表示使像素透明。

⑨ portrait　肖像(即纵向)；　　　　　landscape　风景(即横向)。

⑩ usletter：　width = 8.5inches, height = 11 inches；　　uslegal：　width = 11inches, height = 14 inches；

　　a3：　width = 297 mm, height = 420 mm；　　　a4：　width = 210 mm, height = 297 mm；

　　a5：　width = 148 mm, height = 210 mm；　　　b4：　width = 250 mm, height = 354 mm；

　　tabloid：　width = 11inches, height = 17 inches。

　　figure(h)有两种情况，当 h 为已存在图形窗口的句柄时，打开这一图形作为当前图形，供后续绘图命令输出；当 h 不为句柄且为整数时，figure(h)可建立一图形窗口，并给它分配句柄 h。

　　h=figure(…)还可得到图形窗口句柄 h。这里只简要列出图形特性名及其取值，如表 3.4 所示，详见 figure 函数的在线帮助。

7. close

功能：关闭图形窗口，即删除指定的图形。

格式：

　　　close　　　　　　　　　　　close all

　　　close(h)　　　　　　　　　　close all hidden

　　　close name　　　　　　　　　status=close(…)

说明：

　　close 可删除当前的图形(等效于 close(gca))；close(h)可删除句柄为 h 的图形，当 h 为向量或者矩阵时，close 将删除由 h 指定的所有图形；close name 可删除由 name(比如 figure No 2)指定的图形；close all 可删除所有的图形(不包括句柄隐含的图形)；close all hidden 可删除所有的图形(包括句柄隐含的图形)。

　　status=close(…)表示除了删除图形外，还可以得到删除操作的状态：

● 1：删除成功。

● 0：删除失败。

8. clf

功能：清除当前图形窗口。

格式：

　　　clf

　　　clf reset

说明：

　　clf 可从当前图形中删除所有的图形对象，但不删除这一图形窗口，这一点与 close 命令不同；clf reset 可在当前图形中删除所有的图形对象，并将所有的图形特性(Position 除外)复位到缺省值。

9. gcf

功能：获得当前图形的句柄。

格式：

　　h=gcf

说明：

h=gcf 可获得当前图形的句柄。当系统中尚未打开图形窗口时，h=gcf 可建立一个图形窗口，并返回句柄 h。有时在不存在图形窗口时不希望建立图形，可输入

　　h=get(0，'CurrentFigure')

这时会得到一个空阵列 h。

10. refresh

功能：重画当前图形。

格式：

　　refresh

　　refresh(h)

说明：refresh 可重新画出当前图形；refresh(h)可重新画出由 h 指定的图形。

11. plot3

功能：绘制出三维图形。

格式：

　　plot3(X1,Y1,Z1,⋯)

　　plot3(X1,Y1,Z1,LineSpec,⋯)

　　plot3(⋯, 'PropertyName', PropertyValue, ⋯)

说明：

plot3(X1, Y1, Z1, ⋯)可绘制出三维图形，其中 X1、Y1、Z1 用于指定曲线的坐标，它非常类似于二维绘图函数 plot；plot3(X1,Y1,Z1,LineSpec,⋯)可以指定绘图的线型、标记及颜色；plot3(⋯, 'PropertyName', PropertyValue, ⋯)可以设定图形对象的特性。例如，输入

　　t = 0:pi/50:8*pi;

　　figure(1)

　　plot3(sin(t),cos(t),t)

　　grid on,axis square

　　title('三维曲线')

执行后可得到如图 3.59 所示的简单三维曲线。

又如对于多峰函数，可在三维空间中画出三维曲线，MATLAB 程序为

　　[x,y]=meshgrid(−3:.125:3);

　　z=peaks(x,y);

　　figure(1)

　　plot3(x,y,z), grid on

　　title('多峰函数的三维曲线')

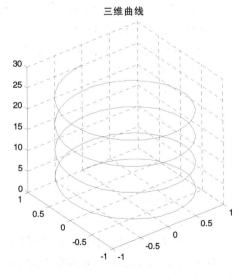

图 3.59　简单的三维曲线

执行后可得到如图 3.60 所示的三维曲线。

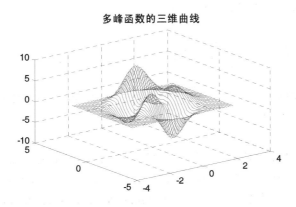

图 3.60　多峰函数的三维曲线

3.8.2　图形注释

1.　title

功能：给当前坐标系图形加上标题。

格式：

　　　　title('string')　　　　　　　title(…, 'PropertyName', PropertyValue,…)

　　　　title(fname)　　　　　　　　h=title(…)

说明：

每个坐标系的图形都可以有一个标题，它位于图形顶部的居中位置。

title('string')可将指定字符串用作为标题；title(fname)将执行指定函数 fname 产生的字符串作为标题；title(…, 'PropertyName', PropertyValue, …)可为标题文本指定特性；h=title(…)还可以得到标题文本的控制句柄。例如，要将今天的日期作为图标题，输入

　　　　title(date)

要在标题中包含变量值，可输入

　　　　a=32.5;

　　　　title(['The temperature of Peking is'，num2str(a)，'\circ'])

这时显示结果为

　　　　The temperature of Peking is 32.5°

要在标题中包含变量值，并设定标题为黄颜色，可输入

　　　　n=3

　　　　title(['Class'，int2str(n)，'Color'，'y'])

这时显示结果为(以黄色显示)

　　　　Class 3

标题中还可以采用各种字体(如黑体、斜体等)，如输入

　　　　title(\ity=e^{\omega\tau}')

则产生的标题为

$y=e^{\omega\tau}$

这些内容详见 text 函数中的文本特性。

2. text

功能：在当前坐标系中建立文本对象。

格式：

     text(x, y, 'string')   text(···, 'PropertyName', PropertyValue, ···)

     text(x, y, z, 'string')   h=text(···)

说明：

text 是一个低级函数，它可将指定的字符串放在图形的指定位置。

text(x, y, 'string')可在图形的(x, y)点上放置指定的字符串，(x, y)的单位由 Unit 特性决定；text(x, y, z, 'string')用在三维图形上；text(···, 'PropertyName', PropertyValue, ···)可在放置字符串的同时，指定文本的特性，详见表 3.5 的文本特性；h=text(···)还可以得到文本对象的句柄。例如，输入

     figure(1)

     plot(0:pi/20:2*pi,sin(0:pi/20:2*pi));

     text(pi,0,'\leftarrow sin(x)','Fontsize',18)

可得到如图 3.61 所示的曲线。

表 3.5 文本特性(Text Properties)

特 性 名 称	特 性 值	含 义
定义字符串		
Editing	on | {off}	编辑模式
Interpreter	{tex} | none	是否使用 Tex 字符解释器
String	字符串	字符串(包括 Tex 字符集①)
字符串定位		
Extent	[左, 底, 宽, 高]	文本对象的位置和尺寸
HorizontalAlignment	{left} | center | right	文本串水平对齐
VerticalAlignment	top | cap | {middle} | baseline | bottom②	文本串垂直对齐
Position	[x, y, z] (缺省为[ ])	文本区矩形的位置
Rotation	标量(度) (缺省为 0)	文本对象取向
Units	pixels | normalized | inches | points | centimeters | {data}③	Extent 和 Position 特性的单位
指定字体		
FontAngle	{normal} | italic | oblique	选择斜体字体
FontName	字体名	选择字体
FontSize	尺寸(单位由 FontUnits 定义)	字体尺寸
FontUnits	{points} | normalized | inches | centimeters | pixels	FontSize 特性的单位
FontWeight	light | {normal} | demi | bold④	文本字符的宽度

续表

特 性 名 称	特 性 值	含 义
控制外形		
Clipping	{on} | off	剪切到坐标系中
EraseMode	{normal} | none | xor | background	绘画和删除文本
SelectionHighlight	{on} | off	选中文本并加亮显示
Visible	{on} | off	使文本可视
Color	ColorSpec	文本颜色
控制访问文本对象		
HandleVisibility	{on} | callback | off	控制文本句柄的可视性
HitTest	{on} | off	文本是否变成当前对象
文本对象的一般信息		
Children	[ ](空矩阵)	文本对象没有子对象
Parent	坐标系句柄	文本对象的父对象总是坐标系
Selected	{on} | off	指示文本是否被选
Tag	string (缺省为空串)	用户指定的标记
Type	'text' （只读特性）	图形对象的类型
UserData	任意矩阵	用户指定的数据
控制回叫程序执行		
BusyAction	cancel | {queue}	控制回叫程序中断
ButtonDownFcn	string(缺省为空串)	按钮控制回叫程序
CreateFcn	string(缺省为空串)	建立文本回叫程序
DeleteFcn	string(缺省为空串)	删除文本回叫程序
Interruptible	{on} | off	回叫程序中断模式
UIContextMenu	UIContextMenu 句柄	与文本相关的菜单

备注:

① Tex 字符集如表 3.6 所示。

② top、cap、middle、baseline、bottom 的相对位置如图 3.62 所示。

③ data 表示使用绘图数据，其余参数参见图形特性的备注②。

④ light 表示淡；normal 表示正常；demi 表示黑；bold 表示加黑。

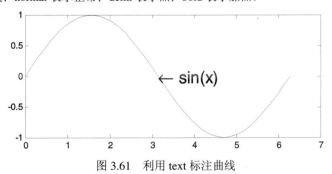

图 3.61　利用 text 标注曲线

在字符串中采用 Tex 字符集，可以大大方便 MATLAB 用户的应用，它不仅能够产生常用的希腊字母，而且能够产生数学符号，如表 3.6 所示。

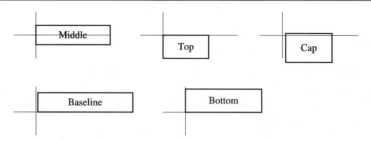

图 3.62　top、cap、middle、baseline、bottom 的相对位置

表 3.6　Tex 字 符 集

字符序列	符　号	字符序列	符　号	字符序列	符　号
\alpha	α	\upsilon	υ	\sim	∼
\beta	β	\phi	φ	\leq	≤
\gamma	γ	\chi	χ	\infty	∞
\delta	δ	\psi	ψ	\clubsuit	♣
\epsilon	ε	\omega	ω	\diamondsuit	♦
\zeta	ζ	\Gamma	Γ	\heartsuit	♥
\eta	η	\Delta	Δ	\spadesuit	♠
\theta	θ	\Theta	Θ	\leftrightarrow	↔
\vartheta	ν	\Lambda	Λ	\leftarrow	←
\iota	ι	\Xi	Ξ	\uparrow	↑
\kappa	κ	\Pi	Π	\rightarrow	→
\lambda	λ	\Sigma	Σ	\downarrow	↓
\mu	μ	\Upsilon	Υ	\circ	°
\nu	υ	\Phi	Φ	\pm	±
\xi	ξ	\Psi	Ψ	\geq	≥
\pi	π	\Omega	Ω	\propto	∝
\rho	ρ	\forall	∀	\partial	∂
\sigma	σ	\exists	∃	\bullet	•
\varsigma	ζ	\ni	∈	\div	÷
\tau	τ	\cong	≅	\neq	≠
\equiv	≡	\approx	≈	\oslash	φ
\Im	ℑ	\Re	ℜ	\supseteq	⊇
\otimes	⊗	\oplus	⊕	\subset	⊂
\cap	∩	\cup	∪	\o	○
\supset	⊃	\subseteq	⊆	\nabla	∇
\int	∫	\in	∈	\ldots	⋯
\rfloor	∮	\lceil	⌈	\prime	′
\lfloor	⌊	\cdot	·	\0	∅
\perp	⊥	\neg	√	\mid	∣
\wedge	∧	\times	×	\copyright	@
\rceil	⌉	\surd	√		
\vee	∨	\varpi	ϖ		
\langle	<	\rangle	>		

另外，字符串中还可以使用各种字体：

- \bf：黑体。
- \it：斜体。
- \sl：倾斜体。
- \rm：正体。
- \fontname{fonename}：指定使用的字体。
- \fontsize{fonesize}：指定使用的字体尺寸。

数学上、下标可以分别采用"^"、"_"实现。例如，a_2 和 b^{x+y}可分别产生 a_2 和 b^{x+y}。一些特殊符号如 "\{}_^" 可通过加上前置符 "\" 实现。

3. gtext

功能：利用鼠标在二维图形上放置文本。

格式：

> gtext('string')
>
> h=gtext('string')

说明：

gtext('string')可利用鼠标将指定字符串 string 放在图上的任意位置；h=gtext('string')还可以得到该文本图形对象的句柄。

字符串中可采用 Tex 字符集中的任意字符，也可以控制其正/斜体、上/下标等，详见 text 函数说明。

4. xlabel，ylabel，zlabel

功能：在图形中添加 x、y、z 轴的标记。

格式：

> xlabel('string')　　　　　　xlabel(…, 'PropertyName', PropertyValue, …)
>
> xlabel(fname)　　　　　　　h=xlabel(…)
>
> ylabel，zlabel 有类似格式。

说明：

在坐标系的图形中可给 x、y、z 轴加上标记。xlabel('string')可给 x 轴上加标记；xlabel(fname)可执行 frame，并将输出的字符串用作 x 轴标记。

xlabel(…, 'PropertyName', PropertyValue, …)表示除了添加 x 轴标记外，还可设定文本特性；h=xlabel(…)可得到标记文本的句柄。

利用 ylabel 和 zlabel 可给 y、z 轴加上标记。

有关可设定的文本特性参见 text 中的表 3.5。

5. legend

功能：给每个坐标系加上插图说明。

格式：

> legend('string1', 'string2', …)　　　　legend(h, …)
>
> legend(strings)　　　　　　　　　　legend(…, pos)
>
> legend('off')　　　　　　　　　　　h=legend(…)

说明：

legend 可在图形的指定位置(缺省时为右上角)给出插图说明，对图中的每一条曲线，legend 会在指定文本字符串的边上给出线型、记号及颜色。插图说明框可利用鼠标移动。

legend('string1','string2', …)可利用 string1，string2，…来说明当前坐标系中的曲线；在 legend(strings)中，strings 包含着多个字符串，因此它等效于 legend(strings(1,:), strings(2,:),…)；legend('off')可从当前坐标系中删除插图说明。

legend(h,…)可对由 h 指定的坐标系进行插图说明的各种操作。

legend(…, pos)可利用 pos 参数指定插图说明的位置：

- pos=-1：插图说明放在坐标系边框外的右边。
- pos=0：插图说明放在坐标系内部。
- pos=1：插图说明放在坐标系的右上角(缺省情况)。
- pos=2：插图说明放在坐标系的左上角。
- pos=3：插图说明放在坐标系的左下角。
- pos=4：插图说明放在坐标系的右下角。
- pos=[x,y]：明确指定插图说明框左下角的位置。

h=legend(…)还可以得到插图说明的句柄。

注意，legend 中的字符串也可使用 Tex 字符集，详见 text 函数。

3.8.3　坐标系控制

1．subplot

功能：建立和控制多个坐标系。

格式：

subplot(m,n,p)　　　　　　　subplot('Position', [left,bottom,width,height])

subplot(h)　　　　　　　　h=subplot(…)

说明：

subplot 可将图形窗口分成矩形窗格，并按行编号，每个窗格上可建立一个坐标系，后续的绘图命令会在当前窗格上绘制图形。

subplot(m,n,p)可将图形窗口分割成 m×n 个窗格，并将第 p 个窗格置成当前窗格；subplot(h)可使句柄为 h 的坐标系变成当前坐标系；subplot('Position',[left,bottom,width,height])可在指定位置建立指定尺寸的坐标系；h=subplot(…)还可以得到新坐标系的句柄。

subplot 还有一种更简捷的格式：

subplot mnp

它等效于 subplot(m,n,p)。但 subplot 111 与 subplot(1, 1, 1)不同，它只是一种早期版本的形式，而 subplot(1,1,1)表示删去所有的坐标对象。

例如，subplot 221 可将图形窗口分成四个窗格，每个窗格分别可用 subplot 221、subplot222、subplot 223、subplot 224 来表示，如图 3.63 所示。

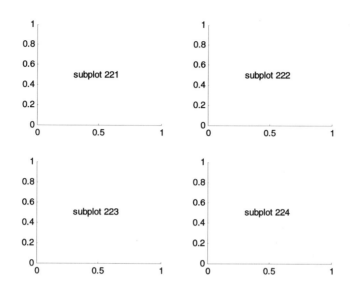

图 3.63　2×2 窗格的图形窗口

2. hold

功能：在图形窗口中保持当前图形。

格式：

  hold on

  hold off

  hold

说明：

hold 函数可决定所绘制的图形是添加到图形上，还是取代已绘制的图形。

hold on 表示保持当前的图形，即新绘制的图形添加到图形上，从而实现在一幅图中绘制多条曲线；hold off 表示关闭这种保持特性，因此每次绘图时会自动清除以前已绘制的图形。hold 命令可在这两种状态(on，off)之间切换。

hold 的状态可由 ishold 函数来测定。

3. grid

功能：给图形加上栅格线。

格式：

  grid on

  grid off

  grid

说明：

grid on 表示给当前坐标系加上栅格线；grid off 表示从当前坐标系中删去栅格线；grid 命令可在这两种状态(on，off)之间切换。

4. axes

功能：建立坐标系图形对象。

格式：

  axes   axes(h)

  axes('PropertyName', PropertyValue, …)   h=axes(…)

说明：

axes 是建立坐标系图形对象的低级函数，一般不直接使用。

axes 可在当前图形窗口中建立坐标系图形对象，其特性取其缺省值；axes('PropenyName', PropenyValue, …)可采用指定的特性值；axes(h)可使已存在的坐标系 h 变成当前坐标系；h=axes(…)还可以得到所建坐标系的句柄。

坐标系的特性可用来控制绘图外形和绘图对象，利用这些特性可使绘制图形更加灵活。这里简要地列出坐标系特性，如表 3.7 所示，详细信息可参见 axes 函数的在线帮助。

表 3.7　坐标系特性(Axes Properties)

特 性 名 称	特 性 值	含　义
控制格式和外形		
Box	on | {off}	坐标系方框
Clipping	{on} | off	剪辑
GridLineStyle	– | –– | {:} | –. | none	栅格线格式
Layer	{bottom} | top	层次选择
LineStyleOrder	LineSpec(缺省为实线)	线型格式次序
LineWidth	linewidth(点数为单位)	坐标轴线宽度
SelectionHighlight	{on} | off	选择高亮
TrickDir	in | out(缺省值 in(2D),out(3D))	坐标轴记号方向
TickDirMode	{auto} | manual	记号方向模式
TickLength	[2DLength 3DLength]	记号长度
Visible	{on} | off	坐标系可视
XGrid, YGrid, ZGrid	on | {off}	栅格线模式
坐标系一般信息		
Children	句柄向量	坐标系的子对象①
CurrentPoint	2×3 矩阵	鼠标指针位置
HitTest	{on} | off	坐标系是否能变成当前对象
Parent	图形句柄标量	父坐标系的句柄
Position	四元向量[左, 底, 宽, 高] (缺省值[.13 .11 .775 .815])	坐标系位置及尺寸
Selected	on | off	指示坐标系是否被选
Tag	String (缺省为空串)	用户指定的标记
Type	'text' (只读特性)	图形对象的类型
Units	inches | centimeters | points | {normalized} | pixels	Position 特性的单位
UserData	任意矩阵	用户指定的数据

续表（一）

特 性 名 称	特 性 值	含 义
选择字体和标记		
FontAngle	{normal} | italic | oblique	选择字体倾斜角
FontName	字体名	选择字体
FontSize	尺寸(单位由 FontUnits 定义)	标题和轴标记字体尺寸
FontUnits	{points} | normalized | inches | centimeters | pixels	FontSize 特性的单位
FontWeight	light | {normal} | demi | bold	文本字符的宽度
Title	文本句柄	标题
XLabel, YLabel, ZLabel	文本句柄	坐标轴标记文本句柄
XTickLabel, YTickLabel, ZTickLabel	string	指定坐标轴标记
XTick, YTick, ZTick	标记位置向量	坐标轴记号位置
XTickMode, YTickMode, ZTickMode	{auto} | manual	坐标轴记号模式
XTickLabelMode, YTickLabelMode, ZTickLabelMode	{auto} | manual	坐标轴标记模式
控制轴刻度		
XAxisLocation	top | {bottom}	X 坐标轴标记位置
YAxisLocation	right | {left}	Y 坐标轴标记位置
XDir, YDir, ZDir	{normal} | reverse	坐标轴值增加方向
XLim, YLim, ZLim	[minimum maximum]	坐标轴界限
XLimMode, YLimMode, ZLimMode	{auto} | manual	坐标轴界限模式
XScale, YScale, ZScale	{linear} | log	坐标轴刻度形式
XTick, YTick, ZTick	标记位置向量	坐标轴记号位置
XTickMode, YTickMode, ZTickMode	{auto} | manual	坐标轴记号模式
控制视角		
CameraPosition	[x, y, z]	摄像机(即观察)位置
CameraPositionMode	{auto} | matual	摄像机位置模式
CameraTarget	[x, y, z]	摄像目标
CameraTargetMode	{auto} | manual	摄像机目标模式
CameraUpVector	[x, y, z]	摄像机指向
CameraUpVectorMode	{auto} | manual	摄像机指向模式
CameraViewAngle	角度(0~180)	摄像机视角
CameraViewAngleMode	{auto} | manual	摄像机视角模式
Projection	{orthographic}|perspective②	投影类型
控制坐标系横竖比		
DataAspectRatio	[dx dy dz]	数据横竖相对比例
DataAspectRatioMode	{auto} | manual	数据横竖相对比例模式
PlotBoxAspectRatio	[px py pz]	坐标系方框横竖相对比例
PlotBoxAspectRatioMode	{auto} | manual	坐标系方框横竖相对比例模式

特 性 名 称	特 性 值	含 义
控制回叫程序执行		
BusyAction	cancel | {queue}	控制回叫程序中断
ButtonDownFcn	string(缺省为空串)	按钮控制回叫程序
CreateFcn	string(缺省为空串)	建立文本回叫程序
DeleteFcn	string(缺省为空串)	删除文本回叫程序
Interruptible	{on} | off	回叫程序中断模式
UIContextMenu	UIContextMenu 句柄	与坐标系相关的菜单
指定显示形式		
DrawMode	{normal} | fast	绘图模式
图形显示的坐标系		
HandleVisibility	{on} | callback | off	控制访问指定坐标系的句柄
NextPlot	add | {replace}|replacechildren	指定显示所需的合适坐标系
指定颜色的特性		
AmbientLightColor	ColorSpec (缺省[1 1 1])	背景颜色
CLim	[cmin, cmax]	控制数据如何映射到颜色板
CLimMode	{auto} | manual	数据映射模式
Color	{none} | ColorSpec	坐标系背景颜色
ColorOrder	m×3 矩阵	颜色次序
XColor, YColor, ZColor	ColorSpec	曲线颜色

备注:

① 坐标系的子对象有(Images、Lights、Lines、Patches、Surfaces 和 Text)。

② orthographic 正交投影; perspective 透视投影。

5. axis

功能: 控制坐标轴刻度。

格式:

```
axis([xmin xmax ymin ymax])              axis auto
axis([xmin xmax ymin ymax zmin zmax])    axis manual
v=axis                                    …
```

说明:

axis 函数有多种格式,这里仅介绍常用的几种。axis 函数的功能通常可通过设置坐标系特性来获得。

axis([xmin xmax ymin ymax])可为 x 轴和 y 轴设置一个极限范围; axis([xmin xmax ymin ymax zmin zmax]可同时设置 x、y、z 轴的范围; v=axis 可得到当前坐标系的轴范围; axis auto 可将当前坐标系的轴范围设置为自动方式,即由绘图数据来确定轴范围,这种格式可指定特定的轴,如 axis 'auto x'可将 x 轴设置为自动方式, axis 'auto yz'可将 y 和 z 轴设置为自动方式; axis manual 可冻结当前坐标轴的刻度范围,如果设置 hold on,并绘制另一个图形,则其轴范围不会改变。

利用 axis 函数可清晰地显示出图中的局部信息，这在实际中是很有用的。

6．box

功能：控制坐标系边框。

格式：

    box on

    box off

    box

说明：

box on 可在当前坐标系中显示一个边框，这是缺省情况；box off 可去掉边框，这时图中只含坐标轴；box 命令可在这两种状态之间切换。

3.8.4　其它重要函数

1．get

功能：获得图形对象的特性。

格式：

    get(h)

    get(h, 'PropertyName')　　　　a=get(0, 'FactoryObjectTypePropertyName')

    P=get(H, pn)　　　　　　　　a=get(h, 'Default')

    a=get(0, 'Factory')　　　　　a=get(h, 'DefaultObjectTypePropertyName')

说明：

get(h)可获得由 h 指定的图形对象的所有特性及其当前值；get(h, 'PropertyName')只得到指定的特性值；在 P=get(H, pn)中，H 为 m 维向量，表示多个图形对象，pn 为 n 元阵列，表示多个特性名称，P 为 m×n 矩阵，在 P 中得到了各个图形对象的特性值。

a=get(0, 'Factory')可得到用户可设置特性的出厂值(生产厂家指定值)，a 为一种结构，其域名为对象特性名，域值为其特性值。当不指定输出变量时，MATLAB 直接将结果显示在屏幕上；a=get(0, 'FactoryObjectTypePropertyName')可得到指定对象类型的指定特性的出厂值，例如：

    a=get(0, 'FactoryFigureColor')

可得到图形颜色的出厂值。

a=get(h, 'Default')可得到指定对象 h 的当前缺省值；a=get(h, 'DefaultObject-TypeProperty-Name')可得到指定对象类型的指定特性的缺省值，例如：

    A=get(h, 'DefaultFigureColor')

可得到图形颜色的缺省值。

2．set

功能：设置图形对象的特性。

格式：

    set(H, 'PropertyName', PropertyValue, ⋯)　　　　set(H,pn,pv, ⋯)

set(H,a)   set(H,pn,P)

…

说明：

set(H, 'PropertyName', PropertyValue, …)可对由 H 指示的对象设置指定的特性，H 可以是向量，这时可设置多个对象的特性；在 set(H,a)中，a 为结构阵列，这样可对多个对象设置多个特性；在 set(H,pn,pv, …)中，pn 为 n 元阵列，用来指定多个特性，pv 也为 n 元阵列，用来指定相应的特性值；在 set(H,pn,P)中，P 为 m×n 元的单元阵列，用于指定多个对象的多个特性。

set 函数还有一些其它格式，这里不再赘述，详见 set 函数的在线帮助。

例如，要将当前坐标系的颜色设置成蓝色，可输入

set(gca, 'Color', 'b')

要将图中所有的线颜色改成黑色，则输入

set(findobj('Type', 'line'), 'Color', 'k')

3．rotate

功能：沿着指定方向旋转对象。

格式：

rotate(h,direction,alpha)

rotate(…,origin)

说明：

rotate 可在三维空间上按右手准则旋转图形对象。rotate(h,direction,alpha)可将指定对象 h 旋转 alpha 度，direction 为二元或三元向量，它与原点相连构成旋转轴。如在三维空间上，由 P 点和原点构成旋转轴，旋转方向由右手准则确定，如图 3.64 所示。

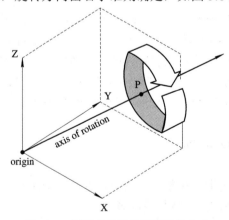

图 3.64　图形对象旋转轴和旋转方向

rotate(…, origin)可用三元向量 origin 指定旋转原点，缺省时旋转原点处于绘图框的中心。

例如，对于多峰函数 peaks，可通过旋转得到不同的视图，输入

```
>> zdir=[0 0 1]; center=[10 10 0];
>> figure(1);
```

```
>> subplot(2,2,1), surf(peaks);            %原图
>> subplot(2,2,2), h2=surf(peaks);         %中心在原点，沿 z 轴旋转 90°
>> rotate(h2,zdir,90)
>> subplot(2,2,3), h3=surf(peaks);         %中心在原点，沿 z 轴旋转-90°
>> rotate(h3,zdir, -90)
>> subplot(2,2,4), h4=surf(peaks);         %中心在(10,10,0)，沿 z 轴旋转 90°
>> rotate(h4,zdir,90,center)
```

执行后得到如图 3.65 所示的结果。

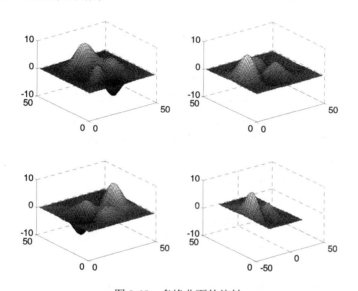

图 3.65　多峰曲面的旋转

4．colormap

功能：设置和获取当前图形的颜色板。

格式：

colormap(map)

colormap('default')

cmap=colormap

说明：

颜色板是一个 m×3 的矩阵，其值在 0.0～1.0 之间，分别表示红、绿、蓝三种颜色，颜色板的每一行定义了一种颜色。

colormap(map)可将颜色板设置成 map，当 map 中含有[0.0，1.0]之外的值时，MATLAB 会产生一个出错信息；colormap('default')可将颜色板设置成缺省的颜色板；cmap=colormap 可得到当前使用的颜色板矩阵。

注释 1　MATLAB 提供了许多颜色板函数，每一个函数可产生多种颜色，例如：

colormap(hsv(128))

可产生包含 128 种颜色的 hsv 颜色板。当不指定其尺寸时，MATLAB 会产生与当前颜色板同等数量的颜色。

注释 2　MATLAB 系统提供了许多颜色板，它们是：

- autumn：从红到橙到黄之间平滑变化。
- bone：灰度颜色板，它适用于显示图像。
- colorcube：它包含许多在 RGB 颜色空间中规则分布的颜色，并且提供了更多的灰度、纯红、纯绿和纯蓝颜色。
- cool：包含从暗青色到暗洋红色之间的颜色，它从青色到洋红色之间平滑变化。
- copper：从黑色到黄铜色之间平滑变化。
- flag：由红、白、蓝和黑四种颜色构成。
- gray：产生线性的灰度颜色板。
- hot：从黑色到暗红、洋红、黄色、白色平滑变化。
- hsv：颜色从红、黄、绿、青、蓝、洋红，再回到红，循环变化。
- jet：颜色从蓝、红、青、黄到洋红变化。
- line：产生由坐标系的 ColorOrder 特性和暗灰色指定的颜色板。
- pink：包含粉红色彩色蜡笔的阴影，它适用于黑白照片。
- prism：重复红、洋红、黄、绿、蓝和紫罗蓝六种颜色。
- spring：由紫红和黄色构成的颜色。
- summer：由绿色和黄色构成的颜色。
- white：全白的单色颜色板。
- winter：由淡蓝和淡绿构成的颜色。

为了进一步了解各种颜色板的颜色，可输入

    cmap=colormap;　L=length(map);
    x=1:L；y=x'*ones(size(x));
    bar(x(1:2)，　y(1:2, :))

这时以条形图给出当前颜色板的颜色，再输入

    colormap(hsv)

可显示出 hsv 颜色板中的颜色，输入

    colormap(gray)

可显示出 gray 中的各级灰度。其它颜色板也可用类似方法得到。

习　　题

1. 画出对数和指数函数曲线，并分别加上标题、轴标记和曲线说明(这里可采用多种方法来标注曲线)。
2. 将图形窗口分成两格，分别绘制正割和余割函数曲线，并加上适当的标注。
3. 设有函数 $y=e^{x+5}+x^3$，在半对数坐标系中绘制出曲线($x\in[1, 10]$)。
4. 绘制出多峰函数 peaks 和三角函数的多条曲线。
5. 将图形窗口分成两个窗格，并分别绘制出以下函数在[-3, 3]区间上的曲线：

$y_1=2x+5$

$y_2=x^2-3x+1$

利用 axis 调整轴刻度，使它们具有相同的缩放尺寸。

6. 按图 3.19 的方式显示出 autumn、bone、cool、hot、hsv、gray、flag、line 等颜色板的颜色条形图。

7. 有一位研究生，一年中平均每月的费用为生活费 190 元、资料费 33 元、电话费 45 元、购买衣服 42 元以及其它费用 45 元。请以饼图表示出他每月的消费比例，并分离出表示资料费用的切片。请给图中每一块加以标注。

8. 画出下列函数的三维曲线和网格曲线。

$$z=(x-2)^2+(y-1.2)^2$$

9. 画出下列函数的曲面及等高线图。

$$z=x^2+y^2+\sin(xy)$$

10. 画出各种大小和形状的球、柱体。

第四章　MATLAB 程序设计

本章讨论在 MATLAB 下进行程序设计的有关问题。我们将对脚本文件和函数文件的编写、全局和局部变量的使用、流程控制结构、字符串计算、数值输入、程序调试等问题进行阐述。4.6 节给出了 MATLAB 语言结构与调试函数的详尽说明。

4.1　MATLAB 程序设计初步

在 MATLAB 工作环境下，很容易通过输入各种命令来实现指定的功能。然而直接在 MATLAB 环境下输入命令，边解释边运行，这多少给人们的编程带来诸多的不便，如输入等待、修改不便、程序保存和检查困难等等。幸好 MATLAB 提供了一种更方便的方法来进行程序设计，即采用 M 文件编程。

4.1.1　脚本文件和函数文件定义

MATLAB 的 M 文件有两类：脚本文件和函数文件。

我们将原本要在 MATLAB 环境下直接输入的语句，放在一个以 .m 为后缀的文件中，这一文件就称为脚本文件。有了脚本文件，可直接在 MATLAB 中输入脚本文件名(不含后缀)，这时 MATLAB 会打开这一脚本文件，并依次执行脚本文件中的每一条语句，这与在 MATLAB 中直接输入语句的结果完全一致。

另一类 M 文件是函数文件，它的第一行必须是函数定义行。函数文件由五部分构成：
- 函数定义行。
- H1 行。
- 函数帮助文本。
- 函数体。
- 注释。

例如，函数文件 mean.m 的内容为

```
function y=mean(x)                          函数定义行
%MEAN Average or mean value.                H1 行
%For vectors, MEAN(X) is the mean value of X.
%For matrices, MEAN(X) is a row vector.
%containing the mean value of each column.  函数帮助文本
[m,n]=size(x);
```

```
    if m==1
        m=n;
    end
    y=sum(x)/m;                                    函数体
```

下面以函数 mean.m 为例来说明函数文件的各个组成部分。

1．函数定义行

```
    function    y=mean(x)
```

其中，function 为函数定义的关键字，mean 为函数名，y 为输出变量，x 为输入变量。

当函数具有多个输出变量时，它们以方括号括起；当函数具有多个输入变量时，它们直接用圆括号括起。例如，function [x, y, z]=sphere(theta, phi, rho)。当函数不含输出变量时，可直接略去输出部分或采用空方括号表示，例如，function printresults(x)或 function []=printresults(x)。

所有在函数中使用和生成的变量都为局部变量(除非利用 global 语句定义)，这些变量值只能通过输入和输出变量进行传递。因此，在调用函数时应通过输入变量将参数传递给函数；函数调用返回时也应通过输出变量将运算结果传递给函数调用者；在函数中产生的其它变量在返回时被全部清除。

2．H1 行

在脚本和函数文件中，以％开头的行称为注释行，即％之后的字符不被 MATLAB 执行。

在函数文件中，其第二行一般是注释行，这一行称为 H1 行，实际上它是帮助文本中的第一行。H1 行不仅可以由 help function_name 命令显示，而且 lookfor 命令只在 H1 行内进行搜索，因此这一行内容提供了这个函数的重要信息。

3．函数帮助文本

这部分内容是以％开头的帮助文本，它可以比较详细地说明这一函数。当在 MATLAB 下输入 help function_name 时，可显示出 H1 行和函数帮助文本。这部分文本从 H1 行开始，到第一个非％开头的行结束。

4．函数体

函数体是完成指定功能的语句实体，它可采用任何可用的 MATLAB 命令组成，还可以包含 MATLAB 提供的函数和用户自己设计的 M 函数。

5．注释

注释行是以％开头的行，它可出现在函数文件的任意位置，也可以加在语句行之后，以便对语句行进行注释。

在函数文件中，除了函数定义行和函数体之外，其它部分都是可以省略的，不是必需的。但作为一个函数，为了提高函数的可用性，应加上 H1 行和函数帮助文本；为了提高函数的可读性，应加上适当的注释。

4.1.2　脚本文件和函数文件比较

脚本文件和函数文件之间有一些本质上的差异，如表 4.1 所示。

表 4.1	脚本文件和函数文件比较

	脚 本 文 件	函 数 文 件
定义行	无需定义行	必须有定义行
输入/输出变量	无	有
数据传送	直接访问基本工作空间中的所有变量	通过输入变量获得输入数据,通过输出变量提交结果
编程方法	直接选取 MATLAB 语句	精心设计完成指定功能
用途	重复操作	MATLAB 功能扩展

将函数文件去掉其第一行的定义行就转变成了脚本文件,但这样一来,原先在函数内部使用的局部变量也就变成了基本工作空间中的变量,这会带来以下几个问题:

- 基本工作空间与脚本文件中同名的变量会引起冲突。
- 使基本工作空间中变量数急剧增加,造成内存紧张。
- 编程时要细心考虑各个脚本文件所用到的变量。

这些问题在函数文件中不复存在,MATLAB 通过实参与形参一一对应的方式来实现函数的调用,这极大地方便了程序设计。

例如,编写出求取平均值的脚本文件 stat1.m,再编写出求取标准差的函数文件 stat2.m。MATLAB 程序如下:

```
脚本文件 stat1.m
%脚本文件
%求阵列 x 的平均值和标准差
%
[m,n]=size(x);
if   m==1
    m=n;
end
s1=sum(x); s2=sum(x.^2);
mean1=s1/m;
stdev=sqrt(s2/m−mean1.^2);
函数文件 stat2.m
function [mean1,stdev]=stat2(x)                %函数文件
%求阵列 x 的平均值和标准差
%调用格式为
%[mean,stdev]=stat2(x)
%
[m,n]=size(x);
```

```
    if m==1
        m=n;
    end
    s1=sum(x); s2=sum(x .^2);
    mean1=s1/m;
    stdev=sqrt(s2/m-mean1.^2);
```

然后,在 MATLAB 下执行这两个文件,从而对脚本文件和函数文件有一个基本的了解。在 MATLAB 中输入

```
>> clear all
>> x=rand(4,4)+2;
>> stat1
```

执行后检查基本工作空间中的变量情况:

```
>>whos
```

Name	Size	Bytes	Class
m	1x1	8	double array
mean1	1x4	32	double array
n	1x1	8	double array
s1	1x4	32	double array
s2	1x4	32	double array
stdev	1x4	32	double array
x	4x4	128	double array

Grand total is 34 elements using 272 bytes

这说明,在脚本文件中产生的所有变量都保存在基本工作空间。检查执行结果

```
>> disp([mean1; stdev])
    2.5685    2.5321    2.6684    2.5605
    0.2587    0.3359    0.1513    0.2888
```

另一方面,通过函数文件可进行同样的操作,这时输入

```
>> clear  m  n  s1  s2  mean1  stdev
    [m1,st]=stat2(x);
```

执行后同样检查基本工作空间的变量情况:

```
>> whos
```

Name	Size	Bytes	Class
m1	1x4	32	double array
st	1x4	32	double array
x	4x4	128	double array

Grand total is 24 elements using 192 bytes

这说明,在基本工作空间中,除了原本产生的 x 矩阵,调用函数 stat2.m 后,只增加了由函数返回的结果。通过 disp([m1;st])可得到与 stat1.m 相同的结果。

4.1.3　函数工作空间

对于每个函数文件，系统都会分配一块存储区域用于存储工作变量，它与 MATLAB 的基本工作空间不同，这块区域称为函数工作空间。每个函数都有自己的工作空间，其中保存着在函数中使用的局部变量。

在调用函数时，变量值只有通过输入变量传递给函数，才能在函数中使用，它们来自于被调用函数所在的基本工作空间或函数工作空间。同样，函数返回的结果传递给被调用函数所在的工作空间。

4.1.4　函数变量

在 MATLAB 函数中，引用的输入/输出变量的数目可少于编写的变量数目，即当引用一个具有 n 个输入变量和 m 个输出变量的函数时，输入变量数可少于 n 个，输出变量数也可少于 m 个。但这时在函数设计中，必须进行适当的处理。

在函数中，有两个永久变量 nargin 和 nargout，它们可自动给出输入变量数和输出变量数，因此利用这两个函数，可根据不同的输入/输出变量数来进行不同的处理。这在 MATLAB 工具箱的许多函数中都有应用。

例如，编写一个测试函数，要求当输入为一个变量时，计算出这一变量的平方；当输入为两个变量时，求出这两个变量的乘积。我们可编写以下函数文件：

```
function c=testargl(a,b)
if (nargin==1)
    c=a.^2;
elseif   (nargin==2)
    c=a*b;
end
```

又如，在指定字符串中找出第一表征字符串的函数，也可使用 1 个或 2 个输入变量，输出变量也可为 1 个或 2 个。当输入为 1 个变量时，函数使用缺省的分隔符(回车、换行、横向制表符 Tab、纵向制表符、行馈、空格)。当输出变量为 2 个时，除得到第一表征字符串外，还可得到剩余字符串。函数文件为(可参见 strfun 目录中的 M 文件 strtok)

```
function [token, remainder] = strtok(string, delimiters)
%STRTOK Find token in string.
%
%函数至少需要一个输入变量
if   nargin<1, error('Not enough input arguments.');
end
token = []; remainder = [];
len = length(string);
if   len == 0
    return
```

```
end
%如果只有一个输入变量，则采用缺省的分隔符
if (nargin == 1)
    delimiters = [9:13 32];          %White space characters
end
%在 string 中，找出分隔符之前的第一表征字符串
i = 1;
while (any(string(i) == delimiters))
    i = i + 1;
    if (i > len), return, end
end
start = i;
while (~any(string(i) == delimiters))
    i = i + 1;
    if (i > len), break, end
end
finish = i−1;
token = string(start:finish);
%如果有两个输出变量，则得到除第一表征字符串之外的剩余字符串
if (nargout == 2)
    remainder = string(finish + 1:length(string));
end
```

4.1.5　局部变量和全局变量

在函数工作空间中，变量有三类：
- 由调用函数传递输入和输出数据的变量。
- 在函数内临时产生的变量(局部变量)。
- 由调用函数空间、基本工作空间或其它函数工作空间提供的全局变量。

前面曾提到过，输入数据只能通过输入变量传递。事实上，有些参数还可以通过将变量声明为全局变量来传递，而且这时的参数可以来自于函数调用语句所在函数之外的其它函数。例如，对于函数

$$z = \alpha(x-1)^2 + \beta(y+1)^2$$

编写出相应的函数文件，其中 α 和 β 采用全局变量进行参数传递。M 函数文件为

```
function z=fun1(x,y)
global alpha beta              %全局变量宣称
m=length(x);    n=length(y);
x1=x'*ones(1,n);
```

```
        y1=(y'*ones(1,m))';
        z=alpha*(x1−1).^2+beta*(y1+1).^2;
```

然后可通过调用函数 fun1 计算出 z，并利用 mesh 绘制出网格曲线。编写出的脚本文件为

```
        global alpha beta
        x=[0:.02:2]; y=[−2:.02:0];
        figure(1)
        subplot(2,2,1), alpha=1; beta=1;
        z=fun1(x,y); mesh(z)
        title(['\alpha= ',num2str(alpha),' and \beta= ',num2str(beta)])
        subplot(2,2,2), alpha=2; beta=1;
        z=fun1(x,y); mesh(z)
        title(['\alpha= ',num2str(alpha),' and \beta= ',num2str(beta)])
        subplot(2,2,3), alpha=1; beta=2;
        z=fun1(x,y); mesh(z)
        title(['\alpha= ',num2str(alpha),' and \beta= ',num2str(beta)])
        subplot(2,2,4), alpha=.8; beta=.5;
        z=fun1(x,y); mesh(z)
        title(['\alpha= ',num2str(alpha),' and \beta= ',num2str(beta)])
```

这里 α 和 β 通过全局变量传递，因此在函数调用语句 z=fun1(x,y)中，每次 x、y 都不变，但得到的结果 z 却不同，这是因为 α 和 β 已发生了变化。脚本文件执行后可得到如图 4.1 所示的结果。

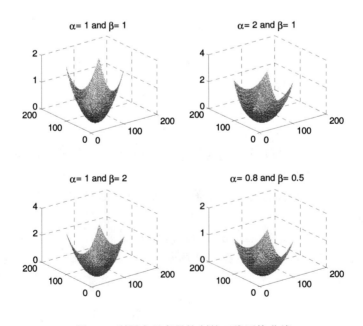

图 4.1　利用全局变量控制的三维网格曲线

在这一脚本文件中每个子图的标题都采用了变量值 α 和 β，从这也可看到 num2str 函数给图形标注带来的便利。

4.1.6　子函数

在函数文件中可包含多个函数，其中第一个函数称为主函数，其函数名和文件名相同，它可由其它 M 文件或基本工作空间引用。在 M 函数文件中的其它函数称为子函数，它只能由这一个 M 函数文件中的主函数或其它子函数引用。

每个子函数也由函数定义行开始，紧跟其后的语句为函数体。各种子函数的次序任意，但主函数必须是第一个函数。

例如，我们编写一个求均值和中值的函数 mmval.m，它包含了两个子函数：

```
function [avg,med] = mmval(u)          %主函数
%NEWSTATS Find mean and median with internal functions.
n = length(u);
avg = mean(u,n);
med = median(u,n);


function a = mean(v,n)                 %子函数
%Calculate average.
a = sum(v)/n;


function m = median(v,n)               %子函数
%Calculate median.
w = sort(v);
if   rem(n,2) == 1
m = w((n+1)/2);
else
m = (w(n/2)+w(n/2+1))/2;
end
```

在同一个 M 文件内的子函数，也只能访问由输入/输出变量传递的变量、声明为全局变量的变量和函数内部的局部变量，这一点与主函数相同。

当在 M 文件中调用另一个函数时，MATLAB 首先在该文件内检查是否为子函数，然后检查是否为私人函数，最后在搜索路径上检查标准的 M 文件。由于首先检查的是子函数，因此可使用与已有 M 文件同名的子函数。如上例中的 mean，虽然存在 mean.m 函数，但在调用 mmval 函数时，不会调用 mean.m 文件，而只执行 mmval.m 中的子函数 mean。注意，在同一个 M 文件中，函数名应该惟一。

4.1.7　私人函数

私人函数是指存放在 private 子目录中的函数，这些函数只能由其父目录中的函数调用，

而且在函数调用搜索时，它优先于其它 MATLAB 路径上的函数。因此每个用户可在自己的 private 目录中设计或复制并修改一些自己专用的函数，这样可在 private 中保存修改过的标准函数，以达到特定的效果。与此同时，其他人使用时仍可采用标准函数。

4.2　流　程　控　制

流程控制语句可改变程序执行的流程，MATLAB 的流程控制语句有以下四类：
- if，else，elseif，end 构成条件语句。
- switch，case，otherwise，end 构成情况切换语句。
- for，end 构成指定次重复的循环语句。
- while，end 构成不定次重复的循环语句。

这些语句的使用，给 MATLAB 程序设计带来了极大的方便性和灵活性。

4.2.1　条件语句

最简单的条件语句是仅由 if 和 end 组成的语句，它可根据逻辑表达式的值选择是否执行。例如：

```
if   rem(a,2)==0
     disp('a is even')
     b=a/2;
end
```

这一段程序完成当 a 为偶数时，b=a/2；否则不作任何处理。

if 语句可嵌套使用，多层嵌套可完成复杂的设计任务。

当逻辑表达式不是标量时，只有当矩阵的所有值为非零，条件才满足，因此如果 X 为矩阵，则

```
if   X
     statements
end
```

等效于

```
if   all(X(:))
     statements
end
```

利用 else 和 elseif 可进一步给出条件，从而构成复杂的条件语句。else 表示当前面的 if(也可能是 elseif)表达式为 0 或 FALSE 时，执行与之相关联的语句；elseif 语句表示当前面的 if 或 elseif 为 0 或 FALSE 时，计算本语句的表达式，当表达式为非零或 TRUE 时，执行与之相关联的语句。注意在同一个 if 块中，可含有多个 elseif 语句。例如，针对输入 n 的情况分别进行如下处理：

```
if   n<0
        disp('Input n must be positive.')
elseif   n==0
        disp('n=0')
elseif   rem(n,2)==0
        disp('n 是 2 的倍数')
elseif   rem(n,3)==0
        disp('n 是 3 的倍数')
else
        disp('其它情况')
end
```

当逻辑表达式为空阵列时，表示为 FALSE，例如，A 为空阵列，则语句

```
if   A
        Statements1
else
        Statements2
end
```

执行 Statements2。

4.2.2　情况切换语句

switch 语句可根据表达式的不同取值执行不同的语句，这相当于多条 if 语句的嵌套使用。例如，根据 varl 变量的取值{-1，0，1}，分别执行相应的语句，可输入

```
switch varl
    case -1
        disp('varl is negative one.')
    case 0
        disp('varl is zero.')
    case 1
        disp('varl is positive one.')
    otherwise
        disp('varl is other value.')
end
```

但这里只有当 varl=-1、0、1 时才执行相应的语句，而所有其它的值都执行 otherwise 中的语句。在 if 语句中，我们可设定＞、＜、≥、≤这样的关系，但 switch 中只能采用相等的关系，这一点是两者的区别。

在 switch 的 case 语句中还可以采用多个数值，例如：

```
switch var2
    case {-2, -1}
```

```
                disp('var2 is negative one or two.')
            case 0
                disp('var2 is zero.')
            case {1,2,3}
                disp('var2 is positive one, two, or three.')
            otherwise
                disp('var2 is other value.')
        end
```

这时，当 var2=-2 或者 var2=-1 时，均执行第一个 case 之后的语句。

　　switch 语句的表达式还可能是字符串，这时采用的是字符串比较，例如：

```
        switch   lower(method)
            case   {'linear','bilinear'}, disp('Method is linear.')
            case   'cubic', disp('Method is cubic.')
            case   'nearest', disp('Method is nearest.')
            otherwise, disp('Unknown method.')
        end
```

其中 method 应是输入的字符串，lower 函数可将 method 中的大写字母变换成小写字母。

4.2.3　指定次重复的循环语句

　　for 语句可完成指定次重复的循环，这是广泛应用的语句。例如，为求 n!，可循环 n 次，每次求出 $k!=(k-1)! \times k$。MATLAB 程序为

```
        r=1
        for k=1:20
            r=r*k;
        end
        disp(r)
```

执行后结果为(20!)

```
        2.4329e+018
```

　　for 语句可利用数组(即阵列)任意指定循环变量的值，例如：

```
        varx= [7 3 10 5];
        vary=zeros(size(varx));
        k=0;
        for x=varx
            k=k+1; vary(k)=x.^2;
        end
        disp([varx; vary])
```

执行后得

```
    7    3    10    5
   49    9   100   25
```

程序的第二行为给 vary 预先分配存储空间。事实上，MATLAB 可根据要求自动分配存储空间，即去掉这一行，执行结果依然相同。一旦检测到数组变量超出下标范围的赋值语句，MATLAB 会自动给变量增加存储单元，修改变量的尺寸。每次赋值都要花一定的时间进行变量的重新分配，从而影响执行速度，特别是当变量规模较大时，会明显降低计算效能，因此编程时最好养成先预先分配存储空间(指可预见的变量)的良好习惯。

for 语句还可以嵌套使用，从而构成多重循环。例如，利用 rand 函数产生 10 个随机数，然后利用嵌套 for 循环进行从大到小排序。MATLAB 程序为

```
x=fix(100*rand(1,10)) ;
disp(x)
n=length(x);
for i=1:n−1
for j=n: −1:i+1
    if x(j)>x(j−1)
        y=x(j); x(j)=x(j−1); x(j−1)=y;
    end
  end
end
disp(x)
```

执行后得到排序前和排序后的结果

```
   19   68   30   54   15   69   37   86   85   59
   86   85   69   68   59   54   37   30   19   15
```

for 循环中可利用 break 语句来终止 for 循环，如上例中加上交换标志(flag)，当一次内循环中没有找到一个单元需要交换时，说明排序工作已经结束，从而可以结束外循环。MATLAB 程序为

```
x=fix(100*rand(1,10)) ;
disp(x)
n=length(x);
for i=1:n−1
  flag=−1
  for j=n: −1:i+1
    if x(j)>x(j−1)
    y=x(j); x(j)=x(j−1); x(j−1)=y; flag=0;
    end
  end
  if flag, break, end
```

```
    end
    disp(x), disp(['循环次数为', num2str(i)])
```

执行后得

```
    79    95    52    88    17    97    27    25    87    73
    97    95    88    87    79    73    52    27    25    17
```

循环次数为 6，这说明完成这 10 个数的排序只进行了 6 次内循环。

4.2.4　不定次重复的循环语句

while 语句可完成不定次重复的循环，它与 for 语句不同，每次循环前要判别其条件，如果条件为真或非零值，则继续循环，否则结束循环。当条件是一表达式时，其值必定会受到循环语句的影响。例如，为求出一个值 n，使其 n! 最大但小于 10^{50}，可输入

```
    r=1;   k=1;
    while   r<1e50
        r=r*k;   k=k+1;
    end
    k=k-1;   r=r./k;   k=k-1;
    disp(['The ', num2str(k), '! is ', num2str(r)])
```

执行后得

```
    The 41! is 3.345253e+049
```

说明 41!小于 10^{50}，且可取最大值，这可利用直接求取阶乘的 prod 函数加以验证。

也可以采用变量的值控制循环次数，例如，输入

```
    var=[1 2 3 4 0 5 6 0];
    a=[];   k=1;
    while var(k)
        a=[a var(k).^3];   k=k+1;
    end
    disp(a)
```

执行后得

```
    1    8    27    64
```

这说明只循环了前 4 次，因为一旦取得的变量值为 0(本例为第 5 次)，则终止 while 循环。

while 循环中可利用 break 语句终止循环，例如，输入

```
    var=[1 2 3 4 5 6 -1 7 8 0]
    a=[]; k=1;
    while var(k)
        if var(k)== -1, break, end
        a=[a var(k).^2];   k=k+1;
```

```
        end
        disp(a)
```
执行后得

　　　　　1　　4　　9　　16　　25　　36

这说明当取 var(k)= −1 时，执行了 break 语句，就终止了 while 循环。

4.3　用户参数交互输入

在 M 文件执行过程中，可输入程序所需的参数，这将使程序设计变得更加灵活。参数输入有以下三种方式：

- 利用 input 函数输入参数，这时可同时显示提示信息。
- 利用 keyboard 函数进入键盘主控状态，直接修改或输入变量。
- 利用 menu 函数制作成交互输入的菜单，使输入界面更加友好。

另外，pause 命令可使 MATLAB 进入暂停状态，即进入键盘主控状态，也可以完成输入操作。

4.3.1　键盘输入

input 函数是 MATLAB 中用于输入参数的常用函数，它可自带提示信息，例如：

```
        f=input('frequency is')
```
执行时显示

```
        frequency is
```
这时可输入频率值 f。又如，对于输入方法的选择

```
        m=input('methods\n1---linear\n2---bilinear\n3---others\n')
```
执行时显示

```
        methods
        1 --- linear
        2 --- bilinear
        3 --- others
```
这时可选择输入方法(1，2 或 3)。

当直接输入字符串变量时，应在 input 中指定 's' 项，例如：

```
        m=input('methods:','s')
```
执行时显示

```
        methods:
```
这时用户可直接输入方法的名称，如输入 bilinear，这时 m 为字符串变量"bilinear"。

在输入时还可以写成表达式,这时 MATLAB 先计算出表达式的值,然后赋给输入变量。例如：

```
a=5;   b=4;
c=input('Please input a^2+b')
```

执行时输入 a^2+b，则得

```
c=
    29
```

4.3.2　键盘控制

一般情况下，我们可利用 debug 命令对 M 函数文件进行调试，当然，利用 keyboard 函数也可以进行简单的调试。

在 M 文件的适当位置加上 keyboard 命令，MATLAB 在执行该命令时，会将控制权交给键盘，这时用户可检查当前局部工作空间中变量的内容，也可对变量值进行修改，或者直接输入新的变量(可使用 MATLAB 的任何命令建立)。利用 return 命令可退出键盘控制状态，MATLAB 继续执行后续程序。

4.3.3　菜单输入

利用 menu 函数可显示输入菜单，用户只需利用鼠标点击菜单中的按钮，就可以完成输入操作。当然，输入的值为菜单选项的序号，因此编写程序时应加以变换。例如，要输入颜色的字符串变量 scolor，它可取 red、green、blue、yellow 和 black，则可输入

```
s=menu('color selection','red','green','blue','yellow','black')
switch s
    case 1, scolor='red';
    case 2, scolor='green';
    case 3, scolor='blue';
    case 4, scolor='yellow';
    case 5, scolor='black';
    otherwise disp('Error!')
end
scolor
```

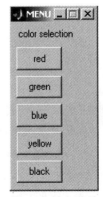

执行时可显示如图 4.2 所示的菜单，假设在菜单中选择第 4 个按钮 (yellow)，则可得到

```
scolor=
        yellow
```

利用 menu 函数可从更多的数据中进行输入，例如，输入

```
r=rand(2,3);
s=menu('selection input', r(1,1), r(1,2), r(1,3), r(2,1), r(2,2), r(2,3))
```

图 4.2　输入菜单

则可从矩阵数据中输入任一参数。

4.4　程序设计技术

程序设计的好坏直接影响到程序执行的效率。这一节将给出两种程序设计技术，以便大大提高程序执行的速度。

4.4.1　循环的向量化

MATLAB 是以矩阵为基础的算法，它特别适用于矩阵处理。在实际运用中，有些循环可直接转换成向量操作，这样可大大提高程序的执行速度，这种技术称为循环的向量化。在编写程序时，应尽量避免采用循环，而要将它转变成向量来进行处理。

为测试程序执行的效率，可采用 tic 和 toc 函数。例如，编写名为 tech1.m 和 tech2.m 的脚本文件，用两种不同方法来产生正弦函数：

```
tech1.m
tic
i=0
for t=0:.01:100
    i=i+1;y(i)=sin(t);
end
toc


tech2.m
tic
t=0:.01:100;
y=sin(t);
toc
```

执行时两者所用时间差异很大。第一种循环方法所需时间为 7.58 秒，而第二种向量方法所需时间为 0.01 秒，这足以说明采用向量化方法给编程带来的好处。

如何将循环变换成向量操作是一个比较复杂的问题。简单问题很容易转换为向量操作，但较为复杂的问题可能能够转变成向量操作，也可能根本就无法转变成向量操作，因此在实际问题中应根据具体情况而定。

例如，为产生一个由 A 重复产生的矩阵 B：

$$B = \begin{bmatrix} A & A & \cdots & A \\ \vdots & \vdots & & \vdots \\ A & A & \cdots & A \end{bmatrix}$$

给出了 repmatl.m 函数

```
function B = repmat1(A,M,N)
%Replicate and tile an array.
if nargin < 2
    error('Requires at least 2 inputs.')
elseif nargin == 2
    N=M;
end
[m,n] = size(A);
mind = (1:m)';
nind = (1:n)';
mind = mind(:,ones(1,M));          %产生指针矩阵
nind = nind(:,ones(1,N));
disp(mind),disp(nind)              %显示指针矩阵
B = A(mind,nind);
```

如果输入

```
a=[1 2 3 ; 4 5 6];
b=repmat1(a,3,2)
```

则显示

```
     1     1     1
     2     2     2
     1     1
     2     2
     3     3

b =
     1     2     3     1     2     3
     4     5     6     4     5     6
     1     2     3     1     2     3
     4     5     6     4     5     6
     1     2     3     1     2     3
     4     5     6     4     5     6
```

这里指针矩阵的产生：

```
mind=mind(:  , ones(1, 3));
```

表示将 mind 向量所有行重复 3 次，这样就得到了

```
     1     1     1
     2     2     2
```

同样最后一行

```
B=A(mind, mind);
```

表示 A 的行按照 mind 指针矩阵重复，即 A 的 1、2 行重复三次；同样 A 的列按照 mind 指针重复，即 A 的 1、2、3 列重复 3 次。

从这一示例中可领略到一些向量处理的技巧，其实这些技巧可以在不断实践中得到积累。

4.4.2 阵列预分配

利用预分配结果阵列可减少程序执行时间。一般在程序设计中，经常会涉及到循环重复，每次循环至少会得到一个结果元素(比如 y(k))。如果不对 y 阵列预分配存储单元，则 y 阵列每次都将自动增大，从而大大降低计算效率。通过对 y 预分配，可免去了每次增大 y 的操作，从而大大地减少计算时间。

例如，求下列离散系统在正弦输入下的响应

$$y(k)=0.75y(k-1)-0.125y(k-2)+2u(k)$$

可编写如下脚本文件：

```
clear all, tic
T=0.001;
t=[0:T:16]; u=sin(2*pi*t);
%y=zeros(size(u));
for k=1:fix(16/T)+1;
    if k==1
        y(k)=2*u(k);
    elseif k==2
        y(k)=2*u(k)+.75*y(k-1);
    else
        y(k)=2*u(k)+.75*y(k-1)-.125*y(k-2);
    end
end
time=toc
figure(1)
subplot(2,1,1)
plot(t,u),title('Input u')
subplot(2,1,2)
plot(t,y),title('Output y')
```

其中第 4 行为给输出变量 y 预分配存储空间。当不给 y 预分配存储空间时，执行这一脚本文件得

```
time =
    0.5620
```

当包含第 4 行给 y 预分配存储空间时，执行这一脚本文件得

```
time =
    0.0160
```

这两种方法均可产生如图 4.3 所示的结果曲线。

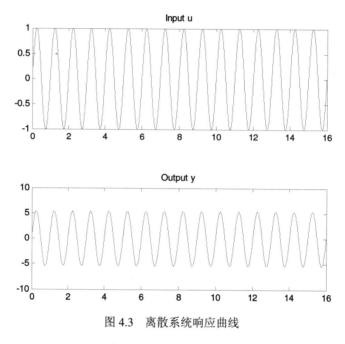

图 4.3　离散系统响应曲线

　　从这一示例可以看出，给某些变量预分配存储空间可提高计算效率，这在计算变量维数较大时效果尤为明显。

4.4.3　内存使用

　　内存资源历来都是计算机中的宝贵资源，它与 CPU 资源具有同等重要的地位。在 MATLAB 中合理使用内存资源同样也是非常重要的，MATLAB 提供了五个函数用于管理和改善内存的使用：

● clear 函数可从内存中"清除"变量。

● pack 命令可将变量保存到磁盘上，然后在需要时读入，但出于执行时间上的考虑，一般在循环和 M 函数文件中不使用 pack 命令。

● quit 命令可退出 MATLAB，并将 MATLAB 占用的内存交回给系统。

● save 函数可有选择性地将变量保存到磁盘。

● load 函数可重新读入由 save 命令保存的变量。

　　在实际操作中，利用 clear 函数清除变量并不总能给系统增加可用内存。当被清除的变量正巧处于内存的高端时，清除变量可给其它系统增加可用的内存；当被清除的变量处于其它位置时，虽然减少了 MATLAB 系统占用的内存(即可解决 Out of memory 问题)，但其它系统可用的内存并未增加。

　　除了变量要占用内存外，调用过的函数也要占用内存，因此，对于不再使用的函数应从内存中清除，这样可释放出由函数占用的内存，这一过程也可由 clear 函数完成。

　　在一般情况下，内存资源不会成为编程的障碍，现在大部分计算机的内存已达到 512 MB 和 1 G，这足以轻松地应付大多数程序的运行，这时不必过多考虑内存资源，但一旦内存资源紧张，可从以下几个方面着手改进程序：

- 避免使用大的临时变量，而且一旦不再需要，就从内存中将它删除。

- 清除不用的变量：

    clear 变量名

- 重复使用已存在的变量。

- 对于多个函数或子函数都要使用的变量，可定义成全局变量，这样在各个函数或子函数中，就不再需要给它分配内存。但在清除全局变量时，必须采用：

    clear global 变量名

4.5 MATLAB 程序调试

MATLAB 的调试器(Debugger)可帮助用户找出 MATLAB 编程中的错误，使用调试器可在执行中随时显示出工作空间的内容，查看函数调用的栈关系，并且可单步执行 M 函数代码。

MATLAB 程序调试主要用来纠正两类错误：

- 格式错误，比如函数名的格式错误、缺括号等。MATLAB 可在运行程序时检测出大多数格式错误，并显示出错信息和出错位置，这类错误很容易找到，并可加以纠正。

- 运行错误，这种情况通常发生在算法错误和程序设计错误上，例如修改了错误的变量，计算不正确等。运行错误一般不易找出位置，因此要利用调试器工具来诊断。

当程序运行中发生错误时，虽然不会停止程序的执行，也不显示出错误位置，但无法得到正确的执行结果。由于在程序执行结束或者因出错而返回到基本工作空间时，才知道发生了运行错误，这时各个函数的局部工作空间已关闭，因此也就失去了查找出错原因的基础。为查找运行错误，可采用下列技术：

- 在运行错误可能发生的 M 函数文件中，删去某些语句句末的分号，这样可显示出一些中间计算结果，从中可发现一些问题。

- 在 M 文件的适当位置加上 keyboard 语句，当执行到这条语句时，MATLAB 会暂停执行，并将控制权交给用户，这时我们可检查和修改局部工作空间的内容，从中找到出错的线索。利用 return 命令可恢复程序的执行。

- 注释掉 M 函数文件中的函数定义行，即在该行之前加上％，将 M 函数文件转变成 M 脚本文件，这样，在程序运行出错时就可查看 M 文件中产生的变量。

- 使用 MATLAB 调试器可查找 MATLAB 程序的运行错误，因为它允许用户访问函数空间，可设置和清除运行断点，还可以单步执行 M 文件，这些功能都有助于找到出错的位置。

下面以一个简单示例来说明如何利用调试器进行 MATLAB 程序的调试。

4.5.1 M 函数简单示例

编写 variance.m 的 M 函数，它用于估计输入向量的无偏方差，其内容为

```
function y=variance(x)

mu=sum(x)/length(x);

tot=sqsum(x,mu);

y=tot/(length(x) −1);
```

其中它又调用了另一个函数 sqsum，用于计算输入向量的均方和：

```
function tot=sqsum(x,mu)

tot=0;

for i=1: length(mu)

    tot=tot+((x(i) −mu).^2);

end
```

注意，这一示例仅用作调试器用法说明，因此采用了效率不高的循环算法，而且有意包含了错误。

4.5.2　首次运行

MATLAB 提供了计算方差的标准函数 std，可利用 std 计算出正确结果。在实际运用中，我们只能通过分析和手工计算，得到典型示例的结果。

首先产生输入向量，为简单起见，假设

```
v=[1 2 3 4 5];
```

利用 std 计算正确的方差：

```
var1=std(v).^2

var1=

    2.5000
```

现在，试着利用 variance 函数来计算：

```
myvar1=variance(v)

myvar1=

        1
```

这一结果不正确，说明程序有错！错在哪儿？我们可以利用调试器来查错。

4.5.3　启动 DEBUG

在 MATLAB 下，利用 File(文件)菜单中的 Open(打开)或 New(新建)命令，打开已建的 M 文件或新建 M 文件，这时在 MATLAB Editor 窗口中包含如图 4.4 所示的调试工具图标。

图 4.4　调试工具图标

利用这些调试工具可方便地进行 MATLAB 程序的调试，其含义如表 4.2 所示。

表 4.2 调 试 工 具

工具栏按钮	说 明	等效命令
	设置/清除断点	dbstop/dbclear
	清除所有断点	dbclear all
	单步执行，如果当前行为函数调用，则进入该函数	dbstep in
	单步执行(不进入函数)	dbstep
	继续执行，直到完成或下一个断点	dbcont
	退出 Debug	dbquit

4.5.4 设置断点

大多数调试任务都从设置断点开始。在打开 M 文件的前提下，光标移至要设置断点的行，然后点击工具栏上的断点图标，或者在 Debug 菜单中选择 Set Breakpoint(设置断点)，这样可在指定行设置断点，这时在行左边有一个大红点，表示该行之前为一个断点。如果在已设置了断点的行上，再次点击工具栏上的断点图标，则可清除该断点。

在调试之前，我们不能肯定错误所在，也不知道哪个函数有问题，因此总是按照执行顺序分段加以查找。本例中，在 variance 文件的最后一行设置断点，这时 Editor/debugger 窗口如图 4.5 所示。

图 4.5 设置了断点后的 variance 函数窗口

4.5.5 检查变量

设置了断点后，可执行 M 程序，使之在断点处暂停，即在 MATLAB 环境下输入

    myvar1=variance(v)

则 MATLAB 执行相应的 variance 函数，并在断点处暂停，这时在断点行有一个向右的绿色实心箭头，表示该行为接着要执行的命令，如图 4.6 所示。

图 4.6　MATLAB 在断点处暂停

这时可在函数工作空间中检查变量的内容,为此可以选中变量名 mu,按鼠标右键,并在其菜单上选择 Evaluate Selection,则在 MATLAB 窗口中可以得到

　　K>> mu

　　mu =

　　　　3

同样可以检查 tot 的内容

　　K>> tot

　　tot =

　　　　4

这一结果说明 mu 的计算正确,而 tot 的计算不对,因此问题可能出在 sqsum 函数中。如果这时在工具栏上点击单步或步进图标,则向下执行一行,达到了 M 文件的末尾,这时可看到一个向下的绿色实心箭头。

4.5.6　调试嵌套函数

现在我们先清除 variance 中的断点,然后在 sqsum 中的第 4 行上设置断点。重新调用 variance(v),则 MATLAB 暂停在 sqsum 函数中,如图 4.7 所示。

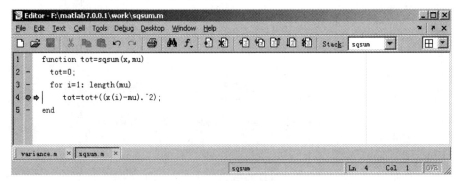

图 4.7　函数嵌套时的断点暂停

计算循环变量 i

　　K>> i

　　i =

　　　　1

然后在工具栏中点击单步，执行第 4 行，检查 tot 变量

      K>> tot

      tot =

         4

再选择单步，发现 sqsum 的循环只执行一次，这与设计不符，仔细检查发现下列语句有错

      for i=1: length(mu)

实际上，应该对变量 x 的每个元素进行计算，因此正确的语句应该写成

      for i=1: length(x)

在工具栏中选择 Quit(退出)图标，结束 M 程序调试，并修改程序。再次执行程序得

      >> myvar1=variance(v)

      myvar1 =

         2.5000

这说明计算结果正确。再次对更大的向量进行检验

      >> v=2.1+6*rand(1,100);

      var2=std(v).^2

      var2 =

         2.9614

      >> myvar2=variance(v)

      myvar2 =

         2.9614

这说明调试后的程序正确。

    这一节通过简单示例说明了利用 Debug 调试 M 程序的过程和方法，对于实际编写的程序，可能会复杂得多，而且错误会更多、更隐蔽，这就需要我们熟练掌握调试技术，而这种技术必须在不断的实践中才能得到。

4.6　语言结构与调试函数

    这一节将给出 MATLAB 的语言结构与调试函数。先简要列出这些函数，如表 4.3 所示，然后分类列出各个函数的使用说明。

表 4.3　语言结构和调试

编程语言	
function, script	MATLAB 的函数文件和脚本文件
global	定义全局变量
persistent	定义永久变量
nargchk	检查输入变量数
feval	函数计算
evalin	表达式计算
eval	计算以字符串表示的 MATLAB 表达式

流程控制	
if, else, elseif, end	条件执行语句
for, end	重复指定次的循环执行语句
while, end	重复不定次的循环执行语句
switch, case, otherwise, end	根据表达式的值，在几种情况之间切换
break	终止 for 或 while 循环
return	返回到引用函数
try, catch, end	错误捕获块
error	显示出错信息
warning	显示警告信息
交互输入	
input	请求用户输入
keyboard	调用键盘程序
menu	为用户输入产生选择菜单
pause	暂停执行
程序调试	
dbstop	在 M 文件中设置断点
dbtype	带行号列出 M 文件
dbstatus	列出所有的断点
dbclear	清除断点
dbcont	恢复执行
dbstep	从断点处执行一行或多行语句
dbup, dbdown	改变局部工作空间
dbstack	显示函数调用栈
dbquit	退出调试模式

4.6.1　MATLAB 编程语言

1．function，script

功能：MATLAB 的函数文件和脚本文件。

格式：function[out1, out2, …]=funname[in1, in2, …]

说明：

以 function 开头的 M 文件(文件名后缀为 M)是 MATLAB 的函数文件。MATLAB 的 M 文件分为两类：函数文件和脚本文件(也称程序文件)，其区别在于函数文件应该通过输入/输出变量传递参数，函数文件中使用的变量不会进入基本工作空间；而脚本文件中的变量会完全带入到基本工作空间，基本工作空间中的任意变量也可为脚本文件中的语句所用。

函数文件必须以 function 开头，而脚本文件可直接写出各种 MATLAB 语句。例如，有一函数文件 stat.m，其内容为

```
function [mean,stdev]=stat(x)

n=length(x)

mean=sum(x)/n;

stdev=sqrt(sum(x-mean).^2/n);
```

这时函数名为 stat，它应与文件名同名。函数中使用的变量都是局部变量，它只有借助于

输入/输出变量才能读取或返回到基本工作空间。

用户还可以在同一个函数文件中定义子函数，但子函数只能在这一个函数文件中才能调用，它不能被其它函数文件或脚本文件所调用。例如，上述 stat 函数可采用自带子函数方法编写，这里 return 为结束引用命令：

```
function [mean,stdev] = stat(x)

n = length(x);

mean = avg(x,n);

stdev = sqrt(sum1(x,avg(x,n))/n);

return

function s=sum1(x,y)

s=sum((x−y).^2);

return

function mean = avg(x,n)

mean = sum(x)/n;

return
```

2. global

功能：定义全局变量。

格式：

```
global X Y Z
```

说明：

global X Y Z 可将变量 X、Y、Z 定义成全局变量。一般而言，每个 MATLAB 函数都有自己的局部变量，它们与其它函数中的局部变量无关，也与基本工作空间中的变量无关，因此它们可与基本工作空间和其它函数文件采用同名的变量，其内容之间也没有关系。函数与基本工作空间之间的参数主要依靠输入/输出变量传递。如果将某一变量声明为全局变量，则只要在某函数中也将它声明为全局变量，在该函数中就可以存取这一变量。例如，在基本工作空间中，已声明一矩阵 a 为全局变量，则可编写下列函数文件：

```
function y=abc(x)

global a

m=mean(a);

y=x*m;
```

注意，利用 clear global variable 可从工作空间中清除指定的全局变量 variable；利用 clear variable 可从当前工作空间中清除变量 variable 的全局连接。当然，这不会影响到全局变量的值。

3. persistent

功能：定义永久变量。

格式：

```
persistent X Y Z
```

说明：

persistent X Y Z 可将变量 X、Y、Z 定义成永久变量。persistent 函数只用于函数文件中，使在每次调用时保持变量的值不变。

永久变量只有在从内存中清除 M 文件或已改变 M 文件时才能清除。为此，要想一直保持某个函数中定义的永久变量，应采用 mlock 锁定相应的 M 文件。

4．nargchk

功能：检查输入变量数。

格式：

  msg=nargchk(low, high, number)

说明：

nargchk 通常在 M 文件内使用，用来检查输入变量数的有效性。

msg=nargchk(low, high, number)用于检查输入变量数 number(可由 nargin 函数获得)是否有效，当 number 小于 low 或大于 high 时，则得到一个包含出错信息的字符串 msg，否则，msg 为空矩阵。例如，有一函数 foo

    function f=foo(x,y,z)

    error(nargchk(2,3,nargin))

则在 MATLAB 下输入 foo(1)时会产生出错信息：

    >> foo(1)

    ??? Error using ==> foo

    Not enough input arguments.

5．feval

功能：计算函数值。

格式：

  [y1, y2, …]=feval(function, x1, …, xn)

说明：

在[y1, y2, …]=feval(function, x1, …, xn)中，当 function 为指定函数名的字符串时，这一函数可计算出指定函数在输入变量为 x1, …, xn 时的值。例如：

    [V,D]=feval('eig',A);

相当于执行

    [V,D]=eig(A);

6．evalin

功能：在工作空间中计算表达式的值。

格式：

  evalin(ws, 'expression')

  [X, Y, Z, …]=evalin(ws, 'expression')

  evalin(ws, 'try', 'catch')

说明：

evalin(ws, 'expression')可根据工作空间 ws 的内容计算表达式 expression，其中 ws 可以

取'base'和'caller'，分别表示基本工作空间和调用者指定的工作空间；[X, Y, Z, …]=evalin(ws, 'expression')可从计算中得到输出变量；evalin(ws, 'try', 'catch')可试着计算 try 表达式，如果失败，则转向计算 catch 表达式。

7. eval

功能：计算以字符串表示的 MATLAB 表达式。

格式：

  a=eval('expression')

  [a1,a2,a3, …]=eval('expression')

  eval(string, catchstring)

说明：

详细说明参见 7.7 节。

4.6.2 流程控制

1. if，else，elseif，end

功能：条件执行语句。

格式：

① if expression

    statements

  end

② if expression

    statements1

  else

    statements2

  end

③ if expression1

    statements1

  elseif expression2

    statements2

  end

④ if expression1

    statements1

  elseif expression2

    statements2

  else

    statements3

  end

说明：

if 是 MATLAB 中最常用的条件执行语句，它与 end 语句一起构成各种格式，上面给出了常见的四种格式。

最简单的是格式①，当 expression 的值为逻辑真或非零值时，执行语句组 statements。其中表达式 expression 通常是由关系操作符、逻辑运算符、算术运算符等构成的 MATLAB 表达式，statements 可以是多个 MATLAB 语句，当然还可以包括 if 等语句。

在格式②中，当 expression 为逻辑真或非零值时，执行 statements1，否则执行 statements2。

在格式③中，当 expression1 为逻辑真或非零值时，执行 statements1；否则再判定 expression2，当它为逻辑真或非零值时，执行 statements2，否则退出。

格式④与格式③类似，当 expression1 为逻辑真或非零值时，执行 statements1；当 expression1 为逻辑假或零值，且 expression2 为逻辑真或非零值时，执行 statements2；当 expression1 和 expression2 均为逻辑假或零值时，执行 statements3。

例如，输入

```
n=4;
for i=1:n
  for j=1:n
    if i==j
        a(i,j)=2;
    elseif min(i,j)
        a(i,j)=1;
    else
        a(i,j)=0;
    end
  end
end
disp('The matrix A is');disp(a)
```

执行后得

```
The matrix A is
    2    1    1    1
    1    2    1    1
    1    1    2    1
    1    1    1    2
```

2. for，end

功能：重复指定次的循环执行语句。

格式：

```
for variable=expression
    statements
end
```

说明：

每当变量variable取 expression 中的一个值时，就执行statements 一次，直到取完 expression

中的值。因此 expression 的常用形式为 xs: step: xe，其中 xs 为初值，xe 为终值，step 为步长，当 step=1 时可以省略。例如：

```
n=4; a=zeros(n,n)
for i=1:n
    for j=1:n
        a(i,j)=1/(i+j−1)
    end
end
disp(a);
```

执行后得到

1.0000	0.5000	0.3333	0.2500
0.5000	0.3333	0.2500	0.2000
0.3333	0.2500	0.2000	0.1667
0.2500	0.2000	0.1667	0.1429

3．while，end

功能：重复不定次的循环执行语句。

格式：

```
while expression
    statements
end
```

说明：

while 语句可不定次数地重复执行 statements。当 expression 为逻辑真或非零值时，就重复执行 statements。因此，expression 的值应该受到 statements 的影响，否则这种循环无法结束。例如：

```
a=150;
while a>0.1
    a=a/2;
end
```

4．switch，case，otherwise，end

功能：根据表达式的值，在几种情况之间切换。

格式：

```
switch switch_expr
    case case_expr
        statements
    case{case_expr1, case_expr2, case_expr3, …}
        statements
    …
    otherwise
```

```
        statements
    end
```

说明：

switch 函数可根据 switch_expr 的值分几种情况来执行，它是一种较为复杂的条件执行语句。

在一个 switch 语句中，必须以 end 语句结尾，其中可包含一个 otherwise 语句和多个 case 语句。当 switch_expr 与某一个 case 语句中的 case_expr 相符时(一般来说为 switch_expr==case_expr)，执行这个 case 语句之后的一组语句；当 switch_expr 与 case 语句中多个 case_expr 中的一个相符(如上面格式中的第二个 case 语句)，也执行其后的一组语句；如果 switch_expr 与所有 case 语句中的 case_expr 都不符合，则执行 otherwise 语句后的一组语句。从这也可以看出，每执行一次 switch 语句，只能执行其中的一组语句。

switch_expr 可以为标量，也可以是字符串。当 switch_expr 为标量时，switch_expr 与 case_expr 相符就意味着 switch_expr==case_expr；当 switch_expr 为字符串时，两者相符意味着 strcmp(switch_expr, case_expr)为逻辑真。例如，假设 method 中包含指定内插方法的字符串，则可有

```
switch lower(method)
        case 'linear','bilinear' , disp('Method is linear')
        case 'cub', disp('Method iscubic')
        case 'nearest', disp('Method is nearest')
        otherwise disp('Unknown method')
    end
```

5. break

功能：终止 for 或 while 循环。

格式：

```
    break
```

说明：

break 可终止 for 和 while 循环的执行，在嵌套循环中，break 只能从最内层循环中退出。例如：

```
while 1
        n=input('Enter n.It is quit when n<=0')
        if n<=0, break, end
        r=rank(magic(n))
    end
```

表示当输入为负值或零时从循环中退出。

6. return

功能：返回到引用函数。

格式：

```
    return
```

说明：

return 可正常地返回到引用函数，它也可以终止键盘控制模式。例如，在某 M 函数中，有一个函数

```
function d=det(A)
if isempty(A)
    d=1;
    return
else
    …
end
```

当执行 return 时表示终止 M 函数，返回到调用语句之后。

7．try，catch，end

功能：错误捕获块。

格式：

```
try
    statements1
catch
    statements2
end
```

说明：

通常情况下，只执行 statements1，但当在执行 statements1 语句发生错误时，会执行 statements2，这样可以在 statements2 中对错误作适当处理。

8．error

功能：显示出错信息。

格式：

```
error ('error_message')
```

说明：

详细说明参见 1.7 节。

9．warning

功能：显示警告信息。

格式：

```
warning('message')
warning on
warning off
warning backtrace
warning debug
warning once
[s, f]=warning
```

说明：

warning('message')可以像 disp 函数一样显示出'message'，但有一点不同，warning 显示的信息可以被抑制；warning off 可抑制显示警告信息；warning on 重新允许显示警告信息；arning backtrace 几乎等同于 warning on，只是它还可以显示出产生警告信息的文件及行号；warning debug 等同于 dbstop if warning，即当遇到警告信息时启动 debugger(调试器)；warning once 表示每次任务只显示一次兼容的操纵图形警告信息；[s, f]=warning 可得到当前的警告状态 s 和当前的警告频度 f。

4.6.3　交互输入

1．input
功能：请求用户输入。
格式：

    user_entry=input('prompt')
    user_entry=input('prompt', 's')

说明：

在 input 函数中可输入由当前工作空间的变量构成的 MATLAB 表达式。

user_entry=input('prompt')可在屏幕上显示提示信息 prompt，并等待用户的键盘输入，输入值在 user_entry 中返回；user_entry=input('prompt', 's')可输入文本字符串。

当直接按回车键时，得到一个空矩阵；在提示信息字符串中，'\n'表示换行，'\\'表示一个反斜杠'\'。例如，输入

    i=input('Do you want more? Y/N[Y]:','s')
    if   isempty(i)
        i='y'
    end

2．keyboard
功能：调用键盘程序。
格式：

    keyboard

说明：

keyboard 用于 M 文件中暂停文件的执行，并将控制权交给键盘，这时可检查或改变变量的值，也可以采用所有的 MATLAB 命令。这种键盘模式对调试 M 文件是很有用的。

为终止键盘模式，可以输入 return 命令。

3．menu
功能：为用户输入产生选择菜单。
格式：

    k=menu('mtitle', 'opt1', 'opt2', …, 'optn')

说明：

这一命令可显示出一个选择菜单，其中，'mtitle'为菜单标题，'opt1'，
'opt2'，…，'optn'为菜单选项，在 k 中可得到通过菜单输入的值。例如，
输入

>> k=menu('Choose a color','Red','Green','Blue')

则可显示如图 4.8 所示的选择菜单，从菜单中可选择一种颜色。

4．pause

功能：暂停执行。

格式：

图 4.8　选择菜单

pause	pause on
pause(n)	pause off

说明：

pause 可暂停程序的执行，按任意键可继续执行；pause(n)可暂停 n 秒；pause on 允许后续的 pause 命令有效；pause off 可使后续的 pause 命令无效。

4.6.4　程序调试

1．dbstop

功能：在 M 文件中设置断点。

格式：

dbstop at lineno in function

dbstop in function

dbstop if keyword

说明：

dbstop 命令可设置 MATLAB 的调试模式。dbstop 可在 M 文件的指定位置设置断点，或者在执行过程中发生错误或警告错误时打断程序的执行，指定的 dbstop 条件一旦满足，这时会显示 MATLAB 提示符，并允许用户执行任何 MATLAB 命令。

在 dbstop at lineno in function 格式中，function 为指定的 M 文件名，lineno 为文件中的行号，这一命令可在指定文件的指定行前设置断点；dbstop in function 可在指定 M 文件的第一个可执行语句之前设置断点。

dbstop if keyword 可在指定条件满足时中断程序的执行，keyword 可取 error、naninf、infnan 和 warning，其含义为

● dbstop if error：当 M 文件中发生运行错误时中止程序执行，这时不能采用 dbcont 指令恢复运行。

● dbstop if naninf：当 MATLAB 检测到非数值(NaN)或无穷大(Inf)时，中断程序执行。

● dbstop if infnan：等同于 dbstop if naninf。

● dbstop if warning：当 M 文件中发生运行警告信息时，中断程序执行。

不论采用哪一种 dbstop 命令格式，一旦发生中断程序执行，就会显示引起中断的行或错误原因。为恢复 M 文件函数的执行，可使用 dbcont 或 dbstep 命令。

一旦 M 文件经过修改，就会自动清除由 dbstop 前两种命令格式所设置的断点。

2．dbtype

功能：带行号列出 M 文件。

格式：

　　dbtype function

　　dbtype function start: end

说明：

dbtype function 可带行号列出指定的 M 文件，function 为指定的 M 文件名；dbtype function start: end 可列出指定 M 文件的从 start 行到 end 行的内容。

3．dbstatus

功能：列出所有的断点。

格式：

　　dbstatus

　　dbstatus function

　　s=dbstatus(…)

说明：

dbstatus 可列出所有的断点，包括由 error、warning 和 naninf 产生的断点；dbstatus function 可列出指定 M 文件(function 指定)中设置的所有断点。

s=dbstatus(…)可得到一个表示断点信息的 m×1 结构，其域包括

● name：函数名。

● line：断点行号向量。

● cond：条件字串(error, warning 或 naninf)。

4．dbclear

功能：清除断点。

格式：

　　dbclear　　　　　　　　　　　　　dbclear all

　　dbclear at lineno in function　　　　dbclear in function

　　dbclear all in function　　　　　　　dbclear if keyword

说明：

dbclear 可清除由 dbstop 命令设置的断点；dbclear at lineno in function 可清除指定 M 文件(由 function 指定)中的指定行(由 lineno 指定)上的断点；dbclear all in function 可清除指定 M 文件上的所有断点；dbclear all 可清除所有 M 文件上的所有断点(由 keyword 设置的断点除外)；dbclear in function 可清除在指定 M 文件第一个可执行语句之前设置的断点；dbclear if keyword 可清除由 dbstop if keyword 设置的断点，其中 keyword 可取 error、naninf、infnan 和 warning。

5．dbcont

功能：恢复执行。

格式：

　　　　dbcont

说明：

dbcont 可从 M 文件的断点处恢复执行，直到下一个断点，或遇到出错，或直到正常结束。

6．dbstep

功能：从断点处执行一行或多行语句。

格式：

　　　　dbstep

　　　　dbstep nlines

　　　　dbstep in

说明：

dbstep 可从 M 文件的断点处执行一行语句，它会跳过由这一行调用的 M 文件所设置的断点。dbstep nlines 可执行 nlines 行语句。dbstep in 可进入下一个可执行语句行，如果当前行为调用一个 M 文件，则 dbstep in 将进入到这一 M 文件，并停在第一个可执行语句行上，这一点与 dbstep 有所不同，dbstep 直接执行完这一 M 文件，并返回到原 M 文件；如果当前行为一般语句，则 dbstep in 等同于 dbstep。

7．dbup，dbdown

功能：改变局部工作空间。

格式：

　　　　dbup

　　　　dbdown

说明：

这两个函数可改变局部工作空间。每次调用函数时就生成一个局部工作空间，只有从这一函数中返回时，才会清除这一工作空间。因此，当中断于 M 文件的断点时，可能会存在多个局部工作空间，它们构成一个栈的结构，最顶部为基本的工作空间，最底部是当前的局部工作空间。dbup 可转到上一个工作空间，相反地，dbdown 可转到下一个工作空间。

应该注意，多次利用 dbup 或 dbdown 可进入所需的工作空间，从而检查变量的值。然而在执行 dbcont 和 dbstep 指令时，并没有必要转回到断点所在的工作空间。

8．dbstack

功能：显示函数调用栈。

格式：

　　　　dbstack

　　　　[SI, I]=dbstack

说明：

dbstack 可按执行次序列出导致当前断点的函数调用的行号和 M 文件名。

[SI, I]=dbstack 可得到表示栈轨迹信息的 m×l 结构 ST，其域包括

● name：函数名。

● line：函数行号。

从 I 中可得到当前工作空间编号。

9. dbquit

功能：退出调试模式。

格式：

    dbquit

说明：

dbquit 可立即终止调试器，返回到基本工作空间的提示符下。这里，M 文件尚未执行完毕，因此也得不到返回结果。

习　　题

1. 编写 M 函数实现：求一个数是否为素数，再编写一主程序(脚本文件)，要求通过键盘输入一个整数，然后判断其是否为素数。

2. 编写程序完成从表示字符的向量(每个单元表示一个字符的 ASCII 码)中删去空格，并求出字符个数。

3. 编写 M 函数统计十进制数值中"0"的个数，然后编写脚本文件，实现统计所有自然数 1～2006 中"0"的总个数。

4. 编写求解方程 $ax^2+bx+c=0$ 的根的函数，这里应根据 b^2-4ac 的不同取值分别处理，并输入几组典型值加以检验。

5. 编写程序计算($x \in [-3, 3]$，步长 0.01)

$$y = \begin{cases} (-x^2-4x-3)/2 & -3 \leqslant x < -1 \\ -x^2+1 & -1 \leqslant x < 1 \\ (-x^2+4x-3)/2 & 1 \leqslant x \leqslant 3 \end{cases}$$

并画出在[-3, 3]上的曲线。

6. 利用 menu 函数输入选择参数 ch。当 ch=1 时，产生[-10, 10]之间均匀分布的随机数；当 ch=2 时，产生[-5, 5]之间均匀分布的随机数；当 ch=3 时，产生[-1, 1]之间均匀分布的随机数；当 ch=4 时，产生均值为 0，方差为 1 的正态分布随机数。要求使用 switch 函数。

7. 编写程序设计良好的用户界面，完成输入全班学生某学期 6 门课程(任意指定)的成绩，并按学分 2、3、2、4、2.5、1 分别进行加权平均，计算出每个学生的加权平均

(即 $\bar{x} = \dfrac{1}{w}\sum\limits_{i=1}^{n} w_i x_i$，$x_i$ 为课程成绩，w_i 为相应的学分，$w = \sum\limits_{i=1}^{n} w_i$)。

8. 企业发放的奖金按个人完成的利润(I)提成。分段提成比例 K_I 为

$$K_I = \begin{cases} 10\% & I \leqslant 10 \text{ 万元} \\ 5\% & 10 < I \leqslant 20 \text{ 万元} \\ 2\% & 20 < I \leqslant 40 \text{ 万元} \\ 1\% & I > 40 \text{ 万元} \end{cases}$$

即如王某完成 25 万元利润时，个人可得

$$y = 10 \times 10\% + 10 \times 5\% + 5 \times 2\% \text{(万元)}$$

据此编写程序，求企业职工的奖金。

9. 有一分数序列

$$\frac{2}{1}, \frac{3}{2}, \frac{5}{3}, \frac{8}{5}, \frac{13}{8}, \frac{21}{13}, \cdots$$

求前 15 项的和。

10. 有 n 个人围成一圈，按序列编号。从第 1 个人开始报数，数到 m 时该人退出，并且下一个从 1 重新开始报数，求出出圈人的顺序(n>m，例如 n=20，m=7)。

第五章　MATLAB 基本应用领域

　　MATLAB 的应用领域非常广泛，从最基本的线性代数到应用广泛的信号处理、控制系统、通信系统，直到最新技术领域神经网络、模糊系统、小波理论等。本章主要介绍 MATLAB 在基本应用领域：线性代数、多项式与内插、数据分析与统计、泛函分析、常微分方程求解中的应用。5.6～5.9 节给出了 MATLAB 为这类应用提供的基本函数的详尽说明。

5.1　线 性 代 数

　　在第一章中已经对矩阵进行了简单的运算，这里我们介绍如何在 MATLAB 中方便地进行线性方程的求解、矩阵求逆、LU 分解、QR 分解、矩阵求幂、矩阵指数函数、求特征值及奇异值分解，这些都是线性代数中的重要内容，也是各个工程应用领域的基础。

5.1.1　MATLAB 中的矩阵

　　一般来说，矩阵和阵列经常互相交替使用，MATLAB 允许使用多维阵列，这里我们严格定义矩阵为二维实或复阵列，它表示一线性变换。定义在矩阵之上的线性代数已在许多技术领域得到应用，下面我们将详细介绍 MATLAB 中的矩阵。

　　矩阵的加、减、乘、除、转置运算是最基本的运算，它们应符合维数一致的要求，但标量可看做是任意维数的矩阵，例如，设 S 为标量，则下列运算都是合法的：

A+S

A*S

矩阵的数组运算是元素对元素的运算，例如：

a=[1 2 3;4 5 6;7 8 9];

b=[1 1 1;3 3 3;9 9 9];

c=a.*b

c =

1	2	3
12	15	18
63	72	81

5.1.2   矢量范数和矩阵范数

矢量 x 的 p 范数定义为

$$\| x \|_p = (\sum x_i^p)^{1/p}$$

当 p=2 时为常用的欧拉范数，一般 p 还可以取 1 和 ∞。这在 MATLAB 中可利用 norm(x, p) 函数实现，当 p 缺省时，p=2。例如：

        v=[2 0 −1];
        n=[norm(v,1),norm(v),norm(v,inf)]
        n =
              3.0000   2.2361   2.0000

矩阵 A 的 p 范数定义为

$$\| A \|_p = \max_x \frac{\| Ax \|_p}{\| x \|_p}$$

一般 p 取 1，2 和 ∞。这也可由 MATLAB 的 norm(A, p)函数计算，缺省时 p=2。例如：

        >> A=fix(10*rand(3,2))
        A =
              9   4
              2   8
              6   7
        >> N=[norm(A,1) norm(A) norm(A,inf)]
        N =
              19.0000   14.8015   13.0000

5.1.3   线性代数方程求解

一般线性方程可表示成

$$AX = B$$
$$XA = B$$

在 MATLAB 中，当矩阵 A 为方阵时，可很容易求出它的解：X=A\B 或 X=B/A。当矩阵 A 为非奇异时，线性方程的解惟一；当矩阵 A 为奇异时，线性方程的解要么不存在，要么不惟一。当矩阵 A 为(m×n)维矩阵，且 m>n 时，在方程 AX=B 中，方程个数多于变量个数，因此应采用最小二乘法来求解。例如，对一组测量数据

        t=[0   .3   .8   1.1   1.6   2.3]';
        y=[.82   .72   .63   .60   .55   .50]';

我们拟用延迟指数函数来拟合这组数据

$$y(t) \approx c_1 + c_2 e^{-t}$$

将测量数据代入后得到 6 个方程，而未知变量仅有 c_1、c_2 两个，因此应利用最小二乘原理来求解，并以图形形式给出拟合结果。MATLAB 程序如下：

```
t=[0 .3 .8 1.1 1.6 2.3]';
y=[.82 .72 .63 .60 .55 .50]';
A=[ones(size(t)) exp(−t)];
C=A\y
T=[0:.1:2.5]';
Y=[ones(size(T)) exp(−T)]*C;
plot(T,Y,'−',t,y,'o')
title( '最小二乘法曲线拟合' )
xlabel('\itt'), ylabel('\ity')
```

执行后得到解 C =[0.4760; 0.3413]，曲线拟合结果如图 5.1 所示。

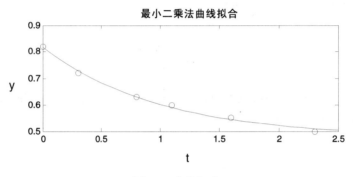

图 5.1　曲线拟合

5.1.4　矩阵求逆

det(A)函数可求得矩阵 A 的行列式值。inv(A)函数可求得矩阵 A 的逆矩阵。从理论上说，当 A 为方阵且非奇异时，X=inv(A)*B 等同于 X=A\B，但后者计算所需的时间更短、内存更少、误差检测特性更佳。

pinv(A)用于计算非方阵的伪逆，例如：

```
>> c=[9 4;2 8;6 7];
x=pinv(c)
x =
      0.1159    −0.0729    0.0171
     −0.0534     0.1152    0.0418
```

可使 x*c 为单位阵，即

```
>> q=x*c
q =
     1.0000    0.0000
     0.0000    1.0000
```

但应注意 c*x 并非单位阵，即

```
>> p=c*x
```

p =

0.8293	−0.1958	0.3213
−0.1958	0.7754	0.3685
0.3213	0.3685	0.3952

5.1.5　LU、QR 分解

通过高斯对消或 LU 分解法，可将任意方阵表示成一个下三角阵与一个上三角阵的乘积，即 A=LU，例如：

```
>> A=[1 2 3;4 5 6;4 2 6];
[L,U]=lu(A)
L =
    0.2500   −0.2500    1.0000
    1.0000        0         0
    1.0000    1.0000        0
U =
    4.0000    5.0000    6.0000
        0    −3.0000        0
        0         0     1.5000
```

通过 LU 分解后，可很容易得到

det(A)=det(L)×det(U)

inv(A)=inv(U)×inv(L)

求解线性方程 Ax=b 时，可得到

x=U\(L\b)

这种方法的运算速度更快。

正交矩阵或具有正交列的矩阵，其所有列的长度为 1，且与其它列正交。如果 Q 为正交矩阵，则有

Q'Q=I

通过正交或 QR 分解，可将任意二维矩阵分解成一个正交阵和一个上三角阵的乘积，即 A=QR，例如：

```
>> A=[9 4;2 8;6 7];
[Q R]=qr(A)
Q =
   −0.8182    0.3999   −0.4131
   −0.1818   −0.8616   −0.4739
   −0.5455   −0.3126    0.7777
R =
  −11.0000   −8.5455
        0    −7.4817
        0         0
```

5.1.6　矩阵求幂和矩阵指数

利用 MATLAB 对矩阵求幂可以很容易地得到结果，例如，A^2、B^3 可输入

　　A^2　　　　　B^3

元素对元素的求幂，可输入

　　A.^2　　　　　B.^3

函数 sqrtm(A)可求出 $\sqrt{A}$ 。函数 expm(A)可计算出矩阵 A 的指数，即 e^A。这些函数对求解微分方程是很有用的。例如，要求解微分方程

$$\dot{x} = Ax$$

其解为

$$x(t)=e^{tA}x(0)$$

因此可输入

```
A=[0 -6 -1; 6 2 -16; -5 20 -10];
x0=[1;1;1];
X=[];
for t=0:.01:1
    X=[X expm(t*A)*x0];
end
plot3(X(1,:),X(2,:),X(3,:),'-o')
grid on
```

这样可在三维空间上绘制出状态轨迹，如图 5.2 所示。

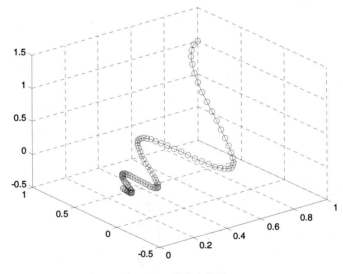

图 5.2　三维状态轨迹

5.1.7　特征值

矩阵 A 的特征值 λ 和特征矢量 v，满足

$$Av = \lambda v$$

如果以特征值构成对角阵 Λ，相应的特征矢量作为列构成矩阵 V，则有

$$AV = V\Lambda$$

如果 V 为非奇异，则上式就变成了特征值分解：

$$A = V\Lambda V^{-1}$$

利用 eig(A)函数可求出矩阵 A 的特征值，也可以得到特征值分解。例如：

```
>> A=[0 −6 −1; 6 2 −16; −5 20 −10];
lambda=eig(A)
lambda =
        −3.0710
        −2.4645 +17.6008i
        −2.4645 −17.6008i
>> [V,D]=eig(A)
V =
    −0.8326          0.2003−0.1394i        0.2003 + 0.1394i
    −0.3553         −0.2110−0.6447i       −0.2110 + 0.6447i
    −0.4248         −0.6930               −0.6930
D =
    −3.0710          0                     0
     0              −2.4645 +17.6008i      0
     0               0                    −2.4645 −17.6008i
```

5.1.8　奇异值分解

矩阵 A 的奇异值 σ 和相应的一对奇异矢量 u，v 满足

$$Av = \sigma u$$
$$A^T u = \sigma v$$

同样利用奇异值构成对角阵 Σ，相应的奇异矢量作为列构成两个正交阵 U、V，则有

$$AV = U\Sigma$$
$$A^T U = V\Sigma$$

由于 U 和 V 正交，因此可得到奇异值分解

$$A = U\Sigma V^T$$

例如：

```
>> A=[9 4;6 8;2 7];
[U,S,V]=svd(A)
U =
        −0.6105        0.7174        0.3355
        −0.6646       −0.2336       −0.7098
        −0.4308       −0.6563        0.6194
```

```
S =
      14.9359            0
            0       5.1883
            0            0
V =
      -0.6925      0.7214
      -0.7214     -0.6925
```

5.2　多项式与内插

MATLAB 提供了对多项式进行各种操作的函数，如 roots，poly，polyval，polyvalm，residue，polyfit，polyder，conv，deconv 等，它们使对多项式的操作变得便捷、迅速。

5.2.1　多项式表示

在 MATLAB 中，多项式可用行矢量表示，其元素按幂指数降序排列，例如：

$$p(x) = x^3 - 2x - 5$$

可表示成

```
p=[1   0   -2   -5];
```

5.2.2　多项式的根

为求得多项式的根，即 p(x)=0 的解，可利用 roots 函数

```
>> p=[1   0   -2   -5];
r=roots(p)
r =
      2.0946
     -1.0473 + 1.1359i
     -1.0473 - 1.1359i
```

利用 poly 函数可从多项式的根中恢复出多项式

```
>> p2=poly(r)
p2 =
      1.0000            0    -2.0000    -5.0000
```

5.2.3　特征多项式

poly 函数还可以用于计算矩阵的特征多项式系数

```
>> A=[ 1 2 -1;3 4 5; -1 9 2];
>> poly(A)
```

```
ans =
      1.0000   −7.0000   −38.0000   90.0000
```

5.2.4　多项式计算

polyval 函数可计算出多项式在指定点处的值，例如：

```
>> y1=polyval(p,4)
y1 =
      51
```

5.2.5　卷积和去卷积

多项式的乘和除对应于卷积和去卷积操作，这可由函数 conv 和 deconv 实现。例如，$a(s)=s^2+2s+3$，$b(s)=4s^2+5s+6$，则求 $c(s)=a(s)*b(s)$ 时可输入

```
>> a=[1 2 3];
b=[4 5 6];
c=conv(a,b)
c =
      4     13    28    27    18
```

通过多项式除法，可以得到 $c(s)/b(s)=q(s)+r(s)/b(s)$，这可由 deconv 函数求出

```
>> [q,r]=deconv(c, b)
q =
      1     2     3
r =
      0     0     0     0     0
```

5.2.6　多项式求导

polyder 函数可用于求出单个多项式的导数，也可用于求两个多项式之积或之比的导数，这可由下列示例说明：

```
>> p=[1 0 −2 −5];
>> q=polyder(p)
q =
      3      0     −2
>> a=[1 3 5];b=[2 4 6];
>>c=polyder(a,b)
c =
      8     30    56    38
>> [q,r]=polyder(a,b)
q =
     −2     −8     −2
```

r =

    4   16   40   48   36

最后求出了 q(s)/r(s) 为 a(s)/b(s) 的导数。

5.2.7 多项式曲线拟合

polyfit 函数可在最小二乘意义下找出一个多项式来拟合给定的一组数据。其调用格式为

    p=polyfit(x,y,n)

其中，x, y 为给定的数据，n 为多项式阶次。例如，用三阶多项式来拟合下列数据

    x=[1 2 3 4 5];

    y=[5.5 43.1 128 290.7 498.4];

    p=polyfit(x,y,3);

    x2=1:.1:5;

    y2=polyval(p,x2);

    figure(1)

    plot(x,y,'o',x2,y2)

    grid on

    title('多项式曲线拟合')

多项式曲线拟合结果如图 5.3 所示。

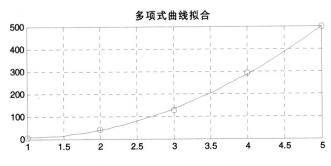

图 5.3 多项式曲线拟合结果

5.2.8 部分分式展开

residue 函数可将有理多项式进行部分分式展开

$$\frac{b(s)}{a(s)} = \frac{r_1}{s-p_1} + \frac{r_2}{s-p_2} + \cdots + \frac{r_n}{s-p_n} + k_s$$

其调用格式为

    [r, p, k]=residue(b, a)

residue 函数还可将部分分式形式的多项式还原成有理多项式，其调用格式为

    [b, a]=residue(r, p, k)

5.2.9　一维内插

MATLAB 还提供了内插功能函数。内插可用于确定给定点之间任意点上的值，这在曲线拟合和信号、图像处理中具有重要作用。

MATLAB 中提供了两类一维内插：多项式内插和基于 FFT 的内插。

1．多项式内插

interpl 函数可完成一维内插，其调用格式为

　　　　yi=interp1(x, y, xi, method)

其中，x，y 为给定的数据对；xi 为要内插的点矢量；method 用于指定内插方法，可取

● nearest (最邻近内插)：将内插点设置成最接近于已有数据点的值。

● 1inear (线性内插)：连接已有数据点作线性逼近。这是 interpl 函数的缺省设置。

● spline (三次样条内插)：利用一系列样条函数获得内插数据点，从而确定已有数据点之间的函数。

● cubic(三次曲线内插)：通过 y 拟合三次曲线函数，从而确定内插点的值。

以上这四种方法都要求 x 中的数据为单调，每种方法不要求 x 为均匀间隔，但如果 x 已经为均匀间隔，则在 method 之前加上"＊"，可使执行速度加快。

这四种方法对执行速度、内存要求及得到的平滑度是不同的。总的来说，按 nearest、linear、cubic、spline 顺序，内存要求从小到大，执行速度由快到慢，平滑度由差到好。

2．基于 FFT 的内插

interpft 完成基于 FFT 的一维内插，其调用格式为

　　　　y=interpft(x, n)

其中，x 中包含等间隔取样的周期函数值，n 为要求得到的点数。

5.2.10　二维内插

interp2 函数用于完成二维内插，其调用格式为

　　　　Z1=interp2(X, Y, Z, XI, YI, method)

其中，method 用于指定内插方法，可取 nearest (最邻近内插)、bilinear (双线性内插)、spline (三次样条内插)、bicubic(二维三次曲线内插)。

下面为说明各种内插方法的效果，先产生一个 7×7 的数据矩阵，然后采用这三种方法进行内插，最后比较得到的结果。MATLAB 程序为

```
%产生低分辨率峰值函数
[x,y]=meshgrid(-3:1:3);
z=peaks(x,y);
%定义内插点
[xi,yi]=meshgrid(-3:.25:3);
%利用三种方法进行内插
```

```
zi1=interp2(x,y,z,xi,yi,'nearest');
zi2=interp2(x,y,z,xi,yi,'bilinear');
zi3=interp2(x,y,z,xi,yi,'bicubic');
%绘出曲面图进行比较
figure(1)
subplot(2,2,1)
surf(x,y,z),title('原始数据曲线')
subplot(2,2,2)
surf(xi,yi,zi1),title('最邻近内插')
subplot(2,2,3)
surf(xi,yi,zi2),title('双线性内插')
subplot(2,2,4)
surf(xi,yi,zi3),title('二维三次曲线内插')
%绘制轮廓图进行比较
figure(2)
subplot(2,2,1)
contour(x,y,z),title('原始数据曲线')
subplot(2,2,2)
contour(xi,yi,zi1),title('最邻近内插')
subplot(2,2,3)
contour(xi,yi,zi2),title('双线性内插')
subplot(2,2,4)
contour(xi,yi,zi3),title('二维三次曲线内插')
```

结果如图 5.4 和图 5.5 所示。

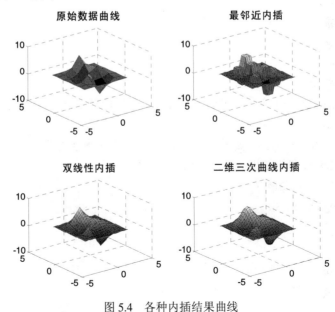

图 5.4　各种内插结果曲线

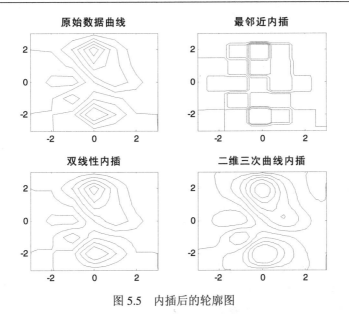

图 5.5　内插后的轮廓图

5.3　数据分析与统计

MATLAB 提供的很多数据分析与统计函数都是面向列的，即矩阵中的每一列代表一个变量的多个观测值，其列数对应于变量数，行数对应于测量点数。

max 和 min 函数可求出数据的最大值和最小值，mean 和 std 函数可求出数据的均值和标准差，sum 和 prod 函数可求出数据元素和与数据元素积。例如，对 MATLAB 内含的某城市 24 小时的车流量数据 count.dat 可作分析

```
>> load count.dat
mx=max(count)
mx =
     114    145    257
>> mu=mean(count)
mu =
     32.0000    46.5417    65.5833
>> sigma=std(count)
sigma =
        25.3703    41.4057    68.0281
```

对有些函数还可给出位置，例如，在求出最小值的同时，可得到最小值所在的位置(行号)：

```
>> [mx,indx]=min(count)
mx =
      7     9     7
indx =
      2    23    24
```

5.3.1 协方差和相关系数

cov 函数可以求出单个变量的协方差，corrcoef 函数可求出两个变量之间的相关系数，例如：

```
>> cv=cov(count)
cv =
    1.0e+003 *
        0.6437    0.9802    1.6567
        0.9802    1.7144    2.6908
        1.6567    2.6908    4.6278
>> cr=corrcoef(count)
cr =
    1.0000    0.9331    0.9599
    0.9331    1.0000    0.9553
    0.9599    0.9553    1.0000
```

5.3.2 数据预处理

在 MATLAB 中遇到超出范围的数据时均用 NaN (非数值) 表示，而且在任何运算中，只要包含 NaN，就将它传递到结果中，因此在对数据进行分析前，应对数据中出现的 NaN 作剔除处理。例如：

```
>> a=[1 2 3;5 NaN 8;7 4 2];
>> sum(a)
ans =
    13    NaN    13
```

在矢量 x 中删除 NaN 元素，可有下列四种方法：

(1) i=find(~isnan(x))；x=x(i)。

(2) x=x(find(~isnan(x)))。

(3) x=x(~isnan(x))。

(4) x(isnan(x))=[ ]。

在矩阵 X 中删除 NaN 所在的行，可输入

```
X(any(isnan(X)'),：)=[ ];
```

经过这种预处理后的数据，可进行各种分析和统计操作。

5.3.3 回归和曲线拟合

对给定的数据进行拟合，可采用多项式回归，也可采用其它信号形式的回归，其基本原理是最小二乘法，这一功能实现在 MATLAB 中显得轻而易举。

例 1 设通过测量得到一组时间 t 与变量 y 的数据

```
t=[0 .3 .8 1.1 1.6 2.3];
y=[0.5 0.82 1.14 1.25 1.35 1.40];
```

分别采用多项式

$$y = a_0 + a_1t + a_2t^2$$

和指数函数

$$y = b_1 + b_1e^{-t} + b_2te^{-t}$$

进行回归，可得到两种不同的结果。MATLAB 程序为

```
>> t=[0 .3 .8 1.1 1.6 2.3]';
y=[.5 .82 1.14 1.25 1.35 1.40]';
X1=[ones(size(t)) t t.^2];
a=X1\y;
X2=[ones(size(t)) exp(–t) t.*exp(–t)];
b=X2\y;
T=[0:.1:2.5]';
Y1=[ones(size(T)) T T.^2]*a;
Y2=[ones(size(T)) exp(–T) T.*exp(–T)]*b;
figure(1)
subplot(1,2,1)
plot(T,Y1,'–',t,y,'o'),grid on
title('多项式回归')
subplot(1,2,2)
plot(T,Y2,'–',t,y,'o'),grid on
title('指数函数回归')
```

曲线拟合结果如图 5.6 所示。

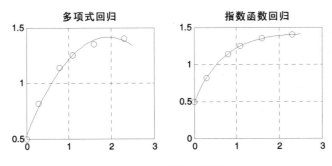

图 5.6 曲线拟合结果

例 2 已知变量 y 与 x1、x2 有关，测得一组数据为

```
x1=[.2   .5   .6   .8   1.0   1.1 ]';
x2=[.1   .3   .4   .9   1.1   1.4 ]';
y=[.17   .26   .28   .23   .27   .24]';
```

采用 $y = a_0 + a_1x_1 + a_2x_2$ 来拟合，则有

```
>> x1=[.2 .5 .6 .8 1.0 1.1]';
>> x2=[.1 .3 .4 .9 1.1 1.4]';
>> y=[.17 .26 .28 .23 .27 .24]';
>> X=[ones(size(x1)) x1 x2];
>> a=X\y
a =
     0.1018
     0.4844
    −0.2847
```

因此数据的拟合模型为

$$y=0.1018+0.4844x1−0.2487x2$$

5.3.4　滤波

以 z 域传递函数 $H(z)=\dfrac{a(z)}{b(z)}$ 表示的系统，其差分方程为

$$a(1)y(n)+a(2)y(n−1)+\cdots+a(n_a)y(n−n_a+1)=b(1)x(n)+b(2)x(n−1)+\cdots+b(n_b)x(n−n_b+1)$$

它实际上可表示成一个滤波器。在 MATLAB 中很容易用 filter 函数实现，即

```
y=filter(b, a, x)
```

例如，对 count 数据中的第一列进行滤波，其滤波器设为

$$y(n)=\frac{1}{4}x(n)+\frac{1}{4}x(n−1)+\frac{1}{4}x(n−2)+\frac{1}{4}x(n−3)$$

这实际上就等效于 4 个小时的平均值。

```
>> a=1;
b=[1/4 1/4 1/4 1/4];
load count.dat
x=count(:,1);
y=filter(b,a,x);
t=1:length(x);
plot(t,x,'−.',t,y,'−'), grid on
legend('原始数据','平滑数据',2)
```

执行结果如图 5.7 所示。

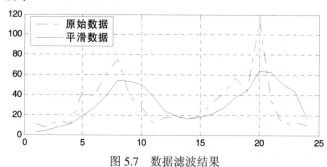

图 5.7　数据滤波结果

5.3.5　傅里叶分析与 FFT

利用 MATLAB 提供的 FFT 函数可方便地计算出信号的傅里叶变换，从而在频域上对信号进行分析。

例 1　混合频率信号成分分析。有一信号 x 由三种不同频率的正弦信号混合而成，通过得到信号的 DFT，确定出信号的频率及其强度关系，MATLAB 程序为

```
>> t=0:1/119:1;
x=5*sin(2*pi*20*t)+3*sin(2*pi*30*t)+sin(2*pi*45*t);
y=fft(x);
m=abs(y);
f=(0:length(y) –1)'*119/length(y);
figure(1)
subplot(2,1,1),plot(t,x),grid on
title('多频率混合信号')
ylabel('Input \itx'),xlabel('Time ')
subplot(2,1,2),plot(f,m)
ylabel('Abs. Magnitude'),grid on
xlabel('Frequency (Hertz)')
```

执行后得到如图 5.8 所示的结果曲线。从图中可以看出，混合信号为 f=20，30，45 Hz，且强度由强到弱变化。

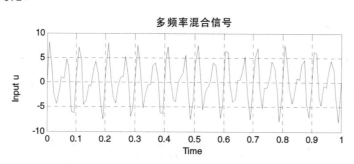

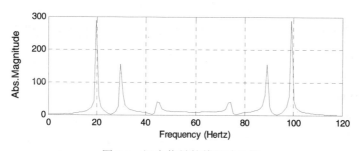

图 5.8　混合信号的傅里叶分析

例 2　信号在传输过程中，由于受信道或环境影响，在接收端得到的是噪声环境下的信号。我们利用 FFT 函数对这一信号进行傅里叶分析，从而确定信号的频率，MATLAB 程序为

```
>> t=0:1/199:1;
x=sin(2*pi*50*t)+1.2*randn(size(t));          %噪声中的信号
y=fft(x);
m=abs(y);
f=(0:length(y) −1)'*199/length(y);
figure(1)
subplot(2,1,1),plot(t,x),grid on
title('信号检测')
ylabel('Input \itx'),xlabel('Time ')
subplot(2,1,2),plot(f,m)
ylabel('Abs. Magnitude'),grid on
xlabel('Frequency (Hertz)')
```

执行后得到如图 5.9 所示的结果曲线。从图中可以看出，信号频率 f=50 Hz。

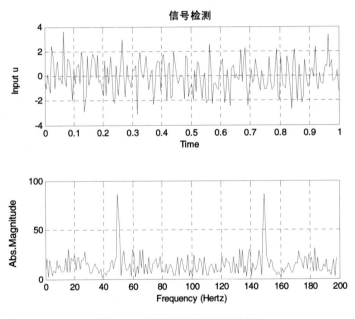

图 5.9　噪声环境下信号的检测

例 3　天文学家记录了 300 年来太阳黑子的活动情况，我们对这组数据进行傅里叶分析，从而得出太阳黑子的活动周期。MATLAB 程序为

```
>> load sunspot.dat
year=sunspot(:,1);
wolfer=sunspot(:,2);
figure(1)
subplot(2,1,1)
plot(year,wolfer)
title('原始数据')
```

```
Y=fft(wolfer);
N=length(Y);
Y(1)=[];
power=abs(Y(1:N/2)).^2;
nyquist=1/2;
freq=(1:N/2)/(N/2)*nyquist;
%plot(freq,power), grid on
period=1./freq;
subplot(2,1,2)
plot(period,power)
title('功率谱'), grid on
axis([0 40 0 2e7])
```

执行后得到如图 5.10 所示的结果曲线，从图中可以清楚地看出，太阳黑子的活动周期为11 年。

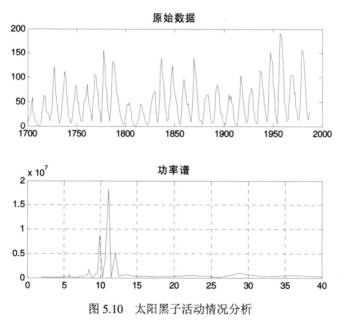

图 5.10　太阳黑子活动情况分析

5.4　泛　函　分　析

MATLAB 提供了一些可对函数进行操作的函数，称之为泛函，如找出函数在区间上的极小值、求函数零点值、计算函数积分等，这些都属于泛函。

5.4.1　数学函数在 MATLAB 中的表示

在 MATLAB 中，数学函数可用 M 文件表示，例如，函数

$$f(x) = \frac{1}{(x-0.3)^2 + 0.01} + \frac{1}{(x-0.9)^2 + 0.04} - 6$$

在 MATLAB 中可表示成 humps.m：

```
function y=humps(x)
y=1./((x−0.3).^2+0.01)+1./((x−0.9).^2+0.04) −6;
```

这样，humps 可用作某些函数的输入变量，从而构成泛函的计算。

5.4.2　数学函数的绘图

fplot 函数可绘制出指定函数的图形，它可以指定函数自变量和函数值的范围，还可在同一张图上绘制出多个图形。例如，下面程序段执行后，可得到如图 5.11 所示的曲线。

```
figure(1)
subplot(2,2,1),fplot('humps',[ −5,5]),grid on
subplot(2,2,2),fplot('humps',[ −5,5 −10 25]),grid on
subplot(2,2,3),fplot('5*sin(x)',[ −1,1]),grid on
subplot(2,2,4),fplot('[5*sin(x),humps(x)]',[ −1,1]),grid on
```

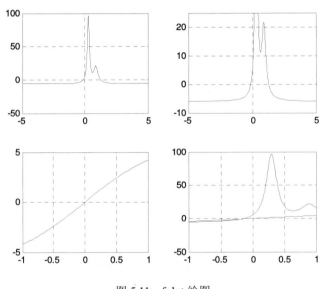

图 5.11　fplot 绘图

5.4.3　函数极小值点和零值点

fminbnd 函数用于求出指定单变量函数在特定区间上的极小值点，fminsearch 函数用于求出多变量函数的极小值点，fzero 函数可求出指定函数在特定区间上的零值点。例如，要求出函数 humps 在[0.3,1]区间上的极小值点，可输入

```
>> x=fminbnd('humps',0.3,1)
x =
    0.6370
```

说明函数 humps 在[0.3, 1]有一极小值，这时 x=0.6370，函数极小值可由下式计算

> humps(x)

ans =

11.2528

从图 5.11 中可以看出，函数 humps 在[−1, 0]区间上有一个零值点，这时可用两种方式来得到

> a=fzero('humps', −0.2)

a =

−0.1316

或　　　　　> a=fzero('humps', [−1 0])

a =

−0.1316

这说明在 x=−0.1316 处，humps(x)为 0，这可由下式验算:

> humps(a)

ans =

0

5.4.4　数值积分

quad 和 quadl 函数可以求出指定函数在指定区间上的积分。例如, q1=quad('humps', 0, 1)可求出 humps 函数在[0, 1]上的积分值。当然采用 quadl 函数可得到相同的结果，只是采用的积分算法有所不同。

dblquad 函数可以计算函数的二重积分，例如，要计算

$$q_2 = \int_{y_1}^{y_2} \int_{x_1}^{x_2} f(x, y) dx\, dy$$

可简单地输入

q2=dlquad('f(x, y)', x1, x2, y1, y2)

另外，triplequad 函数可以计算函数的三重积分。

例 1　计算函数 $y=e^{-x}+x^2$ 在[0, 1]区间上的积分。

在 MATLAB 中可直接输入

y=quad('exp(−x)+x.^2',0,1)

也可以先建立函数文件

function y=example(x)

y=exp(−x)+x.^2;

然后采用

y=quad('example', 0, 1)

执行结果为

y =

0.9655

例 2　在平面上的轨迹为

$$\begin{cases} x = \sin(2t) \\ y = \cos(t) \end{cases}$$

求当 t∈[0, 3π]时曲线的长度。

由弧长计算公式知，曲线长度为参数方程导数之范数的积分，即

$$L = \int_0^{3\pi} \sqrt{4\cos^2(2t) + \sin^2 t + 1}\, dt$$

因此，首先建立函数

```
function f=hcurve(t)
f=sqrt(4*cos(2*t).^2+sin(t).^2+1);
```

然后计算积分值

```
>> L=quad('hcurve',0,3*pi)
L =
    17.2220
```

说明这一曲线长度为 17.2。

例 3　计算二重积分

$$S = \int_\pi^\pi \int_\pi^{2\pi} (y \sin x + x \cos y)\, dx\, dy$$

在 MATLAB 中很容易计算出这种二重积分，先建立一个函数

```
function f=integrnd(x,y)
f=y*sin(x)+x*cos(y)
```

然后输入

```
>> s=dblquad('integrnd',pi,2*pi,0,pi)
s =
    -9.8696
```

5.5　常微分方程求解

MATLAB 为求常数微分方程提供了几个函数：ode45 可用于求解一般的常微分方程，它采用四阶、五阶龙格—库塔法；ode23 也可用于求解一般的常微分方程，只是它采用了二阶、三阶龙格—库塔法；ode113 采用变阶的 Adams_Bashforth_Moulton PECE 方法，它有时比前两种方法更有效；ode15s 可用于求解陡峭的微分方程(即在某些点上具有很大的导数值)，它采用变阶的方法；ode23s 也可用于求解陡峭的微分方程，它采用低阶的方法。当采用前三种方法得不到满意的结果时，可试着采用后两种方法。但应该注意，求解微分方程本身是一件非常困难的事，采用上述函数不一定能得到很好的解。

5.5.1　微分方程求解过程

下面给出求解微分方程的步骤。

(1) 将常微分方程变换成一阶微分方程组，即表示成右函数形式。这是利用龙格—库塔法求解微分方程的前提。例如，微分方程

$$y^{(n)} = f(t, y, \dot{y}, \cdots, y^{(n-1)})$$

若令 $y_1 = y, y_2 = \dot{y}, \cdots, y_n = y^{(n-1)}$，则可得到一阶微分方程组

$$\begin{cases} \dot{y}_1 = y_2 \\ \dot{y}_2 = y_3 \\ \qquad \vdots \\ \dot{y}_n = f(t, y_1, y_2, \cdots, y_n) \end{cases}$$

相应地，可确定出初值 $y_1(0), y_2(0), \cdots, y_n(0)$。

(2) 将一阶微分方程组编写成 M 文件，形成一个函数，设为 funf(t, y)。

```
function dy=funf(t, y)
dy=[y(2); y(3); ···, f(t, y(1), y(2), ···, y(n–1))];
```

注意，实际程序编写时不能用省略号代替，应根据系统方程书写；有时虽然在方程中并不出现 t，但为了方便 ode45 等函数调用，必须将 t 用作为自变量。

(3) 利用 MATLAB 提供的函数求解微分方程

```
[T, Y]=solver('funf', tspan, y0)
```

其中，solver 可取如 ode45、ode23 等函数名，funf 为一阶微分方程组编写的 M 文件名，tspan 为时间矢量，它可取两种形式：① 当 tspan=[t_0　t_f]时，可计算出从 t_0 到 t_f 的微分方程的解；② 当 tspan=[t_0, t_1, t_2, $\cdots$, t_m]时，可计算出这些时间点上微分方程的解。y_0 为微分方程的初值。输出变量 Y 记录了微分方程的解，T 包含着相应的时间点。

5.5.2　微分方程求解示例

例 1　列车以 20 m/s 的速度行驶，当制动列车时可获得 – 0.4 m/s^2 的加速度，求使列车停下的制动时间及制动期间列车滑行路程。

根据运动学原理，可很容易地得到下列微分方程(设 s 表示制动时列车滑行的路程，v 表示列车滑行速度)：

$$\ddot{s} = 0.4$$

由此可得到

$$\begin{cases} \dot{s} = v \\ \dot{v} = -0.4 \end{cases}$$

根据题意得初始条件 s(0)=0，v(0)=20。下面首先编写出 ODE(常微分方程)文件

```
function dy=diffequat1(t,y)
dy=[y(2); –0.4];
```

然后编写出程序

```
X0=[0;20];
```

```
%tspan=[0,55];
tspan=[0:48,49:0.01:51];
[T,X]=ode45('diffequat1',tspan,X0);
figure(1)
subplot(2,1,1),plot(T,X(:,1),'r'),title('列车滑动路程'),grid on
subplot(2,1,2),plot(T,X(:,2),'k'),title('列车运行速度'),grid on
N=find(X(:,2)<=0);
t=T(N(1)),s=X(N(1),1),v=X(N(1),2)
t =
    50.0100
s =
    500.0000
v =
    -0.0040
```

当采用 tspan=[0, 55]时可以初步确定出制动时间为 50 s 左右，据此可以在 t=50 s 附近增加采样点，这样可以更精确地确定出制动时间为 t=50.01 s，列车滑行路程 s=500 m，同时得到的列车滑行路程和速度曲线如图 5.12 所示。

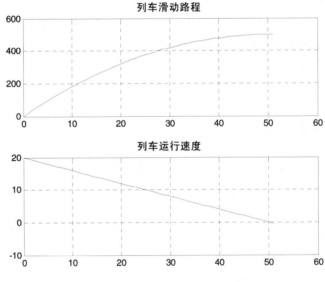

图 5.12　列车滑动路程和速度曲线

例 2　设有一微分方程组

$$\begin{cases} \dot{x}_1(t) = x_2(t) + \cos(t) \\ \dot{x}_2(t) = \sin(2t) \end{cases}$$

已知当 t=0 时，$x_1(0)=0.5$，$x_2(0)=-0.5$，求微分方程在 t∈[0, 50]上的解，并画出 x_1-x_2 的轨迹。

解　首先根据系统方程写出 ODE 文件

```
function dy=diffequat2(t,y)
dy=[y(2)+cos(t); sin(2*t)];
```

然后编写出求解该微分方程的 MATLAB 程序

```
X0=[0.5; −0.5];
tspan=[0,50];
[T,X]=ode45('diffequat2',tspan,X0);
figure(1)
subplot(2,1,1),plot(T,X(:,1),'r'),title('x_{1}'),grid on
subplot(2,1,2),plot(T,X(:,2),'k'),title('x_{2}'),grid on
figure(2)
plot(X(:,1),X(:,2)),title('系统轨迹'),grid on
xlabel('x_{1}'),ylabel('x_{2}')
```

程序执行后可得到如图 5.13 和图 5.14 所示的曲线, 图 5.13 给出了系统各个状态的时间响应, 图 5.14 表示系统状态(x_1, x_2)的轨迹。

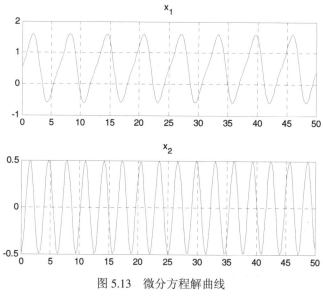

图 5.13　微分方程解曲线

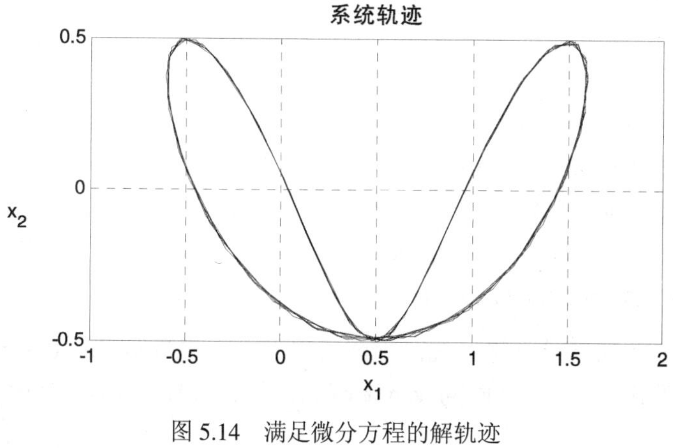

图 5.14　满足微分方程的解轨迹

例 3　求解 Van der Pol(范德堡)方程

$$\ddot{y} - \mu(1 - y^2)\dot{y} + y = 0$$

其中，μ>0 为标量。

解　为求解 Van der Pol 方程，先设变量

$$x_1 = y, \quad x_2 = \dot{y}$$

则有

$$\begin{cases} \dot{x}_1 = x_2 \\ \dot{x}_2 = \mu(1 - x_1^2)x_2 - x_1 \end{cases}$$

根据这一方程可写出 ODE 文件

```
function dy=vdpl(t,y)
global mu
dy=[y(2) ; mu*(1-y(1)^2)*y(2) -y(1)] ;
```

其中，mu 代替方程中的标量 μ，这里采用全局变量使之成为一个可变的量，这时在调用 ode45 等函数求解微分方程之前，应以全局变量方式给它赋值。

下面分别对 μ=1 和 μ=1000 时的微分方程进行求解。经过 MATLAB 编程不难发现，当 μ=1000 时，Van der Por 方程为陡峭的微分方程，不能由 ode45 函数求解，因此应该改用 ode15s 函数求解。其 MATBAL 程序为

```
global mu
mu=1;
X0=[2;0];
tspan=[0,20];
[T,Y]=ode45('vdpl',tspan,X0);
figure(1), subplot(2,1,1)
plot(T,Y(:,1),'-',T,Y(:,2),'--')
title('范德堡方程的解, \mu=1'),grid on
ylabel('Soution x_{1} and x_{2}')
legend('x_{1}','x_{2}')
mu=1000;
tspan=[0,3000];
[T,YY]=ode15s('vdpl',tspan,X0);
subplot(2,1,2), plot(T,YY(:,1))
title('范德堡方程的解, \mu=1000'),grid on
xlabel('时间 t'),ylabel('Soution x_{1}')
```

运行后得到如图 5.15 所示的结果曲线，上图给出了 μ=1 时 Van der Pol 方程的两个状态 x_1 和 x_2 曲线，下图给出了 μ=1000 时的 Van der Pol 方程的 x_1(即 y)的结果曲线。

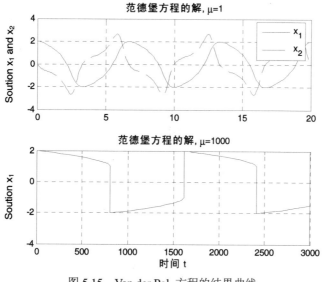

图 5.15 Van der Pol 方程的结果曲线

5.6 线性代数函数

MATLAB 的基本系统提供了有关线性代数的许多函数，它们也称为矩阵函数，表 5.1 列出了这一类函数的简要列表，其后详细介绍其用法。

表 5.1 线性代数函数(矩阵函数)

矩阵分析	
det	求矩阵行列式值
null	空矩阵
orth	矩阵的度量空间
rank	求矩阵的秩
norm	求向量或矩阵范数
normest	估计 2 范数
trace	求矩阵对角元素之和
cond	求对应于矩阵求逆运算的条件数
condeig	求对应于矩阵特征值的条件数
condest	估计 1 范数条件数
rcond	估计矩阵条件数倒数
rref, rrefmovie	缩减行并成梯形形式
subspace	求两个子空间之间的夹角
线性方程	
\或/	线性方程求解
inv	矩阵求逆
pinv	求矩阵伪逆
lu	矩阵的 LU 分解
qr	矩阵的 QR(正交三角)分解
chol	矩阵的 Cholesky 分解
lscov	协方差已知时的最小二乘求解
lsqnonneg	求非负最小二乘
linsolve	求解线性系统方程

特征值和奇异值	
eig	求特征值和特征向量
eigs	求稀疏矩阵的最大特征值及其特征向量
ordeig	求准三角矩阵的特征值
balance	提高特征值计算精度
svd	奇异值分解
svds	计算部分奇异值
hess	求矩阵的 Hessberg 形式
qz	广义特征值的 QZ 分解
schur	Schur 分解
rsf2csf	实 Schur 阵变换成复 Schur 阵
cdf2rdf	复对角矩阵变换成实对角矩阵
poly	产生指定根的多项式
矩阵函数	
sqrtm	矩阵平方根函数
expm	矩阵指数函数
logm	矩阵对数函数
funm	求矩阵的函数值

5.6.1　矩阵分析

1．det

功能：求矩阵行列式的值。

格式：

　　　d=det(X)

说明：

d=det(X)可得到方阵 X 的行列式值，如果 X 只包含整型数值，则其结果也为整型。

注意，为检验矩阵的奇异性，对中等规模的矩阵可采用 der(X)==0 来测试，但最好还是采用 cond(X)函数来检验。

2．null

功能：空矩阵。

格式：

　　　B=null(A)

说明：

B=null(A)可得到矩阵 A 的全空的空间正交基。

注意，B'*B=I，A*B 具有不容忽略的元素，当 B 不为空矩阵时，B 的列数是 A 的无效性的一种度量。

3．orth

功能：矩阵的度量空间。

格式：

　　　B=orth(A)

说明：

B=orth(A)可得到矩阵 A 的正交基，B 的列与 A 的列可张成相同的空间，而且 B 的列是正交的，因此 B'*B=eye(rank(A))，B 的列数正好是 A 的秩。

4. rank

功能：求矩阵的秩。

格式：

    k=rank(A)

    k=rank(A,tol)

说明：

rank 函数可估算出矩阵中独立的行数或列数，k=rank(A)可得到 A 的奇异值数，而这种奇异值大于缺省的容限(即 max(size(A)*norm(A)*eps))；k=rank(A,tol)可得到 A 的奇异值数，而这时的奇异值大于给定的容限 tol。

5. norm

功能：求向量或矩阵范数。

格式：

    n=norm(A)

    n=norm(A, p)

说明：

矩阵范数是指矩阵元素数量级测度的一个标量，norm 函数可计算几种不同类型的矩阵范数。n=norm(A)可得到矩阵 A 的最大奇异值，即 max(svd(A))；n=norm(A, p)可根据 p 的不同得到不同的范数：

- 当 p=1 时，得到 1 范数，即矩阵 A 按列求和的最大值 max(sum(abs(A)))。
- 当 p=2 时，得到最常用的 2 范数，它是矩阵 A 的最大奇异值，即 max(svd(A))，等同于 norm(A)。
- 当 p=inf 时，得到无穷(∞)范数，即矩阵 A 按行求和的最大值 max(sum(abs(A')))。
- 当 p='fro'时，得到矩阵 A 的 Frobenius 范数，即 sqrt(sum(diag(A'*A)))。

当 A 为向量时，求范数所采用的规则稍有差别：

- norm(A, p)可得到 sum(abs(A).^p)^(1/p)(对任意的 p，即 $1 \leqslant p < \infty$)。
- norm(A)可得到 norm(A, 2)。
- norm(A, inf)可得到 max(abs(A))。
- norm(A, −inf)可得到 min(abs(A))。

例如，求向量 x = [0 1 2 3]的 2 范数，则有

    norm(x)

    ans =

        3.7417

实际上，2 范数就是向量的欧氏长度，即

    sqrt(0+1+4+9)   %Euclidean length

    ans =

        3.7417

6．normest

功能：估计 2 范数。

格式：

    n=normest(S)

    n=normest(S, tol)

    [n, count]=normest(…)

说明：

这一函数主要用于稀疏矩阵，但也可用于大的完全存储矩阵。n=normest(S)可得到(稀疏)矩阵 S 的 2 范数估值；n=normest(S, tol)可使用指定的误差容限 tol 代替缺省的容限 le−6，这种容限用于确定可接受的估值；[n, count]=normest(…)可得到使用的迭代次数。

7．trace

功能：求矩阵对角元素之和。

格式：

    b=trace(A)

说明：

b=trace(A)可得到矩阵 A 的对角元素之和，即 sum(diag(A))。

8．cond

功能：求对应于矩阵求逆运算的条件数。

格式：

    c=cond(X)

    c=cond(X, p)

说明：

矩阵的条件数是线性方程系统解对数据误差敏感度的一种测量，它给出了通过矩阵逆和线性方程解得到的结果精度的情况，当 cond(X)和 cond(X, p)接近于 1 时表示 X 为良态矩阵。

c=cond(X)可得到 2 范数条件数，即 X 的最大奇异值和最小奇异值之比；c=cond(X,p)可得到 p 范数矩阵条件数，即

$$norm(X, p).*norm(inv(X), p)$$

其中 p 可取：

- 当 p=1 时，得到 1 范数条件数。
- 当 p=2 时，得到 2 范数条件数。
- 当 p=inf 时，得到无穷范数条件数。
- 当 p='fro' 时，得到 Frobenius 范数条件数。

9．condeig

功能：求对应于矩阵特征值的条件数。

格式：

    c=condeig(A)

    [V, D, c]=condeig(A)

说明：

c = condeig(A)可得到用于求 A 的特征值的条件数向量，这种条件数是左、右特征矢量夹角余弦的倒数；[V, D, c]=condeig(A)等效于[V, D]=eig(A)，c=condeig(A)。

10．condest

功能：估计 1 范数条件数。

格式：

  c=condest(A)

  [c, v]=condest(A)

说明：

c=condest(A)可估计出方阵 A 的 1 范数条件数的下界 c；[c, v]=condest(A)可以得到向量 v，使之满足 norm(A*v, 1) = norm(A, 1)*norm(v, 1)/c，如果 c 很大，则 v 近似于 A 的空矩阵。

这一函数可处理实矩阵和复矩阵，而且对稀疏矩阵特别有用。

11．rcond

功能：估计矩阵条件数的倒数。

格式：

  c=rcond(A)

说明：

c=rcond(A)可得到 A 的 1 范数条件数倒数的估值，当 A 为良态矩阵时，rcond(A)接近于 1.0；当 A 为严重病态时，rcond(A)接近于 0.0。与 cond 函数对比，利用 rcond 估计矩阵的条件数更加有效，但结果不太可靠。

12．rref

功能：缩减行并成梯形形式。

格式：

  R=rref(A)

  [R, jb]=rref(A, tol)

  [R, jb]=rref(A)

说明：

R=rref(A)可利用高斯消元法产生 A 的缩减行梯形形式，忽略列元素采用的缺省容限为 max(size(A))*eps*norm(A, inf)；[R, jb]=rref(A)可以得到向量 jb，并且有

- r = length(jb)为矩阵 A 的秩。
- x(jb)是线性系统 Ax=b 的变量范围。
- A(: , jb)是矩阵 A 的一个基。
- R(1:r, jb)构成了 r×r 的单位阵。

[R, jb]=rref(A, tol)可在秩测试中使用指定的容限 tol，由于截断误差的影响可能会使这种方法求出的秩与由 rank、orth 和 null 函数求出的秩不同。

例如，对 4 阶魔术矩阵可以通过 rref 函数简化成梯形矩阵形式：

  A = magic(4), R = rref(A)

```
A =
    16     2     3    13
     5    11    10     8
     9     7     6    12
     4    14    15     1
R =
     1     0     0     1
     0     1     0     3
     0     0     1    -3
     0     0     0     0
```

13．subspace

功能：求两个子空间之间的夹角。

格式：

    theta=subspace(A, B)

说明：

theta=subspace(A, B)可求出由 A、B 列指定的两个子空间之间的夹角。当 A 和 B 具有单位长度的列向量时，这一函数等同于 acos(A'*B)。

当这种夹角比较小时，说明两个空间几乎线性相关；当夹角为 90°时，说明两个空间正交(即线性无关)。

5.6.2　线性方程

1．\ 或 /

功能：线性方程求解。

详见操作符和特殊字符中的算术运算符(见 2.5 节)。

2．inv

功能：矩阵求逆。

格式：

    Y=inv(X)

说明：

Y=inv(X)可得到方阵 X 的逆矩阵 Y，当 X 为奇异或接近奇异时，会产生警告信息。

实际上，很少有必要求出清晰的逆矩阵，在求解线性系统方程时经常错误地使用求逆函数。例如，对线性方程 Ax=b，可采用 x=inv(A)*b 求解，但从执行时间和数值精度的观点出发，更好的方法是采用矩阵除法算子 x=A\b，这时利用高斯消元法求解，并没有涉及到矩阵求逆运算。

3．pinv

功能：求矩阵伪逆。

格式：

    B=pinv(A)

B=pinv(A, tol)

说明：

矩阵 A 的 Moore-Penrose 伪逆 B 是与 A 同维的矩阵，并且满足下列四个条件：

(1) A*B*A=A。

(2) B*A*B=B。

(3) A*B 是 Hermitian(哈密顿)阵。

(4) B*A 也是 Hermitian 阵。

矩阵伪逆的计算基于 svd(A)函数，而且所有小于 tol 的奇异值当作零处理。

B=pinv(A)可得到 A 的 Moore-Penrose 伪逆，而 B=pinv(A, tol)采用了指定的误差容限 tol。

4．lu

功能：矩阵的 LU 分解。

格式：

[L, U] = lu(X)

[L, U, P] = lu(X)

Y = lu(X)

[L, U, P, Q] = lu(X)

[L, U, P] = lu(X, thresh)

[L, U, P, Q] = lu(X, thresh)

说明：

lu 函数可将任意的方阵 X 表示成两个三角阵之积，其中一个为行置换下三角阵 L(即 L 阵经过行置换后可得到的下三角阵)，另一个为上三角阵 U，这种分解通常称为 LU 分解，有时也称为 LR 分解。

[L, U]=lu(X)可得到准下三角阵 L (即下三角阵与交换矩阵之积)和上三角阵 U，并且有 X=L*U。[L, U, P]=lu(X)可得到准下三角阵 L、上三角阵 U 和交换矩阵 P，并且有 L*U=P*X。当 X 为完全存储矩阵时，Y=lu(X)可从 LINPACK 软件包的 ZGEFA 程序中得到结果；当 X 为稀疏矩阵时，Y=lu(X)可以在 Y 中得到严格的没有对角元素的下三角阵 L 和上三角阵 U，因此有 Y = U+L−speye(size(X))。

对非空的稀疏矩阵 X，[L, U, P, Q] = lu(X)可以得到单位下三角阵 L、上三角阵 U、行置换矩阵 P 和列重排矩阵 Q，使得 P*X*Q = L*U。如果 X 为空矩阵或者为非稀疏矩阵，则 lu 命令会给出出错信息。

[L,U,P] = lu(X,thresh)和[L, U, P, Q] = lu(X, thresh)可以在稀疏矩阵中进行绕轴旋转操作，其中 thresh∈[0, 1]用于指定门限，详见在线帮助。

注意，大多数 LU 分解的计算算法都是高斯消元法的变形，分解是求逆 inv 和求行列式值 det 的关键一步，它也是求解线性方程和矩阵除法的基础。

当要计算 X=inv(A)和 d=det(A)时，应分以下步骤完成：

[L, U]=lu(A)；

X=inv(U)*inv(L)

d=det(L)*det(U)

对线性方程 Ax=b 的求解，也分三步进行：

```
[L, U]=lu(A)
y=L\b;
x=U\y
```

由于通过 LU 分解后得到的 L、U 阵为三角阵，因此在计算逆阵、行列式及除法运算时都具有快速性和高精确性。

5. qr

功能：矩阵的正交三角分解。

格式：

```
[Q, R] = qr(A)
[Q, R] = qr(A, 0)
[Q, R, E] = qr(A)          (完全存储矩阵)
[Q, R, E] = qr(A, 0)       (完全存储矩阵)
X = qr(A)                  (完全存储矩阵)
R = qr(A)                  (稀疏矩阵)
[C, R] = qr(A, B)          (稀疏矩阵)
R = qr(A, 0)               (稀疏矩阵)
[C, R] = qr(A, B, 0)       (稀疏矩阵)
```

说明：

qr 函数完成矩阵的正交三角分解，这种分解可适用于方阵和矩形矩阵，它可将矩阵表示成一个实的正交或复单位阵与一个上三角阵之积。

[Q, R]=qr(A)可得到上三角阵 R 和单位阵 Q，并且有 A=Q*R。设[m n] = size(A)，则 Q 为 m×m 矩阵，R 为 m×n 矩阵。当 A 为稀疏矩阵时，Q 几乎总是满矩阵。

[Q, R]=qr(A,0)可以产生一种比较"经济"的分解，当 m>n 时，qr 只计算 Q 的前 n 列和 n×n 的 R 阵；当 m≤n 时，该命令等同于[Q,R] = qr(A)。

[Q, R, E]=qr(A)可得到交换矩阵 E、上三角阵 R 和单位矩阵 Q，并且有 A*E=Q*R，选择合适的列交换阵 E 使 abs(diag(R))为递减。[Q, R, E]=qr(A, 0)产生的交换向量 E，有 A(:, E) = Q*R。

对完全存储矩阵 A，X=qr(A)可从 LINPACK 子程序 ZQRDC 中得到结果，其 triu(qr(A))就是 R。对稀疏矩阵 A，R = qr(A)只得到上三角阵 R，使得 R' *R = A' *A。

对稀疏矩阵 A，并且矩阵 A 与矩阵 B 具有相同的行数，则[C, R]=qr(A, B)通过采用针对于 B 的正交变换，可以在不计算 Q 的情况下得到 C = Q'*B。

对稀疏矩阵 A，R= qr(A, 0)和[C, R]= qr(A,B,0)可以产生比较"经济"的结果。

qr 函数可用于求解最小二乘意义下的线性方程的解，当然我们也可以通过矩阵除法来求解。例如：

```
A=[1 2 3;4 5 6;7 8 9;10 11 12];
b=[1 3 5 7]';
[Q, R]=qr(A);
```

```
y=Q'*b
x=R\y
```

这样可方便地求出线性方程的解。

6. chol

功能：矩阵的 Cholesky 分解。

格式：

```
R=chol(X)
[R, p]=chol(X)
```

说明：

在 chol(X)中，X 应为 Hermitian 阵，即下三角部分是上三角部分的(复共轭)转置。

当 X 为正定阵时，R=chol(X)可产生一个上三角阵 R，使得 R'*R=X；当 X 不为正定阵时，会给出出错信息。

在[R, p]=chol(X)命令中，当 X 为正定阵时，p=0，R 等同于 R=chol(X)；当 X 不是正定阵时，p 为一正整数，R 是一个 q = p−1 阶的上三角阵，且有 R' *R=X(1:q, 1:q)。

7. lscov

功能：协方差已知时的最小二乘求解。

格式：

```
x = lscov(A, b)
x = lscov(A, b, w)
x = lscov(A, b, V)
[x, stdx] = lscov(A, b, V)
[x, stdx, mse] = lscov(···)
[x, stdx, mse, S] = lscov(···)
```

说明：

x = lscov(A,b)可以得到线性代数方程 Ax=b 的最小二乘解，x 为 n×1 向量，A 为 m×n 的矩阵，b 为 n×1 的向量，其解 x 使得均方误差(b−A*x)'*(b−A*x)最小。当 b 为 m×k 的矩阵时，x = lscov(A,b)相当于解出 k 个方程。当 rank(A) < n 时，lscov 会迫使 x 的最大可能值为 0，以便得到基本解。

x=lscov(A,b,w)可以得到线性方程 Ax=b 的加权最小二乘解，也就是使(b −A*x)'*diag(w)*(b−A*x)最小。加权向量 w 通常为计数值或者逆方差。

x=lscov(A, b, V)可得到方程 Ax=b 的广义最小二乘解，其协方差矩阵正比于矩阵 V，矩阵 A 为 m×m，得到的解 x 可以使(b−A*x)'*inv(V)*(b−A*x)最小。

对于一般的情况，V 为半正定阵，这时 lscov 可以使 e'*e 最小，误差 e 满足 A*x+T*e = b，其中 T*T' =V。当 V 为半定阵时，只有当 b 与 A、V 相一致时，lscov 才能得到解，否则 lscov 给出出错信息。

在缺省情况下，lscov 计算出 V 的 Cholesky 分解，并将它转换成普通的最小二乘问题，然而，一旦检测到 V 为半定阵，应避免使用 lscov 对 V 求逆，而是采用正交分解算法。

x = lscov(A, b, V, alg)可以指定计算 x 的算法，alg 可取：

- 'chol'：表示采用 V 的 Cholesky 分解。
- 'orth'：表示采用正交分解，适用于 V 病态或奇异的情况下。

[x, stdx] = lscov(⋯)还可以得到 x 的标准差 stdx；[x, stdx, mse] = lscov(⋯)可以得到均方差 mse；[x, stdx, mse, S] = lscov(⋯)可以计算出协方差阵 S，当 A 和 V 为完全存储矩阵时，这些量可以通过下列公式计算：

- $x = inv(A'*inv(V)*A)*A'*inv(V)*B$
- $mse = B'*(inv(V) - inv(V)*A*inv(A'*inv(V)*A)*A'*inv(V))*B./(m-n)$
- $S = inv(A'*inv(V)*A)*mse$
- $stdx = sqrt(diag(S))$

8．lsqnonneg

功能：求非负最小二乘。

格式：

    x = lsqnonneg(C, d)

    x = lsqnonneg(C, d, x0)

    x = lsqnonneg(C, d, x0, options)

    [x, resnorm] = lsqnonneg(⋯)

    [x, resnorm, residual] = lsqnonneg(⋯)

    [x, resnorm, residual, exitflag] = lsqnonneg(⋯)

    [x, resnorm, residual, exitflag, output] = lsqnonneg(⋯)

    [x, resnorm, residual, exitflag, output, lambda] = lsqnonneg(⋯)

说明：

x=lsqnonneg(C, d)可以求出使 $\min_{x\geq 0}\|Cx-d\|$ 最小的解 x(x≥0)，这里 C 和 d 必须为实数。

x=lsqnonneg(C, d, x0)可以指定搜索的起点 x0，但 x0 中的元素必须非负，否则采用缺省的原点作为起点。

x=lsqnonneg(C, d, x0, options)可以在求解过程中采用指定的优化参数 options，用户可以利用 optimset 函数定义这些参数。lsqnonneg 可采用下列结构定义参数：

- Display：显示级别，'off'表示不显示，'final'表示只显示最终结果，'notify'表示只有当函数不收敛时显示输出，缺省时取'notify'。
- TolX：x 的终止容限值。

[x, resnorm]=lsqnonneg(⋯)可以得到留数平方的 2 范数 resnorm，即 norm(C*x-d)^2。

[x, resnorm, residual]=lsqnonneg(⋯)可以求出留数 residual，即 d-C*x。

[x, resnorm, residual, exitflag]=lsqnonneg(⋯)可以在 exitflag 里给出 lsqnonneg 的退出条件：

- >0：表示函数收敛于解 x。
- =0：表示达到迭代次数，增大容限值 TolX 可能会得到解。

[x, resnorm, residual, exitflag, output] = lsqnonneg(⋯)可以得到包含操作信息的结构，其包含的域有：

- output.algorithm：采用的算法。

● output.iterations：迭代次数。

[x, resnorm, residual, exitflag, output, lambda]=lsqnonneg(…) 可以求出 lagrange 乘子 lambda，当 x(i)近似为 0 时，lambda(i)≤0；当 x(i)>0 时，lambda(i)近似为 0。

9．linsolve

功能：求解线性系统方程。

格式：

    X=linsolve(A, B)

    X=linsolve(A, B, opts)

说明：

X=linsolve(A, B)可以采用 LU 分解方法求解线性系统方程 A*X = B，其中 A 的列数必须等于 B 的行数。如果 A 为 m×n，B 为 n×k，则 X 为 m×k。如果 A 为病态的方阵或者 A 不是方阵但秩亏损，则 linsolve 会给出警告信息。

[X, R]=linsolve(A,B)可以抑制警告信息的显示，并得到矩阵 R。当 A 为方阵时，R 为 A 条件数的倒数；当 A 不是方阵时，R 为 A 的秩。

X=linsolve(A, B, opts)可以根据 A 的特性选用最合适的求解器来求解线性系统方程 A*X=B 或者 A'*X=B。例如，当 A 为上三角阵时，指定 opts.UT = true，这样可以使 linsolve 直接采用为上三角阵所设计的求解算法，使求解速度加快。

结构 opts 的 TRANSA 域可以指定要求解的线性系统方程：

● 当 opts.TRANSA = false 时，表示 linsolve(A, B, opts)求解 A*X = B。

● 当 opts.TRANSA = true 时，表示 linsolve(A, B, opts)求解 A'*X = B。

表 5.2 给出了结构 opts 的域及其取值。

表 5.2　结构 opts 的域及其取值

域　名	说　明
LT	下三角阵
UT	上三角阵
UHESS	上 Hessenberg 阵
SYM	实对称阵或复 Hermitian 阵
POSDEF	正定阵
RECT	广义矩形阵
TRANSA	共轭转置，即指定方程是 A*X = B 或者 A'*X = B

例如，求解上三角阵 A 的系统方程 A'x = b，其中参数设为

    A = triu(rand(5,3)); x = [1 1 1 0 0]';

解

    >>b = A'*x;

    >>y1 = (A')\b

    >>opts.UT = true; opts.TRANSA = true;

    >>y2 = linsolve(A,b,opts)

    y1 =

        1.0000

```
        1.0000
        1.0000
             0
             0
    y2 =
        1.0000
        1.0000
        1.0000
             0
             0
```

5.6.3　特征值和奇异值

1．eig

功能：求特征值和特征向量。

格式：

　　d= eig(A)　　　　　　　　　　　　d=eig(A, B)

　　[V, D]=eig(A)　　　　　　　　　　[V, D]=eig(A, B)

　　[V, D]=eig(A, 'nobalance')　　　　　[V,D] = eig(A, B, flag)

说明：

d=eig(A)可得到矩阵 A 的特征值向量。

[V, D]=elg(A)可得到矩阵 A 的特征值矩阵 D 和特征向量 V，即有 A*V=V*D，矩阵 D 是 A 的正则形，即其主对角线上的元素为 A 的特征值，矩阵 V 的列为 A 的特征向量。特征向量经归一化后使其范数为 1.0。利用[V, D]=elg(A')，V=V'可求出 A 的左特征向量，即满足 V*A=D*V。

[V, D]=eig(A, 'nobalance')可在不进行平衡情况下求出特征值和特征向量。一般来说，通过平衡可改善输入矩阵的条件数，从而可更精确地计算特征值和特征向量。但是，如果矩阵中存在着与截断误差相当的小值，则平衡处理会突出这些小值，从而得到错误的特征向量。

d=eig(A, B)可计算 A、B 为方阵时的广义特征值；[V, D]=eig(A, B)可得到广义特征值对角阵 D 和相应的特征向量矩阵 V，使之满足 A*V=B*V*D，特征向量也归一化成 1.0。

[V, D] = eig(A, B, flag)可以指定计算特征值和特征向量的算法，flag 可以取：

● 'chol'：利用 B 的 Cholesky 分解来计算 AB 的广义特征值，这也是当 A 为对称矩阵、B 为对称正定阵时的缺省情况。

● 'qz'：忽略对称性，使 QZ 算法应用于 A、B 非对称的情况。

2．eigs

功能：求稀疏矩阵的最大特征值及其特征向量。

格式：

　　d = eigs(A)

　　[V, D] = eigs(A, B)

说明：

d=eigs(A)可以计算出稀疏矩阵 A 的 6 个最大特征值；[V,D] = eigs(A)可以得到由 6 个最大特征值构成的矩阵 D 及其相应的特征向量 V。函数 eigs 还有其它的格式，可详见函数的在线帮助。

3．ordeig

功能：求准三角矩阵的特征值。

格式：

　　E = ordeig(T)

　　E = ordeig(AA, BB)

说明：

E=ordeig(T)可以求出准三角矩阵 T(通常由 schur 函数产生)的特征值向量 E；而 E=ordeig(AA, BB)可以求出准三角矩阵对 AA、BB(通常由 qz 函数产生)的广义特征值向量 E。

4．balance

功能：提高特征值计算精度。

格式：

　　[T, B] = balance(A)

　　[S, P, B] = balance(A)

　　B = balance(A)

　　B = balance(A,'noperm')

说明：

[T, B]=balance(A)可得到相似变换阵 T(其元素为 2 的整数次幂)和平衡矩阵 B(其列范数与行范数近似相等)，使 B=T\A*T。如果 A 为对称阵，则有 B=A，T 为单位阵。

[S, P, B]= balance(A)可以分别得到缩放向量 S 和置换向量 P，这样变换矩阵 T 和平衡矩阵 B 可以通过 A、S 和 P 得到：T(:, P) = diag(S)，B(P, P)= diag(1./S)*A*diag(S)。

B=balance(A)只得到平衡矩阵 B。

B=balance(A,'noperm')可以在不置换行与列的前提下对 A 进行缩放。

5．svd

功能：奇异值分解。

格式：

　　S = svd(X)

　　[U, S, V]=svd(X)

　　[U, S, V]=svd(X, 0)

　　[U, S, V]=svd(X, 'econ')

说明：

svd 函数用于计算矩阵的奇异值分解。S=svd(X)可得到奇异值向量；[U, S, V]=svd(X)可产生对角阵 S(对角线上非负元素按降序排列)和归一矩阵 U 和 V，并且有 X=U*S*V'。

[U, S, V]=svd(X, 0)可产生较小尺寸的分解，当 X 为 m×n，且 m>n 时，svd 函数只计算出 U 的前 n 列，S 为 n×n。

[U, S, V]=svd(X, 'econ')也可以产生较小尺寸的分解，当 X 为 m×n，且 m≥n 时，它等效于 svd(X,0)；当 m<n 时，它只计算出 U 的前 m 列，S 为 m×m。

6．svds

功能：计算部分奇异值。

格式：

　　　s = svds(A)

　　　s = svds(A, k)

　　　s = svds(A, k, 0)

　　　[U, S, V] = svds(A,…)

说明：

s =svds(A)可以计算出矩阵 A 的 5 个最大奇异值及其相应的奇异向量 s；s=svds(A,k)可计算出矩阵 A 的 k 个最大奇异值及其相应的奇异向量 s；s=svds(A,k,0)可计算出矩阵 A 的 k 个最小奇异值及其相应的奇异向量 s。

在[U, S, V] = svds(A, …)中，当 A 为 m×n 的矩阵时，结果有：

* U 为 m×k 的矩阵，其列之间为正交阵。
* S 为 k×k 的对角阵。
* V 为 n×k 的矩阵，其列之间为正交阵。
* U*S*V'为矩阵 A 最接近的秩。

7．hess

功能：计算矩阵的 Hessenberg 形式。

格式：

　　　[P, H]=hess(A)

　　　H=hess(A)

　　　[AA, BB, Q, Z] = hess(A, B)

说明：

Hessenberg 矩阵的子对角线以下的元素为 0。H=hess(A)可得到矩阵 A 的 Hessenberg 形式 H；[P, H]=hess(A)还可以得到一个归一矩阵 P, 使之满足 A=P*H*P' 和 P' *P=eig(size(A))。

对方阵 A 和 B, [AA, BB, Q, Z] = hess(A, B)可以计算出 Hessenberg 矩阵 AA、上三角矩阵 BB、归一矩阵 Q 和 Z, 使得 Q*A*Z = AA 和 Q*B*Z = BB。

8．qz

功能：广义特征值的 QZ 分解。

格式：

　　　[AA, BB, Q, Z] = qz(A, B)

　　　[AA, BB, Q, Z, V, W]= qz(A, B)

　　　qz(A, B, flag)

说明：

qz 函数给出计算广义特征值时的中间结果。对方阵 A 和 B, [AA,BB,Q,Z] = qz(A,B)可得到上三角阵 AA 和 BB、归一矩阵 Q 和 Z, 并使之满足：

Q*A*Z=AA

Q*B*Z=BB

对于复矩阵 A 和 B，该函数给出对角阵 AA 和 BB。

[AA, BB, Q, Z, V, W] = qz(A, B)还可以产生矩阵 V 和 W，其列给出广义特征值。

对于实矩阵 A 和 B，qz(A, B, flag)可以产生两种分解，flag 可取：

● 'complex'：产生复分解的三角阵 AA，这是缺省情况。

● 'real'：产生实分解的三角阵 AA，在其对角线上包含 1×1 和 2×2 的子块。

如果 AA 为三角阵，则 alpha= diag(AA)、beta= diag(BB)为广义特征值，并且满足

A*V*diag(beta) = B*V*diag(alpha)

diag(beta)*W'*A = diag(alpha)*W'*B

由 lambda = eig(A, B)产生的特征值为 lambda = alpha./beta。

如果 AA 不是三角阵，则有必要进一步分解 2×2 子块，以便得到系统的所有特征值。

9. schur

功能：Schur 分解。

格式：

T=schur(A)

T=schur(A, flag)

[U, T]= schur(A, …)

说明：

schur 函数可计算出矩阵的 Schur 形式。T=schur(A)可以计算出 Schur 矩阵 T。对于实矩阵 A，T=schur(A, flag)可以得到两种形式的 Schur 矩阵 T，这取决于 flag 的取值：

● 'complex'：当 A 具有复特征值时，T 为复三角阵。

● 'real'：实特征值位于 T 的对角线上，而复特征值用对角线上的一个 2×2 子块表示，这是缺省情况。

如果 A 为复矩阵，schur 函数可以计算出矩阵 T 的复 Schur 形式，它是一个上三角阵，A 的特征值位于对角线上。

利用函数 rsf2csf 可以将实形式的 Schur 阵变换成复形式的 Schur 阵。

[U, T]= schur(A, …)可以计算出 Schur 阵 T 和归一化阵 U，使之满足：

A=U*T*U'

U'*U=eye(size(A))

10. rsf2csf

功能：将实形式的 Schur 阵转换成复形式的 Schur 阵。

格式：

[U, T]=rsf2csf(U, T)

说明：

复形式的 Schur 阵是上三角阵，其对角元为矩阵的特征值；实形式的 Schur 阵其对角元为实特征值，复特征值处于对角线上的 2×2 块中。[U, T]=rsf2csf(U, T)可将实形式的 Schur 阵变换成复 Schur 阵。

11．cdf2rdf

功能：将复对角阵变换成实对角子块阵。

格式：

    [V, D]=cdf2rdf(V, D)

说明：

如果[V, D]=eig(X)求出的特征值含有复特征值，则 cdf2rdf 函数可对此进行变换，使 D 中的复特征值处于对角线上的 2×2 块中，并且仍使 X=V*D/V 成立。这时 V 中的个别列已不再是特征向量，但 D 中的 2×2 块的向量对仍可张成对应的向量空间。例如：

```
>> X=[1 2 3;0 −5 4;5 6 9];

[V,D]=eig(X)

V =

    −0.2938    −0.9123     0.1213
    −0.2190     0.2755    −0.9375
    −0.9304     0.3030     0.3261

D =

    11.9914          0          0
         0    −0.6002          0
         0          0    −6.3911

>> [V,D]=cdf2rdf(V,D)

V =

    −0.2938    −0.9123     0.1213
    −0.2190     0.2755    −0.9375
    −0.9304     0.3030     0.3261

D =

    11.9914          0          0
         0    −0.6002          0
         0          0    −6.3911
```

12．poly

功能：产生指定根的多项式。

格式：

    P=poly(A)

    P=poly(r)

说明：

在 P=poly(A)中，A 为 n×n 的矩阵，则 P 为矩阵 A 的特征多项式的系数，并按降序排列，即多项式为 $P_1 s^n + \cdots + P_n s + P_{n+1}$；在 P=poly(r)中，r 为向量，则产生的 P 多项式，其根为 r 的元素。例如，输入

```
>> A=fix(10*randn(3,3))/10

A =
```

```
    0.1000    −0.5000    0.1000
   −0.1000     2.1000    1.0000
    0.7000    −0.1000         0
>> P=poly(A)
P =
    1.0000    −2.2000    0.1900    0.4860
```

这说明，矩阵 A 的特征多项式为

$$s^3 - 2.2s^2 + 0.19s + 0.4862$$

通过对它求解可得到多项式的根

```
>> r=roots(P)
r =
    1.9801
    0.6174
   −0.3975
```

这也就是矩阵 A 的特征根。这一点可通过 eig 函数得到证实，例如：

```
>> e=eig(A)
e =
   −0.3975
    0.6174
    1.9801
```

5.6.4　矩阵函数

1．sqrtm

功能：矩阵平方根函数。

格式：

Y=sqrtm(X)

[Y,esterr]=sqrtm(X)

说明：

Y=sqrtm(X)可计算出矩阵 X 的平方根，当 X 包含有负特征值时，会给出复数结果，而且当 Y*Y 与 X 不太接近时，系统会给出警告信息；[Y, esterr]=sqrtm(X)不给出任何的警告信息，只是会估计出相对的余数：esterr=norm(Y*Y−X)/norm(X)。

2．expm

功能：矩阵指数函数。

格式：

Y=expm(X)

说明：

Y=expm(X)可计算出矩阵 X 的指数函数，即

$$Y=e^x$$

当 X 包含非正特征值时，会给出复数结果。

利用 exp 函数可计算出元素对元素的指数函数，这与 expm 函数是截然不同的。例如：

```
>> X=[1 1 0;0 0 2;0 0 −1];
Y1=expm(X)
Y1 =
      2.7183      1.7183      1.0862
           0      1.0000      1.2642
           0           0      0.3679
>> Y2=exp(X)
Y2 =
      2.7183      2.7183      1.0000
      1.0000      1.0000      7.3891
      1.0000      1.0000      0.3679
```

3．logm

功能：矩阵对数函数。

格式：

    Y=logm(X)

    [Y, esterr]=logm(X)

说明：

Y=logm(X)可得到矩阵 X 的对数函数，它是 expm(X)函数的逆函数，当 X 含有负特征值时，会产生复数结果，而且当 expm(Y)不接近于 X 时，会给出警告信息；[Y,esterr]=logm(X)还可以得到相对余数的估计值：

    esterr=norm(expm(Y) −X)/norm(X)

4．funm

功能：求矩阵的函数值。

格式：

    F = funm(A, fun)

    F = funm(A, fun, options)

    [F, exitflag] = funm(⋯)

    [F, exitflag, output] = funm(⋯)

说明：

F=funm(A, fun)可利用 Parlett 方法求出指定函数(fun 表示)的值，其中 A 必须为方阵，而 fun 可为任意按元素方式运算的函数。例如，funm(A, 'sqrt')和 funm(A, 'log')分别等效于 sqrt(A)和 log(A)。

在用户定义函数 F=fun(x, k)时，x 为向量，k 为整数，这时可以得到 x 函数导数的向量。函数必须可以表示成 Taylor 的级数形式，或者表示成 fun = @log。

这一命令也可以用于计算表 5.3 所示的特殊函数。

表 5.3　特殊函数用法

函数名	书写格式	函数名	书写格式
exp	funm(A, @exp)	cos	funm(A, @cos)
log	funm(A, @log)	sinh	funm(A, @sinh)
sin	funm(A, @sin)	cosh	funm(A, @cosh)

对矩阵 A 求平方根，可以采用 sqrtm(A)函数；求矩阵指数，可以采用 expm(A)，也可以采用 funm(A, @exp)。

在 F = funm(A, fun, options)中，可以利用结构 options 指定算法的参数，options 所包含的域如表 5.4 所示。

表 5.4　options 结构

域　名	说　　明	域　　值
options.TolBlk	显示等级	'off' (缺省)、'on'、'verbose'
options.TolTay	变换 Schur 形式时的容限	正数，缺省值为 eps
options.MaxTerms	Tayor 级数的最多项数	正整数，缺省值为 250
options.MaxSqrt	在计算对数时，所计算的最大平方根数	正整数，缺省值为 100
options.Ord	指定 Schur 形式 T 的顺序	一个长度为 length(A)的向量，缺省值为[]

[F, exitflag] = funm(···)可以得到描述 funm 退出条件的标志 exitflag，当 exitflag=0 时，表示算法成功；当 exitflag=1 时，表示 Taylor 级数不收敛，这时计算出的 F 值可能仍然是精确的。

[F, exitflag, output] = funm(···)可以得到一种结构 output，其所包含的域如表 5.5 所示。

表 5.5　output 结构

域　名	说　　明
output.terms	向量，其内容为计算子块时所采用的 Taylor 级数的数目
output.ind	单元阵列，其内容为 Schur 因子 T 重新排序时的序号
output.ord	按 Schur 形式排序，可以传递给 ordschur 函数
output.T	Schur 的重新排序形式

5.7　多项式和内插函数

MATLAB 的多项式和内插函数给用户分析和处理多项式及利用内插方法拟合数据提供了方便。表 5.6 列出了这两类函数的简要列表，其后详细介绍这些函数的用法。

表 5.6　多项式函数和内插函数

多项式函数	
roots	求多项式的根
poly	产生指定根的多项式
polyval	多项式计算
polyvalm	矩阵多项式计算
residue	部分分式展开与多项式系数之间的变换
polyfit	多项式曲线拟合
polyder	求多项式的导数
polyeig	求解多项式的特征值问题
内插函数	
interp1	一维数据内插(查表法)
interpft	使用 FFT 方法的一维数据内插
interp2	二维数据内插(查表法)
interp3	三维数据内插(查表法)
interpn	多维数据内插(查表法)
spline	三次样条内插
meshgrid	为三维绘图产生 X 和 Y 阵
ndgrid	为多维函数和内插产生阵列
griddata	数据网格

5.7.1　多项式

1．roots

功能：求多项式的根。

格式：

    r=roots(c)

说明：

r=roots(c)可计算出多项式 c 的根，即它是方程

$$c_1 s^n + c_2 s^{n-1} + \cdots + c_n s + c_{n+1} = 0$$

的根。例如，求多项式 $s^3 - 6s^2 - 72s - 27$ 的根，可输入

    p=[1 −6 −72 −27];

    r=roots(p)

    r =

        12.1229

       −5.7345

       −0.3884

2．poly

功能：产生指定根的多项式(参见 5.6 节)。

3．polyval

功能：多项式计算。

格式：

  y=polyval(p, x)

  [y, delta]=polyval(p, x, s)

说明：

y=polyval(p, x)可计算多项式 p 在 x 点的值，当 x 取矩阵或向量时，可计算出 p 在 x 的每一点的值；[y, delta]=polyval(p, x, s)可利用输出结构 s 产生误差估计 y±delta，而 s 可由 polyfit 函数产生。例如，为计算出多项式 $p(x) = 5x^2 - 6x + 1$ 在 $x = -2$，0，2，5 处的值，可输入

  p=[5 −6 1];

  y=polyval(p, [−2 0 2 5])

  y =

       33   1   9   96

4．polyvalm

功能：矩阵多项式计算。

格式：

  Y=polyvalm(p, X)

说明：

Y=polyvalm(p,X)可在矩阵意义下计算多项式的值,这等效于将矩阵 X 代入多项式 p 中，但应注意 X 必须是方阵。例如，为说明 polyvalm 和 polyval 的区别，输入

  p=[2 3 1];

  X=[1 2 3;3 2 1; 2 1 3];

  y=polyval(p, X)

  y =

       6   15   28

      28   15   6

      15   6   28

  y=polyvalm(p, X)

  y =

      30   24   37

      31   29   31

      28   21   42

上述结果说明，polyval 和 polyvalm 函数的计算结果差异很大。实际上，对上例中的多项式 $2s^2 + 3s + 1$，polyval 完成了对应元素的相乘，而 polyvalm 完成了矩阵的相乘，下面进行验算说明：

  y1=2*X.*X+3*X+1

  y1 =

       6   15   28

      28   15   6

      15   6   28

  y2=2*X*X+3*X+1*eye(3)

y2 =

30	24	37
31	29	31
28	21	42

5．residue

功能：部分分式展开和多项式系数之间的变换。

格式：

　　[r, p, k]=residue(b, a)

　　[b, a]=residue(r, p, k)

说明：

有理多项式可采用两种方法表示：

(1) 部分分式展开：

$$H(s) = \frac{r_1}{s-p_1} + \frac{r_2}{s-p_2} + \cdots + \frac{r_n}{s-p_n} + k(s)$$

(2) 多项式之比：

$$H(s) = \frac{b_1 + b_2 s^{-1} + \cdots + b_{m+1} s^{-m}}{a_1 + a_2 s^{-1} + \cdots + a_{n+1} s^{-n}}$$

函数 residue 可在两种方式之间进行转换。[r, p, k]=residue(b, a)可将多项式之比的表示形式变换成部分分式的展开形式；[b, a]=residue(r, p, k)可将部分分式的展开形式为变换成多项式之比的表示形式。

6．polyfit

功能：多项式曲线拟合。

格式：

　　p=polyfit(x,y,n)

　　[p,s]=polyfit(x,y,n)

说明：

p=polyfit(x,y,n)在给定输入 x 和输出 y 时，在最小二乘意义下求出 n 阶拟合多项式的系数；[p, s]=polyfit(x,y,n)可得到一种结构 s，利用它通过 polyval 函数可计算出误差估值。

7．polyder

功能：求多项式的导数。

格式：

　　k=polyder(p)

　　k=polyder(a,b)

　　[q, d]=polyder(b, a)

说明：

polyder 函数可求出多项式、多项式积和多项式商的导数，其中 a、b、p 均为以降序表示的多项式的系数向量。

k=polyder(p)可得到多项式 p 的导数，即

$$k(s)=\frac{d}{ds}[p(s)]$$

k=polyder(a, b)可求出多项式 a、b 之积的导数，即

$$k(s)=\frac{d}{ds}[a(s)b(s)]$$

[q, d]=polyder(b, a)可求出多项式之比 b(s)/a(s)的导数，即

$$k(s)=\frac{q(s)}{d(s)}=\frac{d}{ds}\left[\frac{b(s)}{a(s)}\right]$$

例如，输入

```
>> a=[2 1];b=[3 6 7];
k1=polyder(b)
k1 =
     6     6
>> k2=polyder(a,b)
k2 =
    18    30    20
>> [q,d]=polyder(b,a)
q =
     6     6    -8
d =
     4     4     1
```

8. polyeig

功能：求解多项式的特征值问题。

格式：

    [X,e] = polyeig(A0, A1, ···, Ap)

    e = polyeig(A0, A1, ···, Ap)

    [X, e, s] = polyeig(A0, A1, ···, Ap)

说明：

[X,e] = polyeig(A0, A1, ···, Ap)可求解特征值问题：

$$(A_0 + \lambda A_1 + \cdots + \lambda^p A_p)X = 0$$

其中，多项式次数 p 为非负整数，$A_0, A_1, \cdots, A_p$ 为 n 阶的输入矩阵，输出矩阵 X 为 n×(n*p)，其列中包含特征向量，e 中给出相应的特征值，它是长度为 n*p 的向量。如果 lambda 是 e 向量中的第 j 个特征值，而 x 为 X 中相应的特征向量，则有(A0+lambda*A1+···+lambda^p*Ap) *x 近似为 0。

e = polyeig(A0, A1, ···, Ap)只求出特征值向量 e，其长度为 n*p。

[X, e, s]= polyeig(A0, A1, …, Ap)还可以计算出特征值的条件数向量 s，其长度为 p*n，当然要求 A0 和 Ap 至少有一个是非奇异的，当条件数较大时，表示这一问题接近于包含多个特征值。

当 p=0 时，polyeig(A)为求解标准的特征值问题，相当于 eig(A)；当 p=1 时，polyeig(A, B)为求解广义特征值问题，相当于 eig(A, −B)；当 n=1 且函数自变量为标量时，polyeig(a0, a1, …, ap)为求解标准的多项式问题，相当于 roots([ap … a1 a0])。

5.7.2　数据内插

1．interp1

功能：一维数据内插(查表法)。

格式：

　　　yi=interp1(x, y, xi)

　　　yi=interp1(x, y, xi, method)

说明：

yi=interp1(x, y, xi)可根据数据对(x, y)在 xi 处得到内插值；yi=interp1(x, y, xi, method)可采用指定的方法进行内插。method 可取：

- 'nearest'：表示采用最邻近内插。
- 'linear'：表示采用线性内插。
- 'spline'：表示采用三次样条内插。
- 'cubic'：表示采用三次曲线内插。
- 'pchip'：与'cubic'相同。
- 'v5cubic'：MATLB 5.x 中采用的三次曲线内插。

所有这些内插方法都要求 x 为单调数据，而且当 x 为均匀间隔时，可在每种方法之前加上'*'，以获得更快的执行速度。例如，输入

　　　x=0:10:100

　　　y=[40 44 46 52 65 76 80 82 88 92 110];

　　　xi=0:1:100

　　　yi=interp1(x,y,xi,'spline')

可在 yi 中得到相应于 xi 的三次样条内插结果，这很容易利用 plot 函数检验内插的效果。

2．interpft

功能：采用 FFT 方法的一维数据内插。

格式：

　　　y=interpft(x,n)

　　　y=interpft(x,n,dim)

说明：

y=interpft(x,n)可对周期函数 x 重新等间隔取样，产生 n 点的 y 值。如果 length(x)=m，且取样间隔为 dx，则新的取样间隔 dy=dx*m/n，应注意 n≥m。如果 x 为矩阵，则 interpft 函数按列进行处理，即列数不变，行数由 m 变成 n。

y=interpft(x, n, dim)可按指定维 dim 进行数据内插。

3．interp2

功能：二维数据内插(查表法)。

格式：

ZI=interp2(X, Y, Z, XI, YI)　　　　ZI=imerp2(Z, ntimes)

ZI=interp2(Z, XI, YI)　　　　　　ZI=interp2(X, Y, Z, XI, YI, method)

说明：

在 ZI=interp2(X,Y,Z,XI,YI)中，给出数据对(X, Y, Z)可求出相应于(XI,YI)对应点处的 ZI 值，其中 XI，YI 为类似于由 meshgrid 函数产生的格型坐标点矩阵，计算中采用二维的内插算法；XI, YI 还可取向量形式，这时 interp2 会调用预处理 meshgrid(XI,YI)。

在 ZI=interp2(Z, XI, YI)中默认使用 X=1:n，Y=1:m，其中[m, n]=size(Z)。

在 ZI=interp2(Z, ntimes)中，将 Z 在每两点之间循环内插 ntimes 次，interp2(Z)相当于 interp2(Z,1)。

在 ZI=interp2(X, Y,Z, XI, YI, method)中，可指定内插方法：

● 'linear'：表示采用双线性内插(缺省)。

● 'nearest'：表示采用最邻近内插。

● 'spline'：表示采用三次样条内插。

● 'cubic'：表示采用三次曲线内插。

其它有关说明类似于 interp1 函数。

4．interp3

功能：三维数据内插(查表法)。

格式：

VI=interp3(X,Y,Z,V,XI,YI,ZI)　　　　VI=interp3(V, ntimes)

VI=interp3(V,XI,YI,ZI)　　　　　　VI=interp3(…, method)

说明：

interp3 函数与 interp2 函数几乎一样，只是从二维扩展到了三维，因此其说明也一样，这里不再赘述。

5．interpn

功能：多维数据内插(查表法)。

格式：

VI=interpn(X1, X2, X3, …, V, Y1, Y2, Y3, …)　　　　VI=interpn(V, ntimes)

VI=interpn(V, Yl, Y2, Y3, …)　　　　　　VI=interpn(…, method)

说明：

interpn 函数与 interp3、interp2 函数非常类似，其中 X1，X2，X3，…表示原始数据点，V 为相应的输出值，Y1，Y2，Y3，…表示内插点位置，VI 为内插结果。因此可参考 interp3 和 interp2 函数，这里不再赘述。

6．spline

功能：三次样条内插。

格式：

　　　yi=spline(x,y,xi)

　　　pp=spline(x,y)

说明：

spline 函数可利用三次样条拟合在数据点之间进行内插。

在 yi=spline(x,y,xi)中，由 x，y 给出了一组粗略的测量值，xi 给出精细的横坐标，这样可利用三次样条内插得到相应的 yi。

pp=spline(x, y)可得到三次样条内插的 pp 形式，从而可供 ppval 函数或其它样条函数使用。

7．meshgrid

功能：为三维绘图产生 X 和 Y 阵。

格式：

　　　[X,Y]=meshgrid(x,y)

　　　[X,Y]=meshgrid(x)

　　　[X,Y,Z]=meshgrid(x,y,z)

说明：

[X, Y]=meshgrid(x, y)可将向量 x 和 y 指定的域变换成阵列 X 和 Y，它可用于估计双变量函数和三维曲面绘图。阵列 X 和 Y 的行和列分别是向量 x 和 y 的复制；[X, Y]=meshgrid(x)等同于[X, Y]=meshgrid(x,x)；[X, Y, Z]=meshgrid(x, y, z)可产生三维阵列，用于估计三维变量函数和三维立体绘图。

8．ndgrid

功能：为多维函数和内插操作产生阵列。

格式：

　　　[X1, X2, X3, …]=ndgrid(x1, x2, x3, …)

　　　[X1, X2, X3, …]=ndgrid(x)

说明：

[X1, X2, X3, …]=ndgrid(xl, x2, x3,…)可将向量 x1，x2，x3，…指定的域变换成阵列 X1，X2，X3，…，它们可用于估计多变量函数和多维内插。输出阵列的第 i 维 Xi 是向量 xi 的复制；[X1, X2, X3, …]=ndgrid(x)等同于[X1, X2, X3, …]=ndgrid(x,x,x,…)。

9．griddata

功能：数据网格。

格式：

　　　ZI=griddata(x, y, z, XI, YI)

　　　[XI, YI, ZI]=griddata(x, y, z, xi, yi)

　　　[…]=griddata(… method)

说明：

ZI=griddata(x, y, z, XI, YI)可按照非均匀间隔向量(x,y,z)数据来拟合 z=f(x, y)形式的曲面，通过在点(XI,YI)进行内插得到 ZI，得到的曲面总是通过数据点，XI, YI 通常形成均匀的栅格；XI 可以是行向量，这表示一个列元相同的矩阵，类似地，YI 也可以是列向量，它表示一个行元相同的矩阵。

[XI, YI, ZI]=griddata(x, y, z, xi, yi)除得到内插结果 ZI 外，还可以得到由行向量 xi、列向量 yi 形成的 XI 和 YI 矩阵。

[…]=griddata(… method)可采用指定的内插方法：

- 'linear'：采用线性内插。
- 'cubic'：采用三次内插。
- 'nearest'：采用最近邻域内插。
- 'v4'：采用 MATLAB 4.0 中的 griddata 方法。

5.8　数据分析与傅里叶变换函数

MATLAB 的基本系统提供了进行数据分析与博里叶变换的许多函数，表 5.7 列出了这些函数，其后详细介绍这些函数的用法。

表 5.7　数据分析和傅里叶变换函数

基本操作	
max	求阵列最大值
min	求阵列最小值
mean	求阵列的均值或平均值
median	求阵列中值
std	求阵列标准差
sort	按升序排列元素
sortrows	按升序排列行
sum	阵列元素求和
prod	阵列元素求积
cumsum	累积和
cumprod	累积积
trapz	梯形法计算数值积分
cumtrapz	梯形法计算累积数值积分
有限差分	
diff	差分和导数逼近
gradient	数值梯度
del2	离散拉普拉斯算子
相关运算	
corrcoef	计算相关系数
cov	计算协方差阵
滤波运算	
filter	利用 IIR 或 FIR 滤波器对数据滤波
filter2	二维数字滤波

傅里叶变换	
fft	一维快速傅里叶变换(FFT)
fft2	二维快速傅里叶变换
fftn	多维快速傅里叶变换
fftshift	将 FFT 的直流分量移至频谱中心
ifft	一维逆 FFT
ifft2	二维逆 FFT
ifftn	多维逆 FFT
ifftshift	逆 FFT 移位
unwrap	对相位角进行纠正，给出平滑的相位图

5.8.1　基本操作

1．max

功能：求阵列最大值。

格式：

　　　C=max(A)　　　　　　C=max(A, [], dim)

　　　C=max(A, B)　　　　　 [C, I]=max(…)

说明：

　　C=max(A)可求出阵列沿不同维的最大值。当 A 为向量时，max(A)为 A 的最大值；当 A 为矩阵时，max(A)可得到一个行向量，其每个元素为矩阵 A 相应列的最大值。

　　C=max(A，B)可得到一个与 A、B 同维、同尺寸的矩阵 C，其每个元素为 A、B 中相应元素的较大者，如果 A，B 为二维矩阵，则

$$C(i,j)=\max\{A(i, j), B(i, j)\}$$

　　C=max(A,[],dim)可求出 A 中沿着指定维 dim 的最大值，例如，C=max[A，[]，2)可求得阵列 A 沿第二维的最大值。

　　[C,I]=max(…)除得到最大值 C 阵列外，还得到了最大值的位置 I。如果具有多个相同的最大值，则只返回第一个最大值的位置。

2．min

功能：求阵列最小值。

格式：

C=min(A)　　　　　　　　C=min(A, [], dim)

C=min(A, B)　　　　　　　[C, I]=min(…)

说明：

　　min 函数与 max 函数类似，只是 max 函数求出的是最大值，而 min 函数求出的是最小值。有关说明可参见 max 函数。

3．mean

功能：求阵列的均值或平均值。

格式：

　　· M=mean(A)

　　　M=mean(A, dim)

说明：

M=mean(A)可求出阵列的均值。当 A 为向量时，mean(A)可求出 A 的均值；当 A 为矩阵时，mean(A)可得到均值行向量，其每个元素为矩阵 A 相应列的均值；当 A 为多维阵列时，mean(A)可求得沿第一个非单点维的均值阵列。

M=mean(A, dim)可求出沿指定维 dim 的 A 的均值。例如，输入

```
>> A=[1 2 4 4;3 4 6 6;5 6 8 8;5 6 8 8];
M1=mean(A)
M1=
    3.5000    4.5000    6.5000    6.5000
>> M2=mean(A,2)
M2=
    2.7500
    4.7500
    6.7500
    6.7500
```

4．median

功能：求阵列中值。

格式：

　　　M=median(A)

　　　M=median(A, dim)

说明：

M=median(A)可求出阵列 A 的中值。当 A 为向量时，median(A)可得到 A 的中值；当 A 为矩阵时，median(A)可得到一个行向量，其每个元素为 A 中相应列的中值；当 A 为多维阵列时，median(A)按第一个非单点维计算其中值。

M=median(A, dim)可沿着指定维 dim 计算其中值。例如：

```
>> A=[1 2 4 4;3 4 6 6;5 6 8 8;5 6 8 8];
median(A)
ans=
    4    5    7    7
>> median(A,2)
ans=
    3
    5
    7
    7
```

5. std

功能：求阵列标准差。

格式：

    s=std(X)

    s=std(X, flag)

    s=std(X, flag, dim)

说明：

数据向量 X 的标准差 s 有两种定义：

$$(1) \quad s = \left[\frac{1}{n-1} \sum_{i=1}^{n} (x_i - \bar{x})^2 \right]^{\frac{1}{2}}$$

$$(2) \quad s = \left[\frac{1}{n} \sum_{i=1}^{n} (x_i - \bar{x})^2 \right]^{\frac{1}{2}}$$

其中，$\bar{x} = \frac{1}{n} \sum_{i=1}^{n} x_i$，n=length(X)。

s=std(X)可根据定义(1)计算出向量 X 的标准差，当 X 为正态分布数据的随机取样时，s^2 为其方差的最佳无偏估计；当 X 为矩阵时，s 为行向量，其元素为 X 中每列元素的标准差；当 X 为多维阵列时，std(X)为沿着 X 的第一个非单点维的标准差。

s=std(X,flag)可指定采用上述两种不同的定义计算标准差，当 flag=0 时，采用定义(1)，等同于 s=std(X)；当 flag=1 时，采用定义(2)。

s=std(X,flag,dim)可指定求标准差的维数 dim。例如：

```
>> X=[1 3 10;5 2 8];
>> std(X)
ans =
        2.8284      0.7071      1.4142
>> std(X,1)
ans =
        2.0000      0.5000      1.0000
>> std(X,1,2)
ans =
        3.8586
        2.4495
```

6. sort

功能：按升序排列元素。

格式：

    B=sort(A)

　　　　[B, I]=sort(A)

　　　　B=sort(A, dim)

　　说明：

　　B=sort(A)可对 A 中的元素按升序进行排序，A 中元素允许是实数、复数和字符串。当
A 为复数时，sort 按其幅值排序，如果幅值相同则再根据相位排序；当 A 中包含 NaN 时，
这些 NaN 值会放在最后。

　　当 A 为向量时，sort(A)会按升序将 A 中元素进行排序；当 A 为矩阵时，sort(A)会按列
进行排序；当 A 为多维阵列时，sort(A)将按第一个非单点维进行升序排序。

　　[B, I]=sort(A)还可以得到一个索引阵列 I；B=sort(A, dim)可按指定维 dim 进行排序。

7. sortrows

　　功能：按升序排列行。

　　格式：

　　　　B=sortrows(A)

　　　　B=sortrows(A, column)

　　　　[B, I]=sortrows(A)

　　说明：

　　sortrows 函数类似于 sort 函数，只是 sortrows 将阵列中的一行作为一个总体，然后按列
进行排序。这里不再赘述。

　　B=sortrows(A, column)可指定排序的列；[B, I]=sortrows(A)还可得到排序的索引矩阵 I。
例如：

　　　　>> A=['one   ';'two   ';'three';'four ';'five '];

　　　　>> B1=sortrows(A)

　　　　B1=

　　　　　　five

　　　　　　four

　　　　　　one

　　　　　　three

　　　　　　two

　　　　>> B2=sortrows(A, 2)

　　　　B2 =

　　　　　　three

　　　　　　five

　　　　　　one

　　　　　　four

　　　　　　two

8. sum

　　功能：阵列元素求和。

　　格式：

B=sum(A)

B=sum(A, dim)

B=sum(A, 'double')

B=sum(A, dim, 'double')

B=sum(A, 'native')

B=sum(A, dim, 'native')

说明：

B=sum(A)可求出阵列 A 的元素之和。当 A 为向量时，sum(A)为各元素之和；当 A 为矩阵时，sum(A)可按列求出各列元素之和；当 A 为多维阵列时，sum(A)可求出沿第一个非单点维的元素之和。

B=sum(A, dim)可按指定维计算元素之和。

B=sum(A, 'double')和 B=sum(A, dim, 'double')可以按双精度计算和值，即便 A 是单精度或者是整数。

B=sum(A, 'native')和 B=sum(A, dim, 'native')可以按数据的自然类型进行求和，它们都是单精度数和双精度数运算时的缺省情况。

9. prod

功能：计算阵列元素之积。

格式：

B=prod(A)

B=prod(A, dim)

说明：

B=prod(A)可求出阵列 A 的元素之积。当 A 为向量时，prod(A)为各元素之积；当 A 为矩阵时，prod(A)可求出沿列的元素之积；当 A 为多维阵列时，prod(A)可求出沿第一个非单点维的元素之积。

B=prod(A, dim)可求出 A 中沿指定维的元素之积。例如：

```
>> A=[1 2 3;4 5 6;7 8 9];
B=prod(A)
B =
    28    80   162
>> C=prod(A,2)
C =
      6
    120
    504
```

10. cumsum

功能：计算累积和。

格式：

B=cumsum(A)

B=cumsum(A, dim)

说明：

B=cumsum(A)可求出阵列 A 的累积和。当 A 为向量时，cumsum(A)可求出元素的累积和；当 A 为矩阵时，cumsum(A)可求出 A 中按列计算的累积和；当 A 为多维阵列时，cumsum(A)可求出 A 中沿第一个非单点维的累积和。

B=cumsum(A, dim)可求出 A 中沿指定维 dim 的累积和。例如：

```
A=[1:5];
cumsum(A)
ans=
      1      3      6      10      15
B=[1 3 5; 2 8 16];
cumsum(B)
ans=
      1      3      5
      3      11     21
```

注意，它与 sum 函数的区别：

```
sum(B)
ans=
      3      11     21
```

11．cumprod

功能：计算累积积。

格式：

```
B=cumprod(A)
B=cumprod(A,dim)
```

说明：

B=cumprod(A)可求出阵列 A 的累积积。当 A 为向量时，cumprod(A)可求出 A 元素的累积积；当 A 为矩阵时，cumprod(A)可求出 A 中沿列计算的累积积；当 A 为多维阵列时，cumprod(A)可求出 A 中沿第一个非单点维的累积积。

B=cumprod(A, dim)可求出 A 中沿指定维 dim 的累积积。例如：

```
A=[1:5];
cumprod(A)
ans=
      1      2      6      24      120
B=[1 3 5;2 8 16];
cumprod(B)
ans=
      1      3      5
      2      24     80
```

注意，它与 prod 的区别：

    prod(B)

    ans=

        2   24   80

12. trapz

功能：梯形法计算数值积分。

格式：

    Z=trapz(Y)

    Z=trapz(X, Y)

    Z=trapz(⋯, dim)

说明：

Z=trapz(Y)可利用梯形法近似计算出 Y 的积分(单位间隔)。当 Y 的间隔不为单位间隔时，应在 Z 中乘以间隔增量；当 Y 为向量时，trapz(Y)为 Y 的积分；当 Y 为矩阵时，trapz(Y)可计算出 Y 的按列的积分；当 Y 为多维阵列时，trapz(Y)可计算出 Y 的沿第一个非单点维的积分。

Z=trapz(X, Y)可利用梯形法计算出 Y 相对于 X 的积分。当 X 为向量，Y 为阵列，而且 Y 为第一个非单点维的长度，其值等于 length(X)，则 trapz(X, Y)按这一维进行积分。

Z=trapz(⋯, dim)可沿指定维 dim 计算积分。

例如，为计算

$$Z = \int_0^\pi \sin(x)\mathrm{d}x$$

可输入

    >>X=0:pi/100:pi;

    Y=sin(X);

    Z=trapz(X,Y)

    Z=

      1.9998

    >> Z1=pi/100*trapz(Y)

    Z1=

      1.9998

这说明两种命令得到相同的结果。

13. cumtrapz

功能：梯形法计算累积数值积分。

格式：

    Z=cumtrapz(Y)

    Z=cumtrapz(X, Y)

    Z=cumtrapz(⋯, dim)

说明：

Z=cumtrapz(Y)可利用梯形法近似计算出 Y 的累积积分，它与 trapz(Y)的关系等同于 cumsum 与 sum、cumprod 与 prod 的关系，这里不再赘述。例如：

```
Y=[1 2 3;4 5 6;7 8 9];
cumtrapz(Y)
ans=
            0          0          0
       2.5000     3.5000     4.5000
       8.0000    10.0000    12.0000
trapz(Y)
ans=
        8         10         12
```

5.8.2　有限差分

1．diff

功能：差分和导数逼近。

格式：

```
Y=diff(X)
Y=diff(X, n)
Y=diff(X, n, dim)
```

说明：

Y=diff(X)可计算出 X 中相邻元素间的差分。当 X 为向量时，diff(X)可得到 X 相邻元素的差分，即

$$[X(2)-X(1) \quad X(3)-X(2) \quad \cdots \quad X(n)-X(n-1)]$$

当 X 为矩阵时，diff(X)可得到列差分矩阵：

$$[X(2{:}m,{:})-X(1{:}m-1,{:})]$$

一般情况下，diff(X)可得到沿着 X 的第一个非单点维的差分。

Y=diff(X,n)可递归应用 diff 函数 n 次，从而得到 n 阶差分，因此 diff(X,2)就等同于 diff(diff(X))。

Y=diff(X, n, dim)可计算沿着指定维 dim 的 n 阶差分。例如：

```
>> X=[1 2 4 7];
>> diff(X)
ans=
      1      2      3
>> diff(X,2)
ans=
      1      1
```

2．gradient

功能：数值梯度。

格式：

Fx=gradient(F)　　　　　　　　　　[…]=gradient(F, h)

[Fx, Fy]=gradient(F)　　　　　　　　[…]=gradient(F, h1, h2, …)

[Fx, Fy, Fz, …]=gradient(F)

说明：

对双变量函数 F(x, y)的梯度定义为

$$\nabla F = \frac{\partial F}{\partial x}\hat{i} + \frac{\partial F}{\partial y}\hat{j}$$

它可以认为是指向 F 增加方向的向量集。

在 MATLAB 中，可以计算出任意个变量的函数的数值梯度(差分)，对于 N 个变量的函数 F(X, Y, Z, …)有

$$\nabla F = \frac{\partial F}{\partial x}\hat{i} + \frac{\partial F}{\partial y}\hat{j} + \frac{\partial F}{\partial z}\hat{k} + \cdots$$

Fx=gradient(F)可得到一维的数值梯度(F 为向量)，Fx 相应于 $\partial F/\partial x$；[Fx, Fy]=gradient(F) 可得到二维数值梯度的 X、Y 分量(F 为矩阵)，Fx 相应于 $\partial F/\partial x$，Fy 相应于 $\partial F/\partial y$，X、Y 方向的间隔假设为 1；[Fx, Fy, Fz, …]=gradient(F)可得到 N 维数值梯度的各个分量(F 为 N 维阵列)。

gradient 函数还可以控制 F 中的间隔：

● 单个 h 表示各个方向上采用同一个间隔。

● N 个间隔(h1, h2, …)可为每个方向指定不同的间隔。

这两种格式分别为[…]=gradient(F, h)和[…]=gradient(F, h1, h2, …)。

3．del2

功能：离散拉普拉斯(Laplace)算子。

格式：

L=del2(U)　　　　　　　L=del2(U,hx,hy)

L=del2(U,h)　　　　　　L=del2(U,hx,hy,hz,…)

说明：

假设矩阵 U 是函数 U(x,y)在方形栅格上的值，则 4*del2(U)是 Laplace 微分算子应用于 U 的有限差分逼近，即

$$l = \frac{\nabla^2 U}{4} = \frac{1}{4}\left[\frac{d^2 U}{dx^2} + \frac{d^2 U}{dy^2}\right]$$

其中，在 l 的内部

$$l_{ij} = \frac{1}{4}(U_{i+1,j} + U_{i-1,j} + U_{i,j+1} + U_{i,j-1}) - U_{i,j}$$

在 l 的边缘上，采用相同形式的三次外插公式。

对于多变量函数 U(x, y, z, …)，del2(U)逼近于

$$l = \frac{\nabla^2 U}{2N} = \frac{1}{2N}\left[\frac{d^2 U}{dx^2} + \frac{d^2 U}{dy^2} + \frac{d^2 U}{dz^2} + \cdots\right]$$

其中，N 为函数 U 中的变量数。

在 L=del2(U)中，U 为矩形阵列，则 L 是 $\nabla^2 U/4$ 的离散逼近，矩阵 L 与 U 同大小，每个元素为 U 的元素与相邻四元素均值的差。当 U 为多维阵列时，L=del2(U)为 $\nabla^2 U/2N$ 的逼近。

在 L=del2(U, h)中，标量 h 用于指定每个方向的间隔，缺省时 h=1；L=del2(U,hx,hy)用于 U 为矩阵时，hx,hy 为指定这两个方向上的间隔；L=del2(U,hx,hy,hz,…)用于 U 为多维阵列时，hx,hy,hz，…为指定各个方向上的间隔。

5.8.3　相关运算

1. corrcoef

功能：计算相关系数。

格式：

  R=corrcoef(X)

  R=corrcoef(x, y)

  [R, P]=corrcoef(…)

  [R, P, RLO, RUP]=corrcoef(…)

  […]=corrcoef(…, 'param1', val1, 'param2', val2, …)

说明：

R=corrcoef(X)可计算出输入矩阵 X 的相关系数矩阵，其中 X 的行为观测样本，列为变量。矩阵 R=corrcoef(X)与协方差矩阵 C=cov(X)的关系为

$$R(i, j) = \frac{C(i, j)}{\sqrt{C(i,i)C(j, j)}}$$

R=corrcoef(X)是协方差函数的零阶滞后，即是 xcov(x,'coeff')封装成方形阵列的零阶滞后。

在 R=corrcoef(x, y)中，当 x, y 为列向量时，它等同于 corrcoef([x y])。

[R, P]=corrcoef(…)还可以得到矩阵 P，当 P(i, j)较小(比如小于 0.05)时，说明该函数得到的 R(i, j)是有意义的。

[R, P, RLO, RUP]=corrcoef(…)还可以得到矩阵 RLO 和 RUP，它们分别是相关系数 95％的可信区间的下界值和上界值。

[…]=corrcoef(…, 'param1', val1, 'param2', val2, …)可以指定附加的参量及其数值，这里可以指定的参量包括：

● 'alpha'：0～1 之间的值，用于指定可信水平——100*(1−alpha)％，缺省值为 0.05，即指定 95％的可信区间。

● 'rows'：其值可以取'all' (缺省值)，表示使用所有的行；取'complete'表示使用没有 NaN 值的行；取'pairwise'表示计算 R(i, j)时将采用列 i 和列 j 中均没有 NaN 值的行。

2．cov

功能：计算协方差阵。

格式：

　　C=cov(X)

　　C=cov(x, y)

说明：

在 C=cov(X)中，当 X 为向量时，C 为向量元素的方差；当 X 为矩阵时，cov(X)为协方差矩阵，其中 X 的行为观测样本，列为变量，diag(cov(X))为由每一列的方差构成的向量，sqrt(diag(cov(X)))为标准差向量。

在 C=cov(x, y)中，当 x, y 为列向量时，它等效于 C=cov([x y])。

注意，协方差的定义为

$$cov(x_1, x_2) = E[(x_1-\mu_1)(x_2-\mu_2)]$$

其中，$\mu_i = Ex_i$，E 表示求数学期望。

5.8.4　滤波运算

1．filter

功能：利用无限冲激响应(IIR)或有限冲激响应(FIR)滤波器对数据进行滤波。

格式：

　　y=filter(b, a, X)　　　　　　　　y=filter(b, a, X, zi,dim)

　　[y, zf]=filter(b, a, X)　　　　　　[…]=filter(b, a, X, [], dim)

　　[y, zf]=filter(b, a, X, zi)

说明：

filter 函数可对实的和复的数据序列进行滤波，其滤波器采用标准差分方程的直接 II 型实现。

在 y=filter(b, a, X)中，由 b(s)/a(s)构成滤波器，对输入数据向量 X 中的数据进行滤波。当 X 为矩阵时，滤波器对 X 中的数据按列进行滤波；当 X 为多维阵列时，滤波器对 X 中的数据沿第一个非单点维进行滤波。

[y, zf]=filter(b, a, X)还可以得到滤波器延迟的最终条件 zf，实际上 zf 为 max(size(a), size(b))。

[y, zf]=filter(b, a, x, zi)可输入初始条件 zi，向量 zi 的长度必须是 max(1ength(a), length(b))−1。

y=filter(b, a, X, zi, dim)和[…]=filter(b, a, X, [], dim)可指定滤波的维数 dim。

2．filter2

功能：二维数字滤波。

格式：

　　Y=filter2(b,X)

　　Y=filter2(b,X,shape)

说明：

Y=filter2(b, X)可利用二维 FIR 滤波器(用矩阵 b 表示)对数据进行滤波，它采用二维相关运算进行计算，结果 Y 取与 X 相同大小的中心部分。

Y=filter2(b, X, shape)可利用 shape 参数指定 Y 部分，shape 可取：

- 'full'：Y 为整个二维相关序列，其长度大于 X 的长度。
- 'same'(缺省值)：Y 取相关序列的中心部分，其长度等于 X 的长度。
- 'valid'：Y 只取由非补零序列计算得到的相关序列，其长度小于 X 的长度。

5.8.5　傅里叶变换

1．fft

功能：计算一维快速傅里叶变换(FFT)。

格式：

  Y=fft(X)   Y=fft(X, [], dim)

  Y=fft(X, n)   Y=fft(X, n, dim)

说明：

函数 X=fft(x)和 x=ifft(X)可分别完成长度为 N 的向量的 FFT 变换和逆 FFT 变换：

$$X(k) = \sum_{j=1}^{N} x(j) W_N^{(j-1)(k-1)}$$

$$x(j) = \frac{1}{N} \sum_{k=1}^{N} X(k) W_N^{-(j-1)(k-1)}$$

其中，$W_N = e^{-2\pi i / N}$ 为单位圆上的第 i 个根。

Y=fft(X)可利用 FFT 算法计算出向量 X 的离散傅里叶变换。当 X 为矩阵时，fft(X)可得到 X 的按列的傅里叶变换；当 X 为多维阵列时，fft(X)可沿 X 的第一个非单点维计算傅里叶变换。

Y=fft(X, n)可计算 X 的 n 点 FFT。当 X 的长度小于 n 时，在 X 的末尾补零；当 X 的长度大于 n 时，截断 X 序列；当 X 为矩阵时，可以同样的方式调整 X 的列长度。

注意，当 X 的长度为 2 的幂次方时，fft 函数采用基 2 的 FFT 算法，否则采用稍慢的混合基算法。

例如　考虑一被噪声污染的信号，很难看出它所包含的频率分量，比如一个由 50 Hz 和 120 Hz 正弦信号构成的信号，受零均值随机噪声的干扰，数据采样率为 1000 Hz。现通过 fft 函数来分析其信号频率成分，其程序如下：

```
t=0:0.001:0.6;

x=sin(2*pi*50*t)+sin(2*pi*120*t);

y=x+1.5*randn(1,length(t));

Y=fft(y,512);

P=Y.*conj(Y)/512;              %计算功率谱密度
```

  f=1000*(0:255)/512;

  plot(f,P(1:256))

这样可得到如图 5.16 所示的信号功率谱密度。从图中可以推测，信号集中在 50 Hz 和 120 Hz。

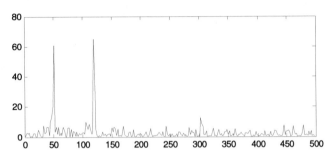

图 5.16 信号功率谱密度

2．fft2

功能：计算二维快速傅里叶变换。

格式：

  Y=fft2(X)

  Y=fft2(X, m, n)

说明：

  Y=fft2(X)可完成计算矩阵 X 的二维 FFT，它是基于一维 FFT 算法的。先按列对 X 中的每一列进行 FFT，然后对得到的结果(行向量)再作一次一维 FFT，从而得到了二维 FFT，Y 与 X 具有相同的大小。

  在 Y=fft2(X, m, n)中，指定对 X 截断或补零，使之成为 m×n 矩阵，然后再作二维的 FFT，其结果 Y 也为 m×n。

3．fftn

功能：计算多维快速傅里叶变换。

格式：

  Y=fftn(X)

  Y=fftn(X, size)

说明：

  Y=fftn(X)可完成 X 的多维 FFT，其结果 Y 与 X 具有相同的大小。

  在 Y=ffm(X, size)中，size 用于指定多维阵列 X 的尺寸，在变换前对 X 进行截断或补零，使之具有 size 指定的尺寸，得到的结果 Y 也具有 size 尺寸。

  fftn(X)等效于

```
    Y=X;
    for   p=1: length(size(X))
        Y=fft(Y,[],p);
    end
```

4．fftshift

功能：将 FFT 的直流分量移至频谱中心。

格式：

　　　Y=fftshift(X)

说明：

Y=fftshift(X)可重排 fft、fft2 和 fftn 函数产生的结果，即将零频分量移到频谱的中心，这给实际工程应用带来了很多方便。

当 X 为向量时，fftshift(X)直接将 X 中的左、右两半交换；当 X 为矩阵时，fftshift(X)将 X 的 4 个 1/4 分块两两交换；当 X 为多维阵列时，fftshift(X)可将 X 沿着每一维的两个子空间进行交换。例如：

```
>> x=[0.5 1; −0.3 0.4];
>> y=fft2(x)
y =
    1.6000    −1.2000
    1.4000     0.2000
>> z=fftshift(y)
z =
    0.2000     1.4000
   −1.2000     1.6000
```

5．ifft

功能：计算一维逆 FFT。

格式：

　　y=ifft(X)　　　　　　　　　　　y=ifft(X, [], dim)
　　y=ifft(X, n)　　　　　　　　　　y=ifft(X, n, dim)

说明：

y=ifft(X)可计算出向量 X 的逆快速傅里叶变换(IFFT)。当 X 为矩阵时，ifft(X)可在 X 中按列计算 IFFT；当 X 为多维阵列时，ifft(X)可在 X 中沿第一个非单点维计算 IFFT。

y=ifft(X, n)可计算向量 X 的 n 点 IFFT；y=ifft(X, [], dim)和 y=ifft(X, n, dim)可沿指定维计算 IFFT。

6．ifft2

功能：计算二维逆 FFT。

格式：

　　　Y=ifft2(X)
　　　Y=ifft2(X, m, n)

说明：

Y=ifft2(X)可得到 X 矩阵的二维 IFFT；Y=ifft2(X, m, n)在变换前，通过截断或补零使 X 成为 m×n 矩阵，然后再计算二维 IFFT，其大小也为 m×n。

7．ifftn

功能：计算多维逆 FFT。

格式：

Y=ifftn(X)

Y=ifftn(X, size)

说明：

Y=ifftn(X)可完成 X 的 N 维 IFFT，其结果 Y 与 X 具有相同的大小；在 Y=ifftn(X, size) 中，size 用于指定多维阵列 X 的尺寸，在变换前对 X 进行截断或补零，使之具有 size 指定的尺寸，得到的结果 Y 也具有 size 尺寸。

ifftn(X)等效于

Y=X;

for p=1:length(size(X))

　　Y=ifft(Y,[],p);

end

8．ifftshift

功能：逆 FFT 移位。

格式：

Y=ifftshift(X)

说明：

ifftshift 与 fftshift 的作用相反。当 X 为向量时，ifftshift(X)将 X 中的左、右两半交换；当 X 为矩阵时，ifftshift(X)将 X 的 4 个 1/4 分块两两交换；当 X 为多维阵列时，ifftshift(X) 可将 X 沿着每一维的两个子空间进行交换。

9．unwrap

功能：对相位角进行纠正，给出平滑的相位图。

格式：

Q=unwrap(P)

Q=unwrap(P, tol)

Q=unwrap(P, [], dim)

Q=unwrap(P, tol, dim)

说明：

Q=unwrap(P)可以对向量 P 中以弧度表示的相位进行纠正，其方法是当相邻之间的值超过 π 时，加上 2π 的整数倍。如果 P 为矩阵，则 unwrap 函数按列运算；如果 P 为多维阵列，则 unwrap 函数按第一个非单点维进行运算。

Q=unwrap(P, tol)可以指定检测的容限 tol，其缺省值为 π；Q=unwrap(P, [], dim)可以指定 unwrap 函数按 dim 维进行操作，其容限为缺省的 π；Q=unwrap(P, tol, dim)可按 dim 维进行操作，其容限为 tol。

例如　某三阶传递函数为

$$H(s) = \frac{1}{s^3 + 0.1s^2 + 10s}$$

这个系统在 ω=3.0 到 ω=3.5 之间存在大于 π 的跳跃，因此应该采用 unwrap 函数进行纠正。
MATLAB 程序为

```
sys=tf(1,[1 .1 10 0]);
w = [0:.2:3,3.5:1:10];
h = freqresp(sys,w);
p = angle(h(:));
figure(1)
subplot(2,1,1)
semilogx(w,p,'b*-'),title('Phase angle before unwraping')
p1=unwrap(p);
subplot(2,1,2)
semilogx(w,p1,'r*-'),title('Phase angle after unwraping')
%计算相邻元素的最大值
pdmax=max(abs(diff(p)))
p1dmax=max(abs(diff(p1)))
```

执行后得到如图 5.17 所示的结果，并且有

```
pdmax =
        3.5874
p1dmax =
        2.6958
```

这说明在 unwrap 函数处理之前的相角差大于 π，而处理后则小于 π，达到了平滑的目的。

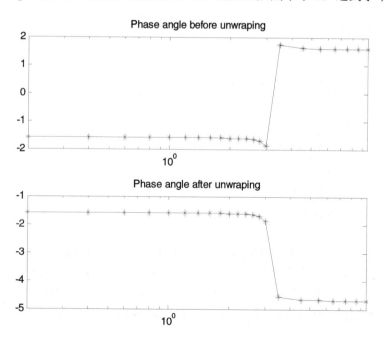

图 5.17　对相角进行纠正

5.9　泛函——非线性数值方法函数

MATLAB 提供了有关积分、常微分方程求解等方面的许多泛函(函数的函数)，它们也称为非线性的数值方法。表 5.8 列出了这类函数的简要列表，其后详细介绍其用法。

表 5.8　泛函——非线性数值方法

优化与求根	
fzero	单变量函数的零点(即方程之根)
fminbnd	单变量函数在固定区间上的最小化
fminsearch	多变量函数的最小值
数值积分	
quad, quadl	计算单重积分
dblquad	计算双重积分
quadv	计算多个函数的积分
triplequad	计算函数的三重积分
常微分方程求解	
odefile	为 ODE 求解器定义微分方程问题
ode45, ode23, ode113, ode15s, ode23s, ode23t, ode23tb	求解微分方程
deval	计算微分方程的解

5.9.1　优化与求根

1. fzero

功能：求单变量函数的零点(即方程的根)。

格式：

　　　x = fzero(fun, x0)

　　　x = fzero(fun, x0, options)

　　　[x, fval] = fzero(…)

　　　[x, fval, exitflag] = fzero(…)

　　　[x, fval, exitflag, output] = fzero(…)

说明：

x = fzero(fun, x0)试图在 x0(标量)附近找出函数 fun 的零点，其中 fun 为函数的句柄。计算得到的值处于函数改变符号的点附近，如果函数不存在零点，则返回 NaN。

当 x0 为两元向量时，表示一个区间，而且 fun(x0(1))与 fun(x0(2))的符号相异，如果这两个端点的符号相同，则函数返回一个出错信息。这种格式表示 fzero 在指定区间中找出函数 fun 的零点。

x = fzero(fun, x0, options)可利用结构 options 指定优化参数，这些参数如表 5.9 所示。

表5.9　结构 options 指定的优化参数

域　名	说　明
Display	显示等级，'off ' 不显示结果；'iter' 显示每次迭代的结果；'final' 只显示最终结果；'notify'(缺省值)只有当函数不收敛时才显示输出
FunValCheck	检查目标函数值是否有效，当目标函数值为复值和 NaN 时，'on ' 表示显示警告信息；'off ' (缺省值)表示不显示警告信息
OutputFcn	指定每次迭代时优化函数所调用的用户函数
TolX	指定 x 的终止容限

[x,fval]=fzero(…)还可以求出在 x 处的目标函数值 fval；[x,fval,exitflag]=fzero(…)还可以得到描述退出条件的值 exitflag，其含义为

- 1：表示函数收敛于解 x。
- –1：算法由输出函数所终止。
- –3：搜索过程中遇到了 NaN 或 Inf 值。
- –4：搜索过程中遇到复值。
- –5：函数 fzero 很可能已经收敛到奇异点。

[x, fval, exitflag, output] = fzero(…)可以得到表示优化信息的结构 output，其域包括

- output.algorithm：采用的算法。
- output.funcCount：函数计算次数。
- output.intervaliterations：寻找区间所用的迭代次数。
- output.iterations：寻找零点所用的迭代次数。
- output.message：退出信息。

例如，计算 sin(x)从 x=3 开始的零点。这时可输入

```
x=fzero('sin', 3) 或 x = fzero(@sin,3)
x=
    3.1416
```

这说明 sin(x)的零点在 x=3.1416≈π，即 sin(π)=0，同时也可理解成 sin(x)=0 的一个根为 π。

又如在[1, 2]之间求解 cos(x)=0，则可输入

```
x=fzero('cos'，[1  2])
x=
    1.5708
```

2. fminbnd

功能：求单变量函数在固定区间上的最小值。

格式：

```
x = fminbnd(fun, x1, x2)
x = fminbnd(fun, x1, x2, options)
[x, fval] = fminbnd(…)
[x, fval, exitflag] = fminbnd(…)
[x, fval, exitflag, output] = fminbnd(…)
```

说明：

x=fminbnd(fun, x1, x2)可求出指定函数 fun 在区间[x1, x2]中的局部最小值对应的 x；x = fminbnd(fun, x1, x2, options)在寻找最小值时采用结构 options 中的优化参数，当然，也可以采用 optimset 函数定义这些参数。结构 options 所包含的域包括

● Display：显示等级，'off ' 不显示结果；'iter' 显示每次迭代的结果；'final' 只显示最终结果；'notify'(缺省值)只有当函数不收敛时才显示输出。

● FunValCheck：检查目标函数值是否有效，当目标函数值为复值和 NaN 时，'on' 表示显示警告信息；'off ' (缺省值)表示不显示警告信息。

● MaxFunEvals：函数计算所允许的最大数。

● MaxIter：允许的最大迭代数。

● OutputFcn：指定每次迭代时优化函数所调用的用户函数。

● TolX：指定 x 的终止容限。

[x, fval] = fminbnd(…)可以得到 x 处的目标函数值 fval；[x, fval, exitflag] = fminbnd(…)还可以在 exitflag 中给出退出条件：

● 1：fminbnd 收敛于解 x(在 options.TolX 容限下)。

● 0：达到函数计算或迭代的最大次数。

● –1：算法由输出函数所终止。

● –2：边界不合适，即 ax > bx。

[x, fval, exitflag, output] = fminbnd(…)可以得到表示优化信息的结构 output，其域包括

● output.algorithm：采用的算法。

● output.funcCount：函数计算次数。

● output.iterations：迭代次数。

● output.message：退出信息。

例如　计算函数

$$f(x) = x^3 - 2x - 5$$

在(0, 2)区间上的最小值点。

我们先编写一函数文件

```
function y=fun1(x)
y=x^3-2*x-5;
```

然后在 MATLAB 下引用这一函数

```
>> x=fminbnd('fun1',0,2)或 x=fminbnd(@fun1,0,2)
x =
    0.8165
```

函数在这一点的极小值为

```
>> y=fun1(x)
y =
   -6.0887
```

3．fminsearch

功能：求多变量函数的最小值。

格式：

x = fminsearch(fun, x0)

x = fminsearch(fun, x0, options)

[x, fval] = fminsearch(…)

[x, fval, exitflag] = fminsearch(…)

[x, fval, exitflag, output] = fminsearch(…)

说明：

fminsearch 函数与 fminbnd 函数非常类似，只是 fminsearch 函数适用于多元函数。

x=fminsearch(fun, x0)可在 x0 附近得到函数 fun 的局部最小点；x=fminsearch(fun,x0, options)可采用指定的选项(options 取值参见 fminbnd 函数)；其它格式说明参见 fminbnd 函数。

例如，求函数

$$f(x) = 100(x_2 - x_1^2)^2 + (1 - x_1)^2$$

的最小值点，起始点选在(−1, 2.1)。

先编写函数文件

```
function f=banana(x)
f=100*(x(2) −x(1)^2)^2+(1−x(1))^2;
```

然后在 MATLAB 下输入

```
>>[x,fval]=fminsearch('banana', [−1,2.1])
x =
     1.0000    1.0000
fval =
        3.1188e−010
```

5.9.2　数值积分

1．quad，quadl

功能：计算函数的单重积分。

格式：

q=quad(fun, a, b)

q=quad(fun, a, b, tol)

q=quad(fun, a, b, tol, trace)

[q, fcnt]=quadl(fun, a, b, …)

说明：

quad 和 quadl 函数可用于计算指定函数的定积分，即求函数下的面积：

$$q = \int_a^b f(x)dx$$

q=quad(fun, a, b)可得到指定函数 fun 在区间[a, b]上的积分的近似值，计算算法为自适应递归 Simpson(辛普森)求积法，算法误差小于 1e−6。这里 fun 为函数句柄，其输入和输出变量均为向量。

q=quad(fun, a, b, tol)在迭代过程中采用绝对误差容限 tol，其缺省值为 1.0e−6，tol 值越大，表示计算得越快，但其结果的精度也越低。在 MATLAB 5.3 及其以前版本中，quad 函数采用的算法不太可靠，其缺省的 tol 值为 1.0e−3。

在 q=quad(fun, a, b, tol, trace)中，非零的 trace 值表示在递归过程中显示出[fcnt a b−a q]；[q, fcnt]= quad(fun, a, b,…)还可以给出函数计算的数目。

quad1 函数与 quad 函数相比，具有更高的精度和更平滑的积分曲线。注意，早期版本的 quad8 函数已经废弃。

例如　求函数 sin(x)在[0,π]上的积分：

```
>>a=quad('sin'，0，pi)或 a=quad(@sin,0,pi)
a=
    2.0000
```

2．dblquad

功能：计算函数的双重积分。

格式：

```
q=dblquad(fun, xmin, xmax, ymin, ymax)
q=dblquad(fun, xmin, xmax, ymin, ymax, tol)
q=dblquad(fun, xmin, xmax, ymin, ymax, tol, method)
```

说明：

对于双变量函数 fun(x, y)，q = dblquad(fun, xmin, xmax, ymin, ymax)可计算出二重积分：

$$q = \int_{y\min}^{y\max} \int_{x\min}^{x\max} \text{fun}(x, y)dx\, dy$$

这里会自动调用 quad 函数进行计算。

q=dblquad(fun, xmin, xmax, ymin, ymax, tol)可指定误差容限 tol，其缺省值为 1.0e−6；q=dblquad(fun, xmin, xmax, ymin, ymax, tol, method)可以在 method 中指定所采用的积分算法，当取@quadl 时表示采用高阶积分法，当然也可以取用户自定义的积分函数。

例如，为计算双重积分

$$z= \int_0^\pi \int_0^\pi (y \sin x + x \cos y)dx\, dy$$

可先编写出 M 函数文件 integrnd.m

```
function out=integrnd(x, y)
out=y*sin(x)+x*cos(y);
```

然后在 MATLAB 下输入

```
>> z=dblquad('integrnd',0,pi,0,pi)
z =
    9.8696
```

3．quadv

功能：计算多个函数的积分。

格式：

　　Q=quadv(fun, a, b)

　　Q=quadv(fun, a, b, tol)

　　Q=quadv(fun, a, b, tol, trace)

　　[Q,fcnt]=quadv(…)

说明：

Q=quadv(fun, a, b)可采用自适应递归 Simpson(辛普森)求积法计算出复杂阵列函数 fun 在区间[a, b]上的积分，误差精度为 1.e−6。其它格式与 quad 函数类似，这里不再赘述。

例如，定义一个参数化阵列函数

　　function Y = myarrayfun(x, n)

　　Y = 1./((1:n)+x);

这样就可以一次计算 n 个函数的积分，比如要计算区间[0, 1]上积分，可输入

　　>> Qv = quadv(@(x)myarrayfun(x,6),0,1)

　　Qv=

　　　　0.6931　　0.4055　　0.2877　　0.2231　　0.1823　　0.1542

4．triplequad

功能：计算函数的三重积分。

格式：

　　q=triplequad(fun, xmin, xmax, ymin, ymax, zmin, zmax)

　　q=triplequad(fun, xmin, xmax, ymin, ymax, zmin, zmax, tol)

　　q=triplequad(fun, xmin, xmax, ymin, ymax, zmin, zmax, tol, method)

说明：

对于三变量函数 fun(x, y, z)，q= triplequad(fun, xmin, xmax, ymin, ymax, zmin, zmax)可计算出三重积分：

$$q = \int_{z\,min}^{y\,max} \int_{y\,min}^{y\,max} \int_{x\,min}^{x\,max} fun(x, y, z)dx\, dy\, dz$$

其它格式说明与 dblquad 函数类似，这里不再赘述。

5.9.3　常微分方程求解

1．odefile

功能：为 ODE(常微分方程)求解器定义微分方程问题。

格式：无

说明：

odefile 不是 MATLAB 的命令或函数，它只用来说明如何建立微分方程问题的 M 文件。

利用 odefile 这一 M 函数可定义三种形式的微分方程：

$$\dot{y} = F(t, y)$$

$$M\dot{y} = F(t, y)$$

$$M(t)\dot{y} = F(t, y)$$

其中 F(·)表示函数，M 和 M(t)分别为非奇异的常数或时变矩阵。

ODE 文件必须有两个输入 t 和 y。有些方程右边并不是 t 的显式函数，但在 ODE 文件中仍应包含 t。输出变量是与 y 同维的向量。

对于 $M\dot{y} = F(t, y)$ 方程，可采用普通的龙格—库塔法(即 ode45、ode23 和 ode113)求解；对于 $M(t)\dot{y} = F(t, y)$ 方程，只能采用刚性求解器 ode15s、ode23t 和 ode23tb。

例如，Van der Pol(范德堡)方程

$$\ddot{y} - \mu(1 - y^2)\dot{y} + y = 0$$

可变换成一阶微分方程组

$$\begin{cases} \dot{y}_1 = y_2 \\ \dot{y}_2 = \mu(1 - y_1^2)y_2 - y_1 \end{cases}$$

这样就可以建立 ODE 文件(μ=1)：

```
function out=vdpl(t,y)
out=[y(2), (1−y(1)^2)*y(2) −y(1)]
```

2. ode45、ode23、ode113、ode15s、ode23s、ode23t、ode23tb

功能：求解微分方程。

格式：

　　　　[T, Y]=solver(odefun, tspan, y0)

　　　　[T, Y]=solver(odefun, tspan, y0, options)

　　　　sol = solver(odefun, [t0 tf], y0,···)

说明：

在上述格式中，solver 可以取 ode45、ode23、ode113、ode15s、ode23s、ode23t 和 ode23tb；符号 odefun 表示 ODE 文件名；tspan=[t0, tf]表示 ODE 求解区间。如果要在指定的多个时间点上求解 ODE，则可指定 tspan=[t0, t1,···, tf]；y0 为初值向量；options 为选项；Y 为解矩阵，T 为相应的时间向量。solver 可取 ode45、ode23 等求解常微分方程的函数。

在[T, Y]=solver(odefun, tspan, y0)中，当 tspan=[t0, tf]时，可求出在[t0, tf]区间上微分方程 $\dot{y} = F(t, y)$ 的解，初始条件为 y0；当 tspan = [t0, t1, ···, tf]时，可以得到指定时间点 t0, t1, ···, tf 上的解。

[T, Y]=solver(odefun, tspan, y0, options)表示可采用由 options 设置的属性参数(可以由 odeset 函数建立)，详见 odeset 函数的在线帮助。

sol = solver(odefun, [t0 tf], y0, ···)可以得到有关解的结构，其域包括

● sol.x：求解器 solver 的步骤。

● sol.y：每一列 sol.y(:, i)包含 sol.x(i)处的解。

● sol.solver：求解器 solver 的名称。

ode45、ode23、ode113、ode15s、ode23s、ode23t、ode23tb 都可完成 ODE 求解，但它们各有特点，如表 5.10 所示。

表 5.10　ODE 方法比较

求解器	问题类型	精度	适 用 对 象
ode45	非刚性	中等	在大多数情况下，都应先试用这种方法
ode23	非刚性	低	使用较高的误差容限，或者求解中等刚性问题
ode113	非刚性	低到高	使用较低的误差容限，或者求解精确的 ODE
ode15s	刚性	低到高	使用 ode45 精度低，或者带有 M 矩阵
ode23s	刚性	低	使用较高的误差容限，或者带有常值 M 矩阵
ode23t	适度刚性	低	中等刚性问题
ode23tb	刚性	低	使用较低的误差容限求解精确的 ODE

例如，对方程

$$\begin{cases} \dot{y}_1 = y_2 y_3 \\ \dot{y}_2 = -y_1 y_3 \\ \dot{y}_3 = -0.51 y_1 y_2 \end{cases}$$

求解当 y(0)=[0; 1; 1]时在区间[0, 12]上的解。我们可先编写出 M 函数文件(即 ODE 文件)：

```
function dy = rigid(t,y)
dy = zeros(3,1);
dy(1) = y(2)*y(3);
dy(2) = -y(1)*y(3);
dy(3) = -0.51*y(1)*y(2);
```

然后在 MATLAB 下输入

```
[T, Y]=ode45(@rigid, [0 12], [0 1 1]);
figure(1)
plot(T, Y(:, 1),'–', T, Y(:, 2), '–.', T, Y(:, 3),'.')
grid on, title('ODE 求解')
```

这时可得到如图 5.18 所示的 ODE 求解曲线。

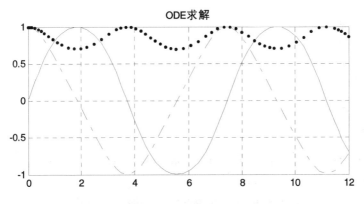

图 5.18　ODE 求解曲线

3. deval

功能：计算微分方程的解。

格式：

sxint=deval(sol, xint)

sxint=deval(xint, sol)

sxint=deval(sol, xint, idx)

sxint=deval(xint, sol, idx)

[sxint, spxint]=deval(…)

说明：

sxint=deval(sol, xint)和 sxint=deval(xint, sol)可以计算出微分方程的解，其中 sol 为由下列求解器给出的结构：

- 初值问题求解器(ode45, ode23, ode113, ode15s, ode23s, ode23t, ode23tb, ode15i)。
- 延迟微分方程求解器(dde23)。
- 边界问题求解器(bvp4c)。

xint 为要求解的点，但 xint 的值必须位于区间[sol.x(1), sol.x(end)]之内，结果 sxint(:, i)就是方程在 xint(i)处的解。

sxint=deval(sol, xint, idx)和 sxint=deval(xint, sol, idx)同样可以完成上述计算，但只返回由向量 idx 指定序号的解向量；[sxint, spxint]=deval(…)还可以计算解的多项式内插的一阶导数 spxint。

例如，利用 ode45 求解 Van der Pol(范德堡)方程

$$\ddot{y} - \mu(1 - y^2)\dot{y} + y = 0$$

并画出在区间[0, 20]上的解曲线。

MATLAB 程序如下：

sol = ode45(@vdp1, [0 20], [2 0]);

x = linspace(0, 20, 100);

y = deval(sol, x, 1);

plot(x, y);

执行后可以得到如图 5.19 所示的结果。

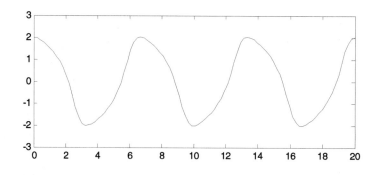

图 5.19　Van der Pol(范德堡)方程的解曲线

习　题

1. 求下列矩阵的逆矩阵和行列式的值。

(1) $\begin{bmatrix} 1 & 9 & 8 \\ 7 & 2 & 5 \\ 3 & -2 & 7 \end{bmatrix}$　　　　(2) $\begin{bmatrix} 1 & 0 & -7 & 5 \\ 0 & -26 & 7 & 2 \\ 7 & 4 & 3 & 5 \\ 8 & -3 & 2 & 15 \end{bmatrix}$

2. 求解下列线性代数方程。

(1) $\begin{cases} x_1 + 2x_2 + 3x_3 = 11 \\ 2x_1 + 2x_2 + 5x_3 = 12 \\ 3x_1 + 5x_2 + x_3 = 31 \end{cases}$　　　(2) $\begin{cases} 3x_1 + x_2 + 5x_4 = 2 \\ 6x_2 + 7x_3 + 3x_4 = 4 \\ 4x_2 + 3x_3 = 7 \\ 2x_1 - x_2 + 2x_3 + 6x_4 = 8 \end{cases}$

3. 通过测量得到一组数据

t	1	2	3	4	5	6	7	8	9	10
y	4.842	4.362	3.754	3.368	3.169	3.083	3.034	3.016	3.012	3.005

分别采用 $y_1(t) = c_1 + c_2 e^{-t}$ 和 $y_2(t) = d_1 + d_2 t e^{-t}$ 进行拟合，并画出拟合曲线进行对比。

4. 设 A=[11.59　12.81　15.66; 15.2　4.18　13.61; 10.59　7.59　9.22]
　　　B=[16.00　4.41　−10.37　−21.61; 0.88　−20.04　12.86　8.56;
　　　　　−1.43　10.71　18.81　−5.99; −12.48　24.35　−23.9　10.34]
分别求出这两个矩阵的 LU 和 QR 分解。

5. 求解下列线性微分方程，并画出状态轨迹。

(1) $\begin{cases} 5x_1 - 5x_2 - 6x_3 = \dot{x}_1 \\ 3x_1 - 2x_2 + 5x_3 = \dot{x}_2 \\ 2x_1 - x_2 - 4x_3 = \dot{x}_3 \end{cases}$　　(2) $\begin{cases} x_1 + 2x_2 - 3x_3 + x_4 = \dot{x}_1 \\ 3x_1 + x_3 - 2x_4 = \dot{x}_2 \\ x_1 - 2x_2 + 5x_4 = \dot{x}_3 \\ 2x_1 + 3x_2 + x_4 = \dot{x}_4 \end{cases}$

　　　x(0)=[1, −4, 5]'　　　　　　　　x(0)=[1, −1, 2, 1]'

6. 计算第 4 题中 A、B 阵的特征值和特征向量。

7. 已知一组测量值

t	1	2	3	4	5	6	7	8	9	10
y	15.0	39.5	66.0	85.5	89.0	67.5	12.0	−86.4	−236.9	−448.4

分别采用二阶和三阶多项式进行拟合，给出拟合结果曲线。

8. 将下列多项式进行因式分解，即计算多项式的根。

(1) $p_1(x) = x^4 - 2x^3 - 3x^2 + 4x + 2$

(2) $p_2(x) = x^4 - 7x^3 + 5x^2 + 31x - 30$

(3) $p_3(x) = x^3 - x^2 - 25x + 25$

(4) $p_4(x) = -2x^5 + 3x^4 + x^3 + 5x^2 + 8x$

9. 分别计算第 8 题中各多项式在 -1.5，2.1 和 3.5 上的值。

10. 已知 $a(x) = 2x^2 + 3x - 4$，$b(x) = 4x^2 - 2x + 5$，$c(x) = 3x^4 - 2x^2 + 5x + 6$，试计算 $d_1(x) = a(x)b(x)$，$d_2(x) = c(x)/a(x)$，$d_3(x) = c(x)/b(x)$ 的值。

11. 求第 10 题中 $d_1(x)$，$d_2(x)$，$d_3(x)$ 的导数。

12. 对函数

$$y = 10e^{-|x|}$$

取 $x \in \{-5, -4, -3, \cdots, 3, 4, 5\}$ 的值作为粗值，分别采用最邻近内插、线性内插、三次样条内插和三次曲线内插方法，对 $[-5, 5]$ 内的点进行内插，比较其结果。

13. 分别利用 rand 和 randn 函数产生 50 个随机数，求出这一组数的最大值、最小值、均值和方差。

14. 某一过程中通过测量得到：

t	0	0.2	0.4	0.6	0.8	1.0	2.0	5.0
y	1.0	1.51	1.88	2.13	2.29	2.40	2.60	-4.00

分别采用多项式和指数函数进行曲线拟合。

15. 产生一个信号

$$x = 3\sin(w_1 t) + 10\sin(w_2 t + \theta) + 10\, \text{randn(size(t))}$$

其中，$w_1 = 2\pi*20$，$w_2 = 2\pi*200$，$\theta = \pi/4$，这一信号表示被噪声污染的信号，设计程序求其 DFT，并绘图显示，说明 DFT 在信号检测中的应用。

16. 设有三个信号

$x_1 = \sin(wt) + \text{randn(size(t))}$

$x_2 = \cos(wt) + \text{randn(size(t))}$

$x_3 = \sin(wt) + \text{randn(size(t))}$

试计算 x_1 与 x_2，x_1 与 x_3 之间的相关系数，从中可得出什么结论？如果信号不含正余弦信号分量，结论又如何？

17. 计算下列定积分。

$$z_1 = \int_0^2 e^{-2t} dt$$

$$z_2 = \int_0^2 e^{2t} dt$$

$$z_3 = \int_{-1}^4 (x^2 - 3x + 0.5) dx$$

18. 求函数

$$y = e^{-x} - 1.5e^{2\cos(2\pi x)}$$

在[-1, 1]区间上的零点，并计算出该区间上的定积分。

19. 求双重积分。

$$z = \int_{-1}^{1} \int_{0}^{1} (e^{-xy} - 2xy) dx\, dy$$

20. 微分方程组

$$\begin{cases} \dot{x}_1(t) = 0.5 - x_1(t) \\ \dot{x}_2(t) = x_1(t) - 4x_2(t) \end{cases}$$

当 t=0 时，$x_1(0)=1$，$x_2(0)= -0.5$，求微分方程 $t \in [0, 25]$ 上的解，并画出 x_1-x_2 的系统轨迹。

第六章　数据阵列类型与结构

自 MATLAB V5.0 中引入了新的数据阵列类型以后，它给用户编程提供了更大的灵活性。

对于规则的数据，一般可用向量、矩阵表示。对复杂的规则数据，比如记录某房间各点的温度、湿度、气压等，可采用多维阵列。利用这种多维阵列可方便地表示多维空间中的事件。

对于应用广泛的数据结构，MATLAB 提供了可由用户自定义的结构阵列，它可将不同类型的数据结合在一起。

对于更为复杂的数据，可采用单元阵列，它可将各种数据结构组合在一起，也可以构成多维的单元阵列、多维的结构阵列等。

本章主要介绍 MATLAB 的多维阵列、结构阵列和单元阵列的产生、结构及其使用，最后给出一个综合的设计示例。6.5 节给出了 MATLAB 提供的多维阵列、结构阵列与单元阵列函数的详尽说明。

6.1　多　维　阵　列

MATLAB 支持多维阵列，其阵列元素可以是数值、字符、单元阵列及结构阵列。

由于在多变量函数表示和二维数据的多页表示中广泛存在着多维阵列问题，MATLAB专门为多维阵列的产生、处理提供了工具函数，这些函数的使用说明参见 6.5 节。

6.1.1　多维阵列

多维阵列是二维矩阵的推广。矩阵有二维：行和列，利用两个下标可访问矩阵元素，第一个下标表示行号，第二个下标表示列号。多维阵列应使用三个以上的下标来访问，以三维阵列为例，它有三个下标，第一个表示行号，第二个表示列号，第三个表示页号。图6.1 表示一个 4×4×3 的多维阵列结构，例如，访问阵列 A 的第二页第三行第四列的元素，则可以采用 A(3, 4, 2)。

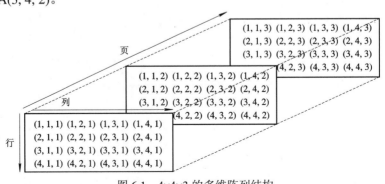

图 6.1　4×4×3 的多维阵列结构

6.1.2　建立多维阵列

建立多维阵列与建立矩阵的方法类似，但 MATLAB 还为建立多维阵列提供了专门的函数。建立多维阵列可采用四种方法：

- 利用下标建立多维阵列。
- 利用 MATLAB 函数产生多维阵列。
- 利用 cat 函数建立多维阵列。
- 用户自己编写 M 文件产生多维阵列。

1.　利用下标建立多维阵列

建立多维阵列可从产生二维矩阵出发，扩展其维数，从而得到多维阵列。例如，先产生一个矩阵

>>A=[5 7 2; 0 1 2; 3 4 2];

这时 A 只是一个 3×3 的矩阵，实际上也可看做是 3×3×1 的阵列，因此再输入

>>A(:, :, 2)=[2 7 3; 4 2 8; 2 0 3]

```
A(:,:,1) =
     5     7     2
     0     1     2
     3     4     2
A(:,:,2) =
     2     7     3
     4     2     8
     2     0     3
```

这说明我们已经产生了一个 3×3×2 的多维矩阵 A。

如果要使扩展维的所有元素均相同，则可用标量来输入，例如：

>>A(:,:,3)=6;

>>A(:,:,3)

```
ans =
     6     6     6
     6     6     6
     6     6     6
```

进一步扩展维数可得到四维阵列：

>>A(:,:,1,2)=eye(3);

>>A(:,:,2,2)=5*eye(3);

>>A(:,:,3,2)=10*eye(3);

>>size(A)

```
ans =
     3     3     3     2
```

这说明可得到 3×3×3×2 的多维矩阵 A。

2．利用 MATLAB 函数产生多维阵列

利用 MATLAB 的函数(如 rand、randn、ones、zeros 等)可直接产生多维阵列，在函数调用时可指定每一维的尺寸。例如，为产生 100×3×2 维的正态分布随机数 R，可输入

>>R=randn(100, 3, 2);

为产生各元素相同的多维阵列，可采用 ones 函数，也可采用 repmat 函数，如输入

>>A=5*ones(3, 4, 2);

>>B=repmat(5, [3 4 2]);

这两个多维阵列是相同的，即 A=B。

3．利用 cat 函数建立多维阵列

利用 cat 函数建立多维阵列是方便的，任何两个维数适当的阵列可按指定维进行连接，从而可以产生更高维阵列。例如，输入

>>A=[2　8; 0　5];　B=[1　8; 2　4];

当它们沿着第三维以上的维进行连接时，可得到多维阵列，如输入

>>C=cat(3,A,B);

>>D=cat(4,A,B);

>> size(C)

ans =

　　　2　　　2　　　2

>> size(D)

ans =

　　　2　　　2　　　1　　　2

这说明得到的 C 为 2×2×2 维，而 D 为 2×2×1×2 维。

当某一维的尺寸为 1 时，称这一维为单点维，比如 D 中第三维为单点维。

cat 函数还可以嵌套调用，例如，继续输入

>>E=cat(3,C,cat(3,[11 12;13 14],[5 6;7 8]));

这时产生的 E 为 2×2×4 维。

4．用户自定义 M 文件产生多维阵列

对于任意指定的多维阵列，用户都可以编写专门的 M 文件来产生，这样可避免在设计中过多地在程序中输入数据。

在实际记录每天、每月、每年测量的有关数据时，也可以编写 M 文件将它们组合成多维阵列，从而提供给设计者使用。

6.1.3　多维阵列信息

利用 MATLAB 函数和命令可以获得多维阵列的信息，ndims 函数可获得多维阵列的维数，size 函数可得到阵列各维的尺寸，whos 命令可得到阵列的存储格式。例如，继续上面产生的阵列，输入

>> whos

|Name|Size|Bytes|Class|

A	2×2	32	double array
B	2×2	32	double array
C	2×2×2	64	double array
D	4-D	64	double array
E	2×2×4	128	double array
ans	1×4	32	double array

Grand total is 44 elements using 352 bytes

```
>> size(E)
ans =
     2     2     4
>> ndims(E)
ans =
     3
```

6.1.4　多维阵列的使用

许多应用于二维矩阵的概念和技术也可以应用于多维阵列，主要有

- 下标访问技术。
- 阵列重新排列。
- 阵列的序列变换。

例如，产生一多维随机整数阵列：

```
d=fix(20*randn(10,5,3));
```

这一阵列为 10×5×3 维，而且其元素取值为整数。

1．下标访问技术

访问多维阵列中的元素应采用各维的下标，例如，访问第 2 页(3,2)位置上的元素可采用 d(3,2,2)。在下标中可以采用向量来表示多个元素，例如，取第 3 页(2,1)、(2,3)和(2,4)上的元素时，可输入

```
d(2, [1 3 4],3)
ans=
    13    24    17
```

冒号(:)操作符在向量和矩阵操作中起着重要作用，同样在多维阵列中，也可以利用冒号来使用多维阵列。例如：

```
>> x1=d(:,3,2)
x1 =
    31
   -10
    24
    31
   -41
```

```
            58
            27
            21
           -15
            -5
```

说明取出 d 中第 2 页第 3 列的所有元素。同样

```
    >> x2=d(2:3,1:2,1)
    x2 =
        -41    -10
        -14    -18
```

说明取出 d 中第 1 页由 2、3 行，1、2 列构成的 2×2 矩阵。

同样在赋值号左边也可以使用冒号，如

```
    d(1,:,2)=1:5
```

表示用 1、2、…、5 取代第 2 页第 1 行上的 5 个元素。

2．阵列重新排列

我们还可以在建立多维阵列之后改变其尺寸和维数，方法是直接在多维阵列中添加或删除元素有可能改变阵列的尺寸和维数，也可以利用 reshape 函数，在保持所有元素个数和内容的前提下，改变其尺寸和维数。例如：

```
    >> M=cat(3,fix(15*rand(3,4)),fix(10*rand(3,4)))
    M(:,:,1) =
        2     9     0    13
        3     4    11     6
        2     2     6     6
    M(:,:,2) =
        8     6     6     5
        5     8     3     7
        2     0     8     4
```

输入

```
    >> N=reshape(M,4,6)
    N =
        2     4     6     8     8     8
        3     2    13     5     0     5
        2     0     6     2     6     7
        9    11     6     6     3     4
```

可以看出，reshape 函数是按列方式操作的。又如对上面产生 d，有下列合法指令：

```
    y1=reshape(d,[6   25])
    y2=reshape(d,[5   3    10])
    y3=reshape(d,[2   5    3    5])
```

应注意，prod(size(d))=prod(size(y1))=prod(size(y2))=prod(size(y3))，这一点也是采用 reshape 函数的基本要求。

利用 squeeze 函数可以删除多维阵列中的单点维，例如：

```
>> b=repmat(6,[4 3 1 3]);
c=squeeze(b);
size(b)
ans =
     4     3     1     3
>> size(c)
ans =
     4     3     3
```

但应注意，squeeze 对二维阵列(即矩阵)不起作用。

3. 阵列的序列变换

permute 函数可改变多维阵列中指定维的次序，例如，对于前面产生的 M 阵列，有

```
>> M1=permute(M,[2 1 3])
M1(:,:,1) =
     2     3     2
     9     4     2
     0    11     6
    13     6     6
M1(:,:,2) =
     8     5     2
     6     8     0
     6     3     8
     5     7     4
```

在命令中，2 表示原 M 阵列的第二维，1、3 分别表示 M 阵列的第一、三维，这一命令说明将 M 阵列的第一维与第二维交换，也就完成了每页上二维阵列的转置，又如：

```
>> A=randn(5, 4, 3, 2);
B=permute(A, [2 4 3 1]);
size(B)
ans =
     4     2     3     5
```

实际上，可以将多维阵列的序列变换看做是二维阵列(矩阵)转置的扩展。在序列变换中也可直接确定出元素之间的位置关系，在上例中 A(4，2，1，2)=B(2，2，1，4)。

6.1.5　多维阵列计算

MATLAB 中的许多计算和数学函数都适用于多维阵列，它们可对多维阵列的指定维进行操作，但面向向量、元素和矩阵的函数，在使用多维阵列时应特别小心。

1. 面向向量的函数

对这一类函数(如 sum，mean 等)通常总是在第一个非单点维上操作，而且大多数函数允许指定操作的维，但是也有例外，比如 cross 函数(求两个向量的外积)缺省时在第一个长度为 3 的维上进行操作。

2. 面向元素的函数

元素对元素的操作函数(如三角函数、指数函数等)可按对二维阵列的操作方式对多维阵列进行处理。例如，设 x 为 m×n×p 维阵列，则 y=sin(x)也为 m×n×p 维阵列，而且其中每个元素分别是 x 中相应元素的正弦值，即 y(i, j, k)=sin(x(i, j, k))。

同样，算术、逻辑和关系操作符也可按元素对元素的方式对多维阵列进行处理，其结果阵列的维数和尺寸与输入相同。如果操作数中有一个为标量，另一个为阵列，则在标量与阵列的所有元素之间应用指定的操作符。

3. 面向矩阵的函数

面向矩阵的函数(如线性代数函数和矩阵函数)，不能应用于多维阵列，给这些函数提供多维阵列会导致错误。例如：

```
>> A=randn(4,4,5);
eig(A)
??? Error using ==> eig
Input arguments must be 2-D.
```

这说明 eig 函数不能应用于多维阵列。我们可从多维阵列中取出一部分，来作为这类函数的输入，只要维数、尺寸适当，也是完全可以的。例如：

```
>> eig(A(:,:,3))
ans =
      −0.2439
       0.7981 + 2.0230i
       0.7981 − 2.0230i
       2.7431
```

6.1.6　多维阵列的数据组织

多维阵列可表示两类数据：
- 表示成二维数据的平面或页，这样可将这些页当作矩阵处理。
- 表示成多变量或多维数据，例如要表示一个房间中栅格点上的温度或气压，可应用四维阵列表示。

例如，现在有一个 RGB 图像数据，它是一个三维阵列，其组织结构如图 6.2 所示。这样要访问 RGB 的整个平面时，可输入

```
red_plane=RGB(:,:,1);
```

访问三个平面上的一块子区域，可输入

```
subimage=RGB(15:25,50:85,:);
```

相应某一点(如(4,3))的红、绿、蓝三色强度分别为 RGB(4,3,1)、RGB(4,3,2)和 RGB(4,3,3)。

每一点上的颜色可根据三色原理进行计算：

$$Color=0.30*RGB(:,:,1)+0.59*RGB(:,:,2)+0.11*RGB(:,:,3)$$

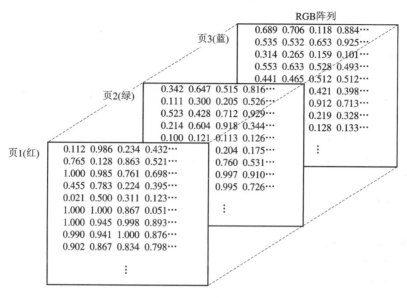

图 6.2　RGB 图像数据阵列的组织

6.2　结　构　阵　列

结构阵列由多个域构成，每个域可存放各种类型的数据。例如，设有一结构，其第一个域为用字符串表示的姓名，第二个域为用标量表示的医疗费用，第三个域为数值矩阵表示的测试结果，这样一种结构可用来表示一个患者的病情。

6.2.1　建立结构阵列

建立结构阵列有两种方式：

● 利用赋值语句。

● 利用 struct 函数。

1. 利用赋值语句建立结构阵列

利用赋值语句可对结构阵列的各个域进行赋值，注意结构名与域名之间用句点分隔，例如，为建立表示患者病情的结构，可输入

```
>> patient.name='John Doe';

>>patient.billing=127.00;

>>patient.test=[79   75   73;180   178   177.5;220 210 205];
```

这时就建立了一个具有三个域的结构 patient，当输入

```
>> patient

patient =
```

```
            name: 'John Doe'
         billing: 127
            test: [3x3 double]
>> size(patient)
ans =
       1     1
```

这表明 patient 中包含有一个结构元素。我们很容易在已有的结构中添加新的结构元素：

```
>>patient(2).name='Ann Lane';
>>patient(2).billing=28.50;
>>patient(2).test=[68 70 68;118 118 119;172 170 169];
```

这时再输入

```
>> patient
patient =
1x2 struct array with fields:
     name
     billing
test
```

MATLAB 约定：当结构中包含两个以上的结构元素时，输入阵列名时不再显示出各个元素的值，而是显示阵列的结构信息。当结构中仅包含一个结构元素时，输入阵列名可显示出各个元素的值。

利用 fieldnames 函数可直接得到结构的域名，如可输入

```
>> n=fieldnames(patient)
n =
     'name'
     'billing'
     'test'
```

在扩展结构时，**MATLAB** 会对未指定值的域填入空阵列，以确保

- 结构阵列中的所有元素具有相同数量的域。
- 所有的域具有相同的域名。

例如，再输入

```
>>patient(3).name='Alan Johnson';
```

这时虽然尚未输入第三个结构元素的 billing 和 test 域，但它们已经存在，其内容为空阵列，可输入

```
>>patient(3)
ans=
name：'Alan Johnson'
billing:[]
test:[]
```

假设我们在输入 patient(3).billing 时写错了域名：

>> patient(3).billing=95.8;

>>patient(3).test=[37 38 36; 119 121 120; 165 166 159];

这时

>> patient

patient =

1x3 struct array with fields:

    name

    billing

    test

    billing

说明 patient 中有三个结构元素，每个元素有四个域，实际上，前两个元素的 billing 域为空，第三个元素的 billing 域也为空。

为解决这种错误，可用 rmfield 函数删除错误的域名：

>>patient=rmfield(patient,'billing');

>>patient(3).billing=95.8

2．利用 struct 函数建立结构阵列

利用 struct 函数可方便地建立结构阵列，例如，将前面产生的 patient 结构改成

patient1=struct('name','John Doe','billing',127,···

          'test',[79 75 73; 180 178 177.5; 220 210 205]);

这时可产生一个结构元素的结构阵列 patient1。

利用单元阵列还可以一次输入多个结构元素，例如，输入

>> n={'John Doe' 'Ann Lane' 'Alan Johnson'}   %这是一个单元阵列

n =

    'John Doe'   'Ann Lane'   'Alan Johnson'

>> b=[127 28.5 95.8];

>> t1=[79 75 73; 180 178 177.5; 220 210 205];

>> t2=[68 70 68; 118 118 119; 172 170 169];

>> t3=[37 38 36; 119 121 120; 165 166 159];

>> patient2=struct('name',n,'billing',b,'test',{t1 t2 t3});

>> patient2

patient2 =

1x3 struct array with fields:

    name

    billing

    test

这说明产生的 patient2 结构包含三个元素。

6.2.2 结构阵列数据的使用

在结构阵列中利用结构名后的括号指示第 n 个结构元素，利用句点引出的域名指示相

应的域，因此有

>>str=patmnt(2).name

str=

　　Ann　　Lane

>>n1=patient(1).test(3,2)

n1=

　　210

这样每次只能得到结构中一个域的赋值，如果要得到多个域的赋值，则可采用循环，例如：

>>for i=1:length(patient)

>>disp(patient(i).name);

>>end

执行后可得

John Doe

Ann Lane

Alan Johnson

访问结构阵列中的元素可采用下标，例如：

>>second=patient(2)

second=

　　name: 'Ann Lane'

billing: 28.5000

　　test: [3x3 double]

利用 getfield 函数可方便地得到域值，如输入

>>str=getfield(patient,{2},'name')

str=

　　Ann Lane

>>V=getfield(patient,{1},'test',{2:3,1:2})

V=

　　180　178

　　220　210

另外，利用 setfield 可改变结构的域值，例如：

>>patient=setfield(patient,{1},'test',{2,1},185);

>>V1=getfield(patient,{1},'test',{2:3,1:2})

V1=

　　185　178

　　220　210

注意 V 与 V1 的区别，这说明了 setfield 函数所起的作用。

6.2.3　结构阵列应用于函数和操作符

与普通阵列一样，MATLAB 的函数和操作符可以应用于结构阵列中的域和域元素，例

如，要求出 patient(2)中 test 阵列的列均值，可输入

>>mean(patient(2).test)

ans=

　　　119.3333　　119.3333　　118.6667

有时可采用多种方法来完成指定的功能，例如，要计算 patient 中各病人的费用之和，这时可利用循环来计算：

>>total=0;

>>for i=1:length(patient)

>>total=total+patient(i).billing

>>end

>>disp(total)

　　　251.3000

为简化操作，MATLAB 可对结构阵列中同名域的数据进行直接处理，例如，上述操作可简化为

>>total=sum([patient.billing])

total=

　　　251.3000

6.2.4　结构阵列的数据组织

结构阵列数据的组织方式，应该以方便使用、意义直观为基本出发点。例如，对一个独立存储的三个 128×128 的 RGB 阵列，其 RGB 数据如图 6.3 所示，要用它们构成结构阵列至少有两种方法：平面组织和元素对元素组织，如图 6.4 所示。

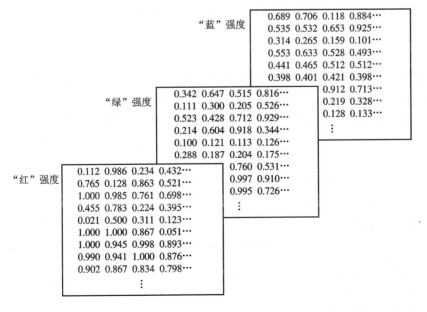

图 6.3　独立存储的 RGB 数据

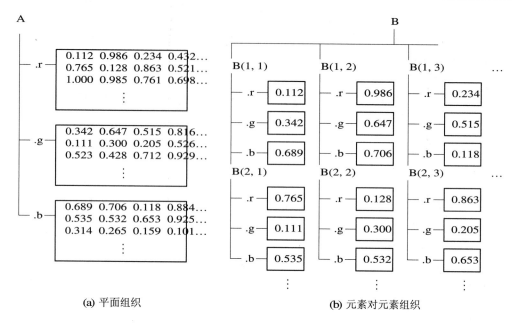

(a) 平面组织　　　　　　　　　　　　　(b) 元素对元素组织

图 6.4　两种结构阵列的组织方法

1．平面组织

在平面组织方式下，结构的每个域是整个图像平面，因此这种结构的建立可通过下列命令完成：

```
>>A.r=RED;
>>A.g=GREEN;
>>A.b=BLUE;
```

这样定义的结构可容易提取红、绿、蓝这三个平面的数据，以供滤波、变换及显示之用。例如，获得红色全平面数据可输入

```
>>red_plane = A.r;
```

平面组织方式还有一个优点，它很容易扩展到更多的平面或者多个图像，比如在本例中，如果存在多个图像，则可将它们组织到 A(2)、A(3)等结构中。

平面组织的缺点是，在访问平面的子集时比较麻烦。例如，要访问图像的子集，应分别输入

```
>>red_sub=A.r(2:12;13:30);
>>grn_sub=A.g(2:12;13:30);
>>blue_sub=A.b(2:12;13:30);
```

2．元素对元素组织

元素对元素组织可方便地访问数据的子集，但为建立这种结构，应采用循环程序：

```
>>for i=1:size(RED,1)
>>for j=1:size(RED,2)
>>B(i,j).r=RED(i,j);
>>B(i,j).g=GREEN(i,j);
```

```
>>B(i,j).b=BLUE(i,j);
>>end
>>end
```

这时访问子集比较容易：

```
>>B_sub=B(2:12,13:30);
```

但访问整个平面的数据又显得麻烦：

```
>>red_plane=zeros(128,128);
>>for i=1: (128*128)
>>red_plane(i)=B(i).r;
>>end
```

然而，在大多数图像处理应用中，元素对元素的组织方式并不是最佳的，但在需要经常访问数据的子集时，应选用这种组织方式。

6.2.5　结构嵌套

在结构阵列中，其域值可以是另一个已定义过的结构，这称之为结构嵌套。利用这种结构嵌套可以设计出复杂的结构，甚至可用来设计简单的数据库。

这里以一个示例来说明嵌套结构阵列的建立与使用。先利用 struct 建立嵌套结构阵列的一个元素，然后利用赋值语句进行扩展，如输入

```
A=struct('data',[3 4 7;8 0 1],'nest', …
    struct('testnum','Test 1','xdata',[4 2 8],'ydata',[7 1 6]));
A(2).data=[9 3 2;7 6 5];
A(2).nest.testnum='Test 2';
A(2).nest.xdata=[3 4 2];
A(2).nest.ydata=[5 0 9]
```

执行后得到一个嵌套结构阵列 A，其结构如图 6.5 所示。

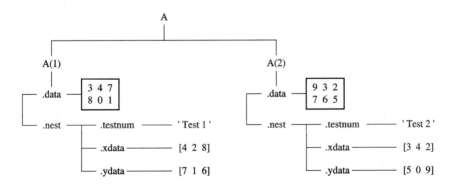

图 6.5　嵌套结构阵列

使用嵌套结构阵列时只需要在原来域名后再用句点连接一个域名，这样就可访问到各个域的数值。例如，输入

```
>> A(1).data

ans =

        3      4      7

        8      0      1

>> A(2).nest

ans =

    testnum: 'Test 2'

      xdata: [3 4 2]

      ydata: [5 0 9]

>> A(2).nest.testnum

ans =

Test 2

>> A(2).nest.ydata(1,3)

ans =

        9
```

6.2.6　设计举例

利用结构阵列可方便地构造简单的数据库。现根据某校某教研室三位教师的教学情况构成结构阵列，其教学情况如表 6.1 所示。

表 6.1　教师教学情况

	出生：1949.10.01		职称：讲师	学位：学士	
王国庆	课程 1	微机原理	学时：90	学分：6	学生人数：86
	课程 2	计算机网络	学时：46	学分：3	学生人数：45
	课程 3	线性代数	学时：60	学分：4	学生人数：38
	出生：1962.03.17		职称：副教授	学位：硕士	
陈立新	课程 1	微机原理	学时：90	学分：6	学生人数：51
	课程 2	计算机通信	学时：36	学分：2	学生人数：45
	课程 3	线性代数	学时：60	学分：4	学生人数：86
	出生：1957.12.19		职称：教授	学位：博士	
张智胜	课程 1	现代信号处理	学时：36	学分：2	学生人数：21
	课程 2	数字信号处理	学时：46	学分：3	学生人数：37
	课程 3		学时：	学分：	学生人数：

从表 6.1 中可以看出，结构阵列中除了给出教师的基本信息(姓名、出生日期、职称和学位)外，还应给出每位教师承担教学的情况，并且约定每位教师一年的课程至多为三门，每门课程又给出课程名称、学时、学分和学生人数等信息。根据这种结构上的要求，可选

用嵌套结构来实现教学情况的记录。MATLAB 程序为

```
clear
A.Cname='微机原理'; A.time=90; A.score=6; A.stu=86;
B.Cname='计算机网络'; B.time=46; B.score=3; B.stu=45;
C.Cname='线性代数'; C.time=60; C.score=4; C.stu=38;
Teacher=struct('name','王国庆','bdate','491001','profp','讲师','degree','学士', …
        'CourA',A,'CourB',B,'CourC',C);
A.Cname='微机原理'; A.time=90; A.score=6; A.stu=51;
B.Cname='计算机通信'; B.time=36; B.score=2; B.stu=45;
C.Cname='线性代数'; C.time=60; C.score=4; C.stu=86;
Teacher(2)=struct('name','陈立新','bdate','620317','profp','副教授','degree','硕士', …
        'CourA',A,'CourB',B,'CourC',C);
A.Cname='现代信号处理'; A.time=36; A.score=2; A.stu=21;
B.Cname='数字信号处理'; B.time=46; B.score=3; B.stu=37;
C.Cname=[]; C.time=[0]; C.score=[0]; C.stu=[0];
Teacher(3)=struct('name','张智胜','bdate','571219','profp','教授','degree','博士', …
        'CourA',A,'CourB',B,'CourC',C);
```

这时得到了教师情况的结构阵列 Teacher。为计算各位教师的工作量可输入

```
for i=1:length(Teacher)
    w=Teacher(i).CourA.time+Teacher(i).CourB.time+Teacher(i).CourC.time;
    disp([strcat(Teacher(i).name,'全年工作量为') num2str(w)])
end
```

执行后可以统计出每位教师的年工作量如下：

```
王国庆全年工作量为 196
陈立新全年工作量为 186
张智胜全年工作量为 82
```

为查询陈立新教师的上课情况，可输入

```
disp(Teacher(2))
disp(Teacher(2).CourA)
disp(Teacher(2).CourB)
disp(Teacher(2).CourC)
```

执行后得到

```
name: '陈立新'
bdate: '620317'
profp: '副教授'
degree: '硕士'
CourA: [1x1 struct]
CourB: [1x1 struct]
CourC: [1x1 struct]
```

Cname: '微机原理'

time: 90

score: 6

stu: 51

Cname: '计算机通信'

time: 36

score: 2

stu: 45

Cname: '线性代数'

time: 60

score: 4

stu: 86

6.3　单　元　阵　列

MATLAB 允许将不同类型的阵列组合成一种新的阵列，这一阵列称之为单元阵列。单元阵列中的每个单元可以是标量、向量、矩阵、多维阵列、字符阵列、结构阵列等，从而构成一个复杂的存储结构。图 6.6 是单元阵列的一个示例。

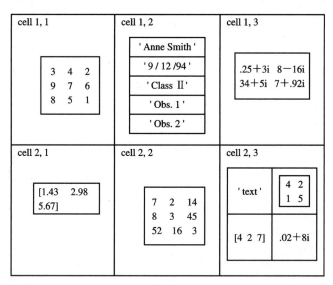

图 6.6　单元阵列示例

示例中单元阵列的尺寸为 2×3，但每个单元的类型不尽相同，其中 cell 1, 2 为结构阵列，cell 2, 3 为另一个单元阵列。

6.3.1　建立单元阵列

建立单元阵列有两种方法：

● 利用赋值语句。

● 利用 cell 函数预分配阵列，然后再对单元赋值。

1．利用赋值语句建立单元阵列

利用赋值语句可对一个单元阵列进行赋值，与一般阵列赋值时使用方括号不同，它应使用花括号，花括号可出现在赋值号右边，也可以出现在左边。例如，建立 2×2 单元阵列 A，可输入

　　　　A(1,1)={[1 4 3; 0 5 8; 7 2 9]};

　　　　A(1,2)={'Anne Smith'};

　　　　A(2,1)={3+7i};

　　　　A(2,2)={ −pi:pi/10:pi};

为得到同样的单元阵列 A，也可以输入

　　　　A{1,1}=[1 4 3; 0 5 8; 7 2 9];

　　　　A{1,2}='Anne Smith';

　　　　A{2,1}=3+7i;

　　　　A{2,2}=−pi:pi/10:pi;

应该注意，在建立单元阵列之前应确保不存在同名的数值阵列。如果在建立单元阵列时已存在同名阵列，则 MATLAB 会"混合"单元阵列与数值阵列，从而导致错误。类似地，如果已存在单元阵列，则在对该同名阵列简单赋值时并不能清除单元阵列。

显示单元阵列可直接输入阵列名，也可采用 celldisp 和 cellplot 函数。例如：

```
>> A
A =
            [3x3 double]      'Anne Smith'
        [3.0000+7.0000i]      [1x21 double]
>> celldisp(A)
A{1,1} =
        1      4      3
        0      5      8
        7      2      9
A{2,1} =
        3.0000 + 7.0000i
A{1,2} =
        Anne Smith
A{2,2} =
    Columns 1 through 8
     −3.1416   −2.8274   −2.5133   −2.1991   −1.8850   −1.5708   −1.2566   −0.9425
    Columns 9 through 16
     −0.6283   −0.3142        0    0.3142    0.6283    0.9425    1.2566    1.5708
    Columns 17 through 21
      1.8850    2.1991    2.5133    2.8274    3.1416
```

如果输入

　　　　cellplot(A)

则可显示如图 6.7 所示的图形。

2．利用 cell 函数定义单元阵列

cell 函数可预分配单元阵列，但其内容为空阵列。例如，建立 2×3 的单元阵列，可输入

　　　　>>B=cell(2,3);

然后利用赋值语句可以给各个单元赋值，如输入

　　　　>> B(1,3)={1:4};

　　　　>> B(2,2)={rand(3,3)};

　　　　>> B

　　　　B =

　　　　　　[]　　　　　　　　[]　　　[1x4 double]

　　　　　　[]　　　[3x3 double]　　　　　　　　[]

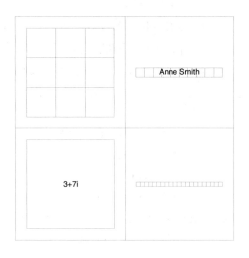

图 6.7　单元阵列显示

6.3.2　单元阵列数据的使用

利用单元阵列的下标可访问单元阵列元素，例如：

　　　　>>N{1,1}=[1 2; 4 5];

　　　　>>N{1,2}='Name';

　　　　>>N{2,1}=2−4i;

　　　　>>N{2,2}=7;

则有

　　　　>> C

　　　　C =

　　　　Name

　　　　>> d=N{1,1}(2,2)

　　　　d =

　　　　　　5

我们还可以从已定义的单元阵列中取出一部分构成新的单元阵列，比如在上面的基础上再输入

　　　　>> N{3,1}='No1';

　　　　>> N{3,2}='No2';

　　　　>> N{3,3}='No3';

　　　　>> N

　　　　N =

　　　　　　　[2x2 double]　　　　'Name'　　　　　　[]

　　　　[2.0000　−4.0000i]　　　[　7]　　　　　　[]

　　　　　　　　'No1'　　　　'No2'　　　　'No3'

这表示 N 为 3×3 单元阵列，未输入的单元为空阵列。如果输入

    M=N(1:3,1:2)

    M =

[2x2 double]	'Name'
[2.0000−4.0000i]	[7]
'No1'	'No2'

这说明 M 是取 N 中的(1:3, 1:2)元素构成新的单元阵列。

单元阵列中元素的删除与其它阵列类似，例如，要删除 N 的第 3 列，可输入

    N(:,3)=[];

这时得到的 N 与 M 相同。要删除 N 中(2,3)的元素，应输入

    N{2,3}=[];

注意这两种格式在使用花括号和圆括号上的细微区别。

利用 reshape 函数也可以改变单元阵列的结构，例如：

    >> A=cell(3,4);

    >> size(A)

    ans =

        3   4

    >> B=reshape(A,6,2);

    >> size(B)

    ans =

        6   2

6.3.3 利用单元阵列取代变量列表

单元阵列可以取代函数输入、函数输出、显示操作和阵列构造(方括号和花括号内)中的变量列表。如果在花括号内采用冒号操作符指示多个单元，则相当于指示多个独立的单元内容，例如，T{1:5}指示单元阵列 T 中第 1 个到第 5 个元素。例如考虑 C 阵列

    c(1)={[1 2 3]};

    c(2)={[2 5 9]};

    c(3)={0:2:10};

    c(4)={[−4 8 2]};

    c(5)={4};

要求出向量 c(1)和 c(2)的卷积，可输入

    >> d=conv(c{1:2})

    d =

      2   9   25   33   27

要显示向量 c(2)，c(3)，c(4)，可输入

    >> c{2:4}

```
ans =
     2    5    9
ans =
     0    2    4    6    8    10
ans =
    -4    8    2
```

构造新的数值阵列 B，可输入

```
>> B=[c{1};c{2};c{4}]
B =
     1    2    3
     2    5    9
    -4    8    2
```

求矩阵 B 的特征向量和特征值，可输入

```
>> [D{1:2}]=eig(B)
D =
    [3x3 double]    [3x3 double]
```

显示出特征向量和特征值，可输入

```
>> D{1}
ans =
   -0.1592   -0.7915    0.2958
   -0.6645   -0.4628    0.7945
    0.7301    0.3993    0.5304
>> D{2}
ans =
   -4.4090         0         0
        0    0.6561         0
        0         0   11.7529
```

6.3.4　单元阵列应用于函数和操作符

利用下标可将函数和操作符应用于单元阵列。例如：

```
>>A{1,1}=pascal(3);
>>A{1,2}=randn(4,4);
>>A{1,3}=0:0.1:1;
>>A{1,4}=[-1 2;7 3];
```

求 A{1,1}的和

```
>> M1=sum(A{1,1})
M1 =
     3    6    10
```

通过循环可对所有单元进行处理，例如，计算各单元的均值

```
>> for i=1:length(A)
>>M{i}=mean(A{1,i});
>>end
>>celldisp(M)
M{1} =
          1.0000      2.0000      3.3333
M{2} =
         -0.4213      0.2990      0.2603      0.3931
M{3} =
          0.5000
M{4} =
          3.0000      2.5000
```

利用各种操作符对单元阵列进行处理,例如,求 A{1, 2}中其值在[−0.5, 0.5]区间的元素,可输入:

```
>> L=abs(A{1,2})<=0.5
L =
     1     0     1     0
     0     0     1     0
     1     0     1     1
     1     1     0     1
```

6.3.5　单元阵列的数据组织

单元阵列对组织具有不同尺寸或类型的数据是非常有用的, 它比结构更具有包容性,它可应用于:

- 利用一条语句访问多个数据域。
- 利用逗号间隔的变量表访问数据子集。
- 不具备固定的域名。
- 从结构中删除域名。

利用结构很难实现上述这四种应用,但利用单元阵列却能很好地解决这种问题。例如,在实验中获得了这样一些数据:

- 测量值阵列(3×4)。
- 技术名称(由 15 个字符构成)。
- 过去五次实验的测量值(3×4×5)。

对这一问题,可用结构(TEST)表示:

```
TEST. measure
TEST. name
TEST. pastm
```

也可以用单元阵列表示。但当经常访问的是前两个域时, 使用单元阵列会很方便, 而且可在一条赋值语句中完成访问操作, 即对单元阵列的访问,可输入

```
>> [newdata, name]=deal(TEST{1:2});
```
而对结构阵列的访问，可输入
```
>>newdata=TEST.measure;
```
```
>>name=TEST.name;
```
又如，对于 3×3 的数值矩阵
```
>>A=[0 1 2; 4 0 7; 3 1 2];
```
利用 normest 函数可计算出 A 的 2 范数估值及其迭代计算的次数，其输出可直接赋值给单元变量：
```
>> [B{1:2}]=normest(A)
B =
      [8.8826]     [4]
```
其中 B{1}为 A 的 2 范数，B{2}为迭代计算次数。

6.3.6　嵌套单元阵列

一个单元阵列中可以包含另一个单元阵列，甚至可包含单元阵列的阵列，这称之为单元阵列的嵌套。利用花括号、cell 函数及赋值语句可建立嵌套的单元阵列。

建立嵌套的单元阵列可以使用花括号，例如，输入
```
>>A(1,1)={magic(5)};
```
```
>>A(1,2)={{'第二层' [1 2;3 4] ; [-pi pi] {'第三层' 17}}};
```
这样就建立了嵌套单元阵列，我们可查看其结构
```
A
A =
      [5x5 double]     {2x2 cell}
```
这说明在 A{1,2}上为一个 2×2 的单元阵列，再显示其结构
```
>> A{1,2}
ans =
      '第二层'           [2x2 double]
      [1x2 double]     {1x2 cell   }
```
这时可发现在 A{1,2}{2,2}上仍为单元阵列
```
A{1,2}{2,2}
ans =
      '第三层'     [17]
```
因此建立的阵列 A 为三层嵌套的单元阵列。

利用 cell 函数也可以建立嵌套的单元阵列，例如：
```
B=cell(1,2);
B(1,2)={cell(2,2)};
B(1,1)={magic(5)};
B{1,2}(1,1)={'第二层'};
```

B{1,2}(1,2)={[1 2;3 4]};

B{1,2}(2,1)={[−pi pi]};

B{1,2}(2,2)={{'第三层' 17}};

这时得到的 B 阵列与 A 阵列一样，也是三层嵌套的单元阵列。

实际上，利用赋值语句可直接产生嵌套的单元阵列，即在上面的程序段中，如果去掉前两行，得到的结果相同，但这要付出时间的代价。当产生的单元阵列不太大时，这种影响可忽略不计。

6.3.7　单元阵列与数值阵列之间的变换

单元阵列与数值阵列之间的变换应采用循环程序。

```
num=15*randn(4,3,5);
N=prod(size(num));
c=cell(1,N);
for i=1:N
    c{i}=num(i);
end
c=reshape(c,size(num));
```

通过显示数值阵列 num 和单元阵列 c 的相应单元的内容来确定转换的有效性：

```
>> num(:,:,3)
ans =
    −10.3766   −21.6145    12.2343
     12.8700     8.5672    10.6786
     18.8100    −5.9983    19.3537
    −23.9059    10.3500    10.0290
>> c(:,:,3)
ans =
    [−10.3766]    [−21.6145]    [12.2343]
    [ 12.8700]    [ 8.5672]     [10.6786]
    [ 18.8100]    [−5.9983]     [19.3537]
    [−23.9059]    [ 10.3500]    [10.0290]
```

另外，还可以采用 num2cell 函数进行从数值到单元阵列的变换：

```
>> c1=num2cell(num,[1 2]);
>> c1{3}
ans =
    −10.3766   −21.6145    12.2343
     12.8700     8.5672    10.6786
     18.8100    −5.9983    19.3537
    −23.9059    10.3500    10.0290
```

相反，也可以将单元阵列变换成数值阵列：

```
>> [m,n,p]=size(num);
for k=1:p
    for i=1:m
        for j=1:n
            num1(i,j,k)=c1{k}(i,j);
        end
    end
end
num1(:,:,3)
ans =
    -10.3766    -21.6145     12.2343
     12.8700      8.5672     10.6786
     18.8100     -5.9983     19.3537
    -23.9059     10.3500     10.0290
```

6.4　复杂矩阵结构

多维阵列、结构阵列、单元阵列是 MATLAB 中普通阵列的扩展，它们的引入给 MATLAB 提供了复杂应用的基础，这三种阵列的相互组合可构成更复杂的阵列结构。

6.4.1　多维单元阵列

与数值阵列类似，多维单元阵列是二维单元阵列模型的扩展，可利用 cat 函数连接产生。例如，下列程序产生了一个简单的三维单元阵列 C：

```
A{1,1}=[1 2;4 5];
A{1,2}='Name';
A{2,1}=2-4i;
A{2,2}=7;
B{1,1}='Name2';
B{1,2}=3;
B{2,1}=0:1:3;
B{2,2}=[4 5]';
C=cat(3,A,B)
size(C)
ans =
    2    2    2
```

说明产生的 C 为 2×2×2 的多维单元阵列，其结构如图 6.8 所示。

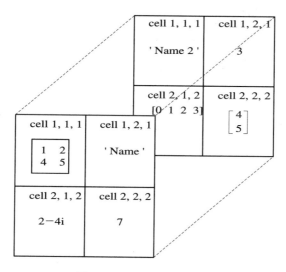

图 6.8　多维单元阵列结构

6.4.2　多维结构阵列

多维结构阵列是长方形结构阵列的推广，与其它类型的多维阵列一样，多维结构阵列可利用直接赋值或 cat 函数产生。例如：

```
patient(1,1,1).name='John Doe';
patient(1,1,1).billing=127.00;
patient(1,1,1).test=[79 75 73; 180 178 177.5; 220 210 205];
patient(1,2,1).name='Annane';
patient(1,2,1).billing=28.5;
patient(1,2,1).test=[68 70 68; 118 118 119; 172 170 169];
patient(1,1,2).name='A Smith';
patient(1,1,2).billing=504.70;
patient(1,1,2).test=[80 80 80; 153 153 154; 181 190 182];
patient(1,2,2).name='Dora Jones';
patient(1,2,2).billing=1173.90;
patient(1,2,2).test=[73 73 75; 103 103 102; 201 198 200];
```

这时，得到了一个三维的结构阵列，即输入

```
patient
patient =
1×2×2 struct array with fields:
    name
    billing
test
```

多维结构阵列的结构如图 6.9 所示。

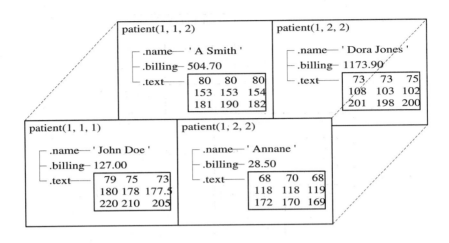

图 6.9　多维结构阵列的结构

　　定义了多维结构阵列后，就可以利用结构的域名来访问，还可以对其数据应用函数和操作符。例如，可求出 patient(1,1,2)中 test 阵列的列和：

```
sum(patient(1,1,2).test)
ans =
       414     423     416
```

类似地，可求出所有患者的医疗费：

```
>> sum([patient.billing])
ans =
     1.8341e+003
```

6.4.3　结构的单元阵列

　　利用单元阵列可将具有不同域结构的结构阵列存储在一起。例如：

```
>>c_str=cell(1,2);
>>c_str{1}.label='12/2/94-12/5/94';
>>c_str{1}.obs=[47 52 55 48; 17 22 35 11];
>>c_str{2}.xdata=[-0.03 0.41 1.98 2.12 17.11];
>>c_str{2}.ydata=[-3 5 18 0 9];
>>c_str{2}.zdata=[0.6 0.8 1 2.2 3.4];
>>c_str
c_str =
    [1x1 struct]    [1x1 struct]
>> c_str{1}
```

```
    ans =
          label: '12/2/94 – 12/5/94'
             obs: [2x4 double]
>> c_str{2}
    ans =
          xdata: [–0.0300 0.4100 1.9800 2.1200 17.1100]
          ydata: [–3 5 18 0 9]
          zdata: [0.6000 0.8000 1 2.2000 3.4000]
```

说明得到的 c_str 为包含两个结构的单元阵列，而且每个结构具有不同的域结构，其结构如图 6.10 所示，这种复杂结构为实际应用提供了便利的工具。

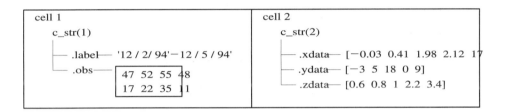

图 6.10　多个结构的单元阵列

6.4.4　综合设计示例

设某高等学校某系两个年级共有八个班(2991～2994，2981～2984)，某年度由五位教师共开设了九门课程，设置情况如表 6.2 所示。

表 6.2　课程设置情况

	学分	2991	2992	2993	2994	2981	2982	2983	2984
高等数学	5	√	√	√	√				
普通物理	4	√	√	√	√				
英语(1)	3	√	√	√	√				
英语(2)	3					√	√	√	√
计算机应用基础	3	√	√	√	√				
电路分析基础	4					√	√	√	√
低频电子线路	4	√	√	√	√				
高频电子线路	2					√	√	√	√
数字信号处理	3					√	√	√	√

当学分为 2、3、4、5 时，教学课时数为 46、64、80、90 小时。教师教学情况如表 6.3 所示(王立伟、赵杰、李志范、陈根生和孙兴国五位教师分别用数字 1～5 表示)。

表6.3 教师教学情况

	2991	2992	2993	2994	2981	2982	2983	2984
高等数学	3	1	1	2				
普通物理	2	3	3	2				
英语(1)	5	4	5	4				
英语(2)					4	5	4	5
计算机应用基础	1	2	3	4				
电路分析基础					3	2	1	5
低频电子线路	1	1	4	3				
高频电子线路					5	1	3	4
数字信号处理					2	2	4	3

各班的考试平均成绩如表6.4所示。

表6.4 考试平均成绩统计表

	2991	2992	2993	2994	2981	2982	2983	2984
高等数学	76.2	68.9	70.1	71.3				
普通物理	60.7	59.2	55.4	61.2				
英语(1)	60.2	65.4	58.1	59.2				
英语(2)					62.3	68.3	71.2	63.9
计算机应用基础	75.4	80.1	73.2	74.2				
电路分析基础					66.1	65.4	68.2	70.0
低频电子线路	56.9	59.1	52.3	57.2				
高频电子线路					66.1	60.9	61.2	64.9
数字信号处理					77.1	78.9	69.9	72.1

要求设计 MATLAB 程序保存这些结构，计算：

(1) 各个班的学分加权平均成绩，计算公式为

$$学分加权平均成绩 = \frac{\sum_n 成绩 \times 学分}{\sum_n 学分}$$

(2) 各教师的教学工作量，计算公式为

$$教学工作量 = 学时 \times (1 + w)$$

其中

$$w = \frac{1 - e^{-2x}}{1 + e^{-2x}}$$

$$x = 人数 - 40$$

对于这样一个比较复杂的任务，最好采用数据库软件加以设计，当然也可以利用 MATLAB 提供的多维阵列、结构阵列、单元阵列功能来进行设计，为此先对这三种阵列作

一简要总结：

- 多维阵列适用于规则的数据，比如有多项同维数的测量数据。
- 结构阵列适用于不一致的数据，常见的有字符数据和数值数据混合的情况。
- 单元阵列可用于任意数据混合情况，而且可将多维阵列、结构阵列纳入其中，构成

非常复杂的数据结构。

在本例中，先利用结构阵列构造三个基本信息阵列：

- 课程基本信息 Course。
- 教师基本信息 Teacher。
- 学生班基本信息 Student。

然后利用单元阵列构造教学基本信息的多维单元阵列 TS，最后根据要求在 TS 中查找有关信息，并配合 Course、Teacher、Student 结构计算出学生班的学分加权平均成绩和教师的教学工作量。MATLAB 程序如下：

```
clear
%课程基本信息
Course.name='高等数学'; Course.score=5;
Course.time=90;
Course(2).name='普通物理'; Course(2).score=4;
Course(2).time=80;
Course(3).name='英语(1)'; Course(3).score=3;
Course(3).time=64;
Course(4).name='英语(2)'; Course(4).score=3;
Course(4).time=64;
Course(5).name='计算机应用基础'; Course(5).score=3;
Course(5).time=64;
Course(6).name='电路分析基础'; Course(6).score=4;
Course(6).time=80;
Course(7).name='低频电子线路'; Course(7).score=4;
Course(7).time=80;
Course(8).name='高频电子线路'; Course(8).score=2;
Course(8).time=46;
Course(9).name='数字信号处理'; Course(9).score=3;
Course(9).time=64;
%教师基本信息
Teacher.name='王立伟'; Teacher.posit='讲师';
Teacher.age=30;
Teacher(2).name='赵杰'; Teacher(2).posit='副教授';
Teacher(2).age=36;
Teacher(3).name='李志范'; Teacher(3).posit='教授';
Teacher(3).age=45;
```

Teacher(4).name='陈根生'; Teacher(4).posit='教授';

Teacher(4).age=50;

Teacher(5).name='孙兴国'; Teacher(5).posit='讲师';

Teacher(5).age=26;

%学生班基本信息

Student.class=2991; Student.tol=130;

Student(2).class=2992; Student(2).tol=56;

Student(3).class=2993; Student(3).tol=45;

Student(4).class=2994; Student(4).tol=118;

Student(5).class=2981; Student(5).tol=125;

Student(6).class=2982; Student(6).tol=53;

Student(7).class=2983; Student(7).tol=40;

Student(8).class=2984; Student(8).tol=106;

%教学基本信息(用单元阵显示)

TS1={'高等数学',[2991 2992 2993 2994],[3 1 1 2],[76.2 68.9 70.1 71.3]};

TS2={'普通物理',[2991 2992 2993 2994],[2 3 3 2],[60.7 59.2 55.4 61.2]};

TS3={'英语(1)',[2991 2992 2993 2994],[5 4 5 4],[60.2 65.4 58.1 59.2]};

TS4={'英语(2)',[2981 2982 2983 2984],[4 5 4 5],[62.3 68.3 71.2 63.9]};

TS5={'计算机应用基础',[2991 2992 2993 2994],[1 2 3 4],[75.4 80.1 73.2 74.2]};

TS6={'电路分析基础',[2981 2982 2983 2984],[3 2 1 5],[66.1 65.4 68.2 70.0]};

TS7={'低频电子线路',[2991 2992 2993 2994],[1 1 4 3],[56.9 59.1 52.3 57.2]};

TS8={'高频电子线路',[2981 2982 2983 2984],[5 1 3 4],[66.1 60.9 61.2 64.9]};

TS9={'数字信号处理',[2981 2982 2983 2984],[2 2 4 3],[77.1 78.9 69.9 72.1]};

TS=cat(3,TS1,TS2,TS3,TS4,TS5,TS6,TS7,TS8,TS9);

%计算 8 个班的学分加权平均

disp1='班的学分加权平均为';

for i=1:8

　　c=Student(i).class;

　　s=0;v=0;

　　for j=1:9

　　　　k=find(TS{1,2,j}==c);

　　　　if ~(isempty(k))

　　　　　　v1=TS{1,4,j}(k);

　　　　　　s1=Course(j).score;

　　　　　　s=s+s1;

　　　　　　v=v+v1*s1;

　　　　end

　　end

```
        av=v/s;
        disp([num2str(c) disp1 num2str(av)])
    end
%计算教师工作量
disp2='的教学工作量为';disp3='小时';
for i=1:5
    c=Teacher(i).name;
    c1=Teacher(i).posit;
    g=0;
    for j=1:9
        k=find(TS{1,3,j}==i);
        if ~(isempty(k))
            for l=1:length(k)
                cn=TS{1,2,j}(l) −2990;
                if cn<0,cn=cn+14;end
                x=Student(cn).tol−40;
                f=1+(1−exp(−2*x))/(1+exp(−2*x));
                t=Course(j).time;
                g=g+f*t;
            end
        end
    end
    disp([c c1 disp2 num2str(g) disp3])
end
```

执行结果为

　　2991 班的学分加权平均为 66.2211

　　2992 班的学分加权平均为 66.0105

　　2993 班的学分加权平均为 61.8526

　　2994 班的学分加权平均为 64.7526

　　2981 班的学分加权平均为 67.9

　　2982 班的学分加权平均为 68.75

　　2983 班的学分加权平均为 68.2083

　　2984 班的学分加权平均为 68.15

　　王立伟讲师的教学工作量为 1060 小时

　　赵杰副教授的教学工作量为 1044 小时

　　李志范教授的教学工作量为 1168 小时

　　陈根生教授的教学工作量为 1020 小时

　　孙兴国讲师的教学工作量为 764 小时

6.5　多维阵列、结构阵列和单元阵列函数

MATLAB 的基本系统提供了建立和使用多维阵列、结构阵列和单元阵列的函数，表 6.5 列出了这些函数，其后将详细介绍这些函数的用法。

表 6.5　多维阵列、结构阵列和单元阵列函数

多维阵列函数	
cat	阵列连接
ndims	求阵列维数
ndgrid	为多维函数和内插产生阵列
permute	多维阵列的序列变换
ipermute	多维阵列的逆序列变换
shiftdim	维数移位
squeeze	删除单点维
flipdim	沿着指定维翻转
结构阵列函数	
struct	建立结构阵列
fieldnames	获取结构的域名
getfield	获取结构阵列的域值
setfield	设置结构阵列的域值
rmfield	删除结构阵列中的域
isfield	检测输入是否为结构阵列的域名
isstruct	检测输入是否为结构阵列
orderfields	结构阵列域名重新排序
单元阵列函数	
cell	建立单元阵列
celldisp	显示单元阵列内容
cellplot	以图形方式显示单元阵列的结构
num2cell	数值阵列变换成单元阵列
cell2struct	单元阵列变换成结构阵列
struct2cell	结构阵列变换成单元阵列
iscell	检测单元阵列
cellstr	从字符阵列中建立单元阵列
deal	输入分配给输出
cellfun	将函数应用于单元阵列中的每个元素
mat2cell	将矩阵分拆成单元阵列
cell2mat	将单元阵列恢复成矩阵

6.5.1　多维阵列函数

1．cat

功能：连接阵列。

(参见第二章。)

2．ndims

功能：求阵列维数。

格式：

　　n=ndims(A)

说明：

n=ndims(A)可求出阵列 A 的维数，它等同于 n=length(size(A))。例如：

```
>> A=magic(3); B=pascal(3);
>> C=cat(4,A,B);
>> n1=ndims(A)
n1 =
     2
>> n2=ndims(C)
n2 =
     4
```

3．ndgrid

功能：为多维函数和内插产生阵列。

格式：

　　[X1, X2, X3, …]=ndgrid(x1, x2, x3, …)

　　[X1, X2, …]=ndgrid(x)

说明：

[X1, X2, X3, …]=ndgrid(x1, x2, x3, …)可将由向量 x1, x2, x3, …指定的域变换成阵列 X1, X2, X3, …，这样可用于多变量函数的计算和多维内插，输出 Xi 的尺寸与向量 xi 的尺寸有关。

[X1, X2, …]=ndgrid(x)等同于[X1, X2, …]=ndgrid(x, x, …)。

例如，要计算函数

$$y = x_1 e^{-x_1^2 - x_2^2}$$

在 $x_1 \in [-2, 2]$，$x_2 \in [-2, 2]$ 区间上的值，可输入：

```
>> [X1, X2]=ndgrid(-2: .2: 2);
>> Y=X1.*exp(-X1.^2-X2.^2);
>> mesh(X1,X2,Y);
>> title('二维曲面')
```

执行后可得到如图 6.11 所示的二维曲面。

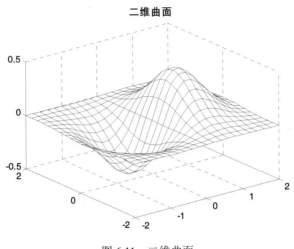

二维曲面

图 6.11　二维曲面

4．permute

功能：多维阵列的序列变换(即重新排列)。

格式：

    B=permute(A, order)

说明：

B=permute(A, order)可对阵列 A 按 order 指定的格式重新排列，order 为指定阵列 A 的维次序向量。例如：

    >> A=[1 2; 3 4]; B=[5 6; 7 8];

    >> C=cat(3,A,B)

    C(:,:,1) =

          1　　　2

          3　　　4

    C(:,:,2) =

          5　　　6

          7　　　8

    >> D=permute(C,[3 2 1])

    D(:,:,1) =

          1　　　2

          5　　　6

    D(:,:,2) =

          3　　　4

          7　　　8

从这一示例可以看出，对任意矩阵 A，permute(A, [2, 1])等价于 A'。

另外，permute 和 ipermute 函数是多维阵列的广义转置(.')。

5．ipermute

功能：多维阵列的逆序列变换。

格式：

A=ipermute(B, order)

说明：

A=ipermute(B, order)是 permute 函数的逆变换，当采用 A=permute(B, order)得到 B 后，利用同一个 order，A=ipermute(B, order)可恢复原来的 A。实际上这两个函数是同一个函数。例如，在 permute 函数说明示例中已得到了 D，输入

```
>> E=ipermute(D,[3 2 1])
E(:,:,1) =
        1      2
        3      4
E(:,:,2) =
        5      6
        7      8
```

这说明 E 恢复为原来的阵列 C，同样采用

E=permute(D,[3 2 1]);

也可以得到相同的结果。

6．shiftdim

功能：维数移位。

格式：

B=shiftdim(X, n)

[B, nshifts]=shiftdim(X)

说明：

B=shiftdim(X, n)可将阵列的维进行移位。当 n 为正整数时，shiftdim(X, n)将 X 阵列的维数向左移动 n 位，最后维回绕至第一维；当 n 为负数时，shiftdim(X, n)将 X 阵列的维数向右移动 n 位，并在首维上补零成单点维。例如：

```
>> a=cat(3,eye(2),2*eye(2),3*eye(2));
>> b=shiftdim(a, 1);
>> c=shiftdim(a, 2);
>> d=shiftdim(a, -1);
>> whos
```

Name	Size	Bytes	Class
A	2x2	32	double array
B	2x2	32	double array
C	2x2x2	64	double array
D	2x2x2	64	double array
E	2x2x2	64	double array
a	2x2x3	96	double array

b	2x3x2	96	double array
c	3x2x2	96	double array
d	4-D	96	double array

Grand total is 80 elements using 640 bytes

```
>> size(d)
ans =
     1     2     2     3
```

[B, nshifts]=shiftdim(X)可删去首维开始的单点维。例如：

```
>> [e,nshifts]=shiftdim(d);
>> size(e)
ans =
     2     2     3
>> nshifts
nshifts =
     1
```

7．squeeze

功能：删除单点维。

格式：

　　　B=squeeze(A)

说明：

B=squeeze(A)可删去 A 阵列中所有的单点维。例如，利用 rand 函数可产生多维阵列

```
>> A=rand(2,1,7);
>> B=squeeze(A);
>> whos
```

Name	Size	Bytes	Class
A	2x1x7	112	double array
B	2x7	112	double array

Grand total is 28 elements using 224 bytes

8．flipdim

功能：阵列沿着指定维翻转。

格式：

　　　B=flipdim(A, dim)

说明：

B=flipdim(A, dim)可完成沿着 dim 维的翻转操作，因此 flipdim(A, 1)等同于 flipud(A)，flipdim(A, 2)等同于 fliplr(A)。例如：

```
>> A=cat(3,[1 2;3 4],[5 6;7 8],[9 0; −1 −2])
A(:,:,1) =
     1     2
     3     4
```

A(:,:,2) =

          5   6

          7   8

A(:,:,3) =

          9   0

         −1   −2

\>> flipdim(A,3)

ans(:,:,1) =

          9   0

         −1   −2

ans(:,:,2) =

          5   6

          7   8

ans(:,:,3) =

          1   2

          3   4

\>> flipdim(A,2)

ans(:,:,1) =

          2   1

          4   3

ans(:,:,2) =

          6   5

          8   7

ans(:,:,3) =

          0   9

         −2   −1

6.5.2　结构阵列函数

1．struct

功能：建立结构阵列。

格式：

　　s=struct('fields1', values1, 'fields2', values2, …)

说明：

s=struct('fields1', values1, 'fields2', values2, …)可建立具有指定域名及其值的结构阵列，值阵列 values1, values2, …必须是相同尺寸的单元阵列或标量，将值阵列中的元素分别放入相应的结构阵列中。例如：

　　s=struct('type', {'big', 'little'}, 'color', {'red'}, 'x', {3, 4});

可得到一个结构阵列 s，输入 s 时显示

　　1x2 struct array with fields:

　　type

　　color

　　x

这说明 s 阵列有三个域(type, color, x)和两个结构元素，查看结构元素可输入

　　>> s(1)

　　ans =

　　　　type: 'big'

　　　　color: 'red'

　　　　　　x: 3

　　>> s(2)

　　ans =

　　　　type: 'little'

　　　　color: 'red'

　　　　　　x: 4

2． fieldnames

功能：获取结构的域名。

格式：

　　names=fieldnames(s)

说明：

names=fieldnames(s)可得到结构阵列 s 的域名，其结果 names 为一单元阵列。例如：

　　>> nmystr(1,1).name='alice';

　　>> mystr(1,1).ID=0;

　　>> mystr(2,1).name='gertrude';

　　>> mystr(2,1).ID=1;

　　>> n=fieldnames(mystr)

　　n =

　　　　'name'

　　　　'ID'

3． getfield

功能：获取结构阵列的域值。

格式：

　　f=getfield(s, 'field')

　　f=getfield(s, {i, j}, 'field', {k})

说明：

f=getfield(s, 'field')可获得结构阵列 s 中指定域的域值，这实际上等效于 f=s.field；f=getfield(s, {i,j}, 'field',{k})可获得结构阵列元素 s(i,j)中指定域的域值，这等价于 f=s(i,j).field(k)。例如，给定结构

```
>> mystr(1,1).name='alice';
>> mystr(1,1).ID=0;
>> mystr(2,1).name='gertrude';
>> mystr(2,1).ID=1;
```
然后输入
```
>> n=getfield(mystr, {2,1}, 'name')
n =
     gertrude
```
要列出 name 域的所有内容，可采用循环程序
```
>> for i=1:2
>>name{i}=getfield(mystr, {i,1},'name');
>>end
>>name
 name =
       'alice'      'gertrude'
```

4. setfield

功能：设置结构阵列的域值。

格式：
```
s=setfield(s, 'field', v)
s=setfield(s, {i, j}, 'field', {k}, v)
```

说明：

s=setfield(s, 'field', v)可将 s 中指定域的内容设置成 v，这等效于 s.field=v；s=setfield(s, {i, j}, 'field', {k}, v)可将 s(i, j)中指定域的内容设置成 v，这等效于 s(i, j).field(k)=v。例如，给定结构
```
>> mystr(1,1).name='alice';
>> mystr(1,1).ID=0;
>> mystr(2,1).name='gertrude';
>> mystr(2,1).ID=1;
```
然后输入
```
>> mystr=setfield(mystr, {2,1},'name','ted');
>> mystr(2)
ans =
     name: 'ted'
       ID: 1
```

5. rmfield

功能：删除结构阵列中的域。

格式：
```
s=rmfield(s, 'field')
s=rmfield(s, fields)
```

说明：

s=rmfield(s, 'field')可从结构阵列 s 中删除指定的域；s=rmfield(s, fields)可一次删除 s 中的多个域，其中 fields 为指定域名的字符阵列或字符串的单元阵列。

6．isfield

功能：检测输入是否为结构阵列的域名。

格式：

　　　k=isfield(s, 'field')

说明：

在 k=isfield(s, 'field')中，当指定的'field'是 s 的域名时，k 为逻辑真(其值为 1)。

7．isstruct

功能：检测输入是否为结构阵列。

格式：

　　　k=isstruct(s)

说明：

在 k=isstruct(s)中，当 s 为结构阵列时，k 为逻辑真。

8．orderfields

功能：结构阵列域名重新排序。

格式：

　　　s=orderfields(s1)

　　　s=orderfields(s1, s2)

　　　s=orderfields(s1, c)

说明：

s=orderfields(s1)对结构阵列 s1 中的域名重新排列，使得到的结构阵列 s 的域名按 ASCII 码顺序排列；当结构 s1 和 s2 具有相同的域名(其次序可能不同)时，s=orderfields(s1, s2)可以得到对 s1 中的域名重新排列的结构 s，其域名次序与 s2 相同；s=orderfields(s1, c)可按单元阵列 c 所指定的次序对结构 s1 的域名进行重新排列，注意，c 中指出的域名必须与结构 s1 中的域名一致。

6.5.3　单元阵列函数

1．cell

功能：建立单元阵列。

格式：

　　　c=cell(n)　　　　　　　　　c=cell(m, n, p, …)

　　　c=cell(m, n)　　　　　　　　c=cell([m n p …])

　　　c=cell([m n])　　　　　　　c=cell(size(A))

说明：

c=cell(n)可产生 n×n 的空单元阵列，当 n 为非标量时，MATLAB 给出出错信息；c=cell(m, n)

和 c=cell([m n])可产生 m×n 的空单元阵列，变量 m, n 必须为标量。c=cell(m, n, p, …)和 c=cell([m n p …])可产生 m×n×p×…维的空单元阵列；c=cell(size(A))可产生与 A 同维的空单元阵列。例如：

```
>> A=rand(2,3)
A =
    0.9501    0.6068    0.8913
    0.2311    0.4860    0.7621
>> B=cell(size(A))
B =
    []    []    []
    []    []    []
```

2. celldisp

功能：显示单元阵列的内容。

格式：

```
celldisp(C)
celldisp(C, name)
```

说明：

celldisp(C)可显示单元阵列 C 的内容。celldisp(C, name)在显示时以指定的字符串 name 代替单元阵列名。例如，输入

```
>> C={[1 2] 'Tony' 3+4i;[1 2;3 4] −5 'abc'};
>> celldisp(C)
C{1,1} =
       1    2
C{2,1} =
       1    2
       3    4
C{1,2} =
     Tony
C{2,2} =
      −5
C{1,3} =
     3.0000 + 4.0000i
C{2,3} =
     abc
```

如果采用 celldisp(C, 'signal')显示，则上述名称 C 替代为 signal，其它内容不变。

3. cellplot

功能：以图形方式显示出单元阵列的结构。

格式：

    cellplot(c)
    cellplot(c, 'legend')
    handles=cellplot(…)

说明：

cellplot(c)可以以图形方式表示 c 的内容，阵列和向量采用色块表示，标量和短的文本字符串可直接显示；在 cellplot(c, 'legend')中还可在单元阵列图的右边给出图例文本；handles=cellplot(…)除画出单元阵列图之外，还返回图形句柄 handles。

4. num2cell

功能：数值阵列变换成单元阵列。

格式：

    c=num2cell(A)
    c=num2cell(A, dim)

说明：

c=num2cell(A)可将阵列 A 的元素放入相应单元阵列 c 的位置，c 的尺寸与 A 相同。c=num2cell(A, dim)可将阵列 A 放入单元阵列 c，并将 A 的指定维 dim 放入独立的单元中。例如，输入

```
>> A=rand(2,3)
A =
    0.9501    0.6068    0.8913
    0.2311    0.4860    0.7621
>> num2cell(A)
ans =
    [0.9501]    [0.6068]    [0.8913]
    [0.2311]    [0.4860]    [0.7621]
>> c1=num2cell(A,1)
c1 =
    [2x1 double]    [2x1 double]    [2x1 double]
>> c2=num2cell(A,2)
c2 =
    [1x3 double]
    [1x3 double]
```

5. cell2struct

功能：单元阵列变换成结构阵列。

格式：

    s=cell2struct(c, fields, dim)

说明：

s=cell2struct(c, fields, dim)可将单元阵列的指定维转变成域名为 fields 的结构 s，因此 c 在 dim 维的长度必须与域名的数目相同。变量 fields 可以是字符阵列，也可以是字符串的

单元阵列。例如，输入

>> c={'tree',37.4,'birch'};

>> f={'category','height','name'};

>> s=cell2struct(c,f,2)

s =

category: 'tree'

height: 37.4000

name: 'birch'

6. struct2cell

功能：结构阵列变换成单元阵列。

格式：

c=struct2cell(s)

说明：

c=struct2cell(s)可将 m×n 的结构 s (有 p 个域)变换成 p×m×n 的单元阵列 c。如果 s 是多维的，则单元阵列 c 具有的尺寸为[p size(s)]。例如，输入

>> s.height=37.4;

>> s.name='birch';

>> s(2).category='tree';

>> s(2).height=3.8;

>> s(2).name='peach';

>> c=struct2cell(s);

>> size(c)

ans =

3   1   2

>> celldisp(c)

c{1,1,1} =

tree

c{2,1,1} =

37.4000

c{3,1,1} =

birch

c{1,1,2} =

tree

c{2,1,2} =

3.8000

c{3,1,2} =

peach

7. iscell

功能：检测单元阵列。

格式：

　　　k=iscell(c)

说明：

在 k=iscell(c)中，当 c 为单元阵列时，k 为逻辑真(其值为 1)。

8．cellstr

功能：从字符阵列中建立单元阵列。

格式：

　　　c=cellstr(S)

说明：

c=cellstr(S)可将字符阵列 S 中的每一行放入 c 的独立单元中，从而构成单元阵列 c。利用 string 函数可完成与此相反的转换。例如，先构成字符串 S

　　　>> S=strvcat('abcd','efgh','ok')

　　　S =

　　　　abcd

　　　　efgh

　　　　ok

然后将它变换成单元阵列

　　　>> c=cellstr(S)

　　　c =

　　　　'abcd'

　　　　'efgh'

　　　　'ok'

9．deal

功能：输入分配给输出。

格式：

　　　[Y1, Y2, Y3, …]=deal(X)

　　　[Y1, Y2, Y3, …]=deal(X1, X2, X3, …)

说明：

[Y1, Y2, Y3, …]=deal(X)可将单个输入分配给每个输出，即等同于 Y1=X，Y2=X，Y3=X，…；[Y1, Y2, Y3, …]=deal(X1, X2, X3, …)等同于 Y1=X1，Y2=X2，Y3=X3，…

但应注意，deal 函数应用于单元阵列和结构时具有特殊的用途，这里给出一些有用的指令：

[S.field]=deal(X)可将结构 S 中所有由 field 指定的域设置成 X 值，当 S 不存在时，应使用[S(1:m).field]=deal(X)命令。

[X{:}]=deal(A.field)可将结构 A 中由 field 指定的域值复制到单元阵列 X 中，当 X 不存在时，应使用[X{1:m}]=deal(A.field)命令。

[Y1, Y2, Y3, …]=deal(X{:})可将单元阵列 X 的内容复制到各个独立变量 Y1，Y2，Y3，…

[Y1, Y2, Y3, …]=deal(S.field)可将结构 S 中由 field 指定的域值复制到 Y1, Y2, Y3, …
例如，将四单元阵列复制到四个独立输出变量

```
>> C={rand(3),ones(3,1) eye(3) zeros(3,1)};
>> [a,b,c,d]=deal(C{:})
a =
    0.9355    0.8936    0.8132
    0.9169    0.0579    0.0099
    0.4103    0.3529    0.1389
b =
    1
    1
    1
c =
    1    0    0
    0    1    0
    0    0    1
d =
    0
    0
    0
```

利用 deal 函数可获得结构中指定域的域值

```
>> A.name='Pat'; A.number=176554;
>> A(2).name='Tony'; A(2).number=901325;
>> [name1,name2]=deal(A(:).name)
name1 =
        Pat
name2 =
        Tony
```

10. cellfun

功能：将函数应用于单元阵列中的每个元素。

格式：

```
D=cellfun('fname', C)
D=cellfun('size', C, k)
D=cellfun('isclass', C, 'classname')
```

说明：

D=cellfun('fname', C)可将函数 fname 应用于单元阵列 C 中的每个元素，得到的结果 D
为普通的双精度阵列，其尺寸与 C 一致。这里支持的函数有

- isempty：当 C 为空单元阵列时返回真值。
- islogical：当 C 为逻辑单元阵列时返回真值。
- isreal：当 C 为实数单元阵列时返回真值。

- length：返回单元阵列的长度。
- ndims：返回单元阵列的维数。
- prodofsize：返回单元阵列的元素个数。

D = cellfun('size', C, k)可以得到 C 中第 k 维的尺寸；在 D=cellfun('isclass', C, 'classname')中，当 C 的每个元素都与 classname(类别)一致时，D 为真。

例如，先产生一个 2×3 的单元阵列

```
>>C{1,1} = [1 2; 4 5];
>>C{1,2} = 'Name';
>>C{1,3} = pi;
>>C{2,1} = 2 + 4i;
>>C{2,2} = 7;
>>C{2,3} = magic(3);
```

然后有

```
>> D = cellfun('isreal', C)
D =
    1    1    1
    0    1    1
>> len = cellfun('length', C)
len =
    2    4    1
    1    1    3
>> isdbl = cellfun('isclass', C, 'double')
isdbl =
    1    0    1
    1    1    1
```

11．mat2cell

功能：将矩阵分拆成单元阵列。

格式：

```
c=mat2cell(x, m, n)
c=mat2cell(x, d1, d2, d3, ···, dn)
c=mat2cell(x, r)
```

说明：

c=mat2cell(x, m, n)可以将二维矩阵 x 分拆成单元阵列 c，其向量 m 和 n 分别用于指定行和列的分拆数。例如，设 x 为 60×50 的矩阵，则 c=mat2cell(x, [10 20 30], [25 25])可以产生 3×2 的单元阵列

```
c =
    [10x25 double]    [10x25 double]
    [20x25 double]    [20x25 double]
    [30x25 double]    [30x25 double]
```

c = mat2cell(x, d1, d2, d3, …, dn)可以将多维阵列 x 分拆成单元阵列，其中 d1～dn 用于指定各个维的分拆数；c = mat2cell(x, r)可以将矩阵 x 分拆成一维的单元阵列，其中向量 r 用于指定行的分拆数。例如：

```
>> x=rand(5,6);
>> r=[2 3];
>> c = mat2cell(x, r)
c =
    [2x6 double]
    [3x6 double]
```

12．cell2mat

功能：将单元阵列恢复成矩阵。

格式：

```
x = cell2mat(c)
```

说明：

函数 cell2mat 是 mat2cell 的逆函数，x = cell2mat(c)可以将多维单元阵列变换成阵列 x。参见 mat2cell 函数。

习　　题

1. 在一个 $5 \times 5 \times 2.5$ m³ 的房间里，按每间隔 50 cm 的栅格测定各点的温度(可随机产生)，建立多维阵列表示，并求出高度从 0～2.5 m 每隔 50 cm 的平面上的平均温度。

2. 某学期期末共进行了 5 门课程的考试。为开展宿舍之间的竞赛，要求将一个宿舍中 n(n=6～8)个人的 5 门课的成绩组合成二维阵列。假设你的班共有 10 个宿舍，从 1 到 10 编号，将所有宿舍学生成绩组合成三维阵列，求出每个宿舍的平均成绩，并排列出名次。

3. 每个学生在学习过程中，可设计一种单元阵列来记录自己每学期的学习情况。存储内容包括学生基本信息(姓名、出生年月、籍贯、联系电话、信箱号等)、课程信息(课程名称、任课老师、教材、学时、学分、成绩等)、其它信息(担任职务、发表文章、参加竞赛、毕业设计等)。根据这些内容设计出单元阵列，并计算出每学期的学分加权平均成绩。扩展这种单元阵列到全宿舍同学，构成多维的单元阵列，并根据学分加权平均成绩排列名次。

第七章　字符串处理

在 MATLAB 中字符阵列也称为字符串，MATLAB 提供了一些直接建立和处理字符串的函数(详见 7.7 节)。本章主要讨论如何利用字符串函数和 MATLAB 的基本命令对字符阵列进行处理。

7.1　字符阵列

在 MATLAB 中字符是以其 ASCII 码表示的,这样可直接在屏幕上显示字符或者在打印机上打印字符。输入字符数据时应用单引号括起来，例如，输入

>> name='西安电子科技大学电子工程学院';

这时采用 class 命令可以检查其类型

>>class(name)

ans=

char

这说明变量 name 的类型为字符型，再输入

size(name)

ans=

1　14

这说明 name 占用 1×14 向量，从这可以看出每个汉字只占用一个字符位置。众所周知，一个汉字需要用两个字节的内码表示，每个字符应该占用两个字节，这一点可由下列命令得到证实：

>> name1='MATLAB';

>> whos

Name	Size	Bytes	Class
ans	1x4	8	char array
name	1x14	28	char array
name1	1x6	12	char array

Grand total is 24 elements using 48 bytes

变量 name 含有 14 个汉字，占用了 28 个字节，然而，name1 包含有 6 个英文字母，占用 12 个字节，这说明每个字符都采用 16 位的 ASCII 码存储。

7.1.1 字符与 ASCII 码之间的变换

在 MATLAB 中每个字符按 16 位的 ASCII 码存储，这大大地方便了在 MATLAB 中使用双字节内码字符集，如汉字系统。利用 double 和 char 函数可在字符与其 ASCII 码之间进行转换。例如，在得到上述 name 和 name1 后输入

```
>> a1=double(name1)
a1 =
     77    65    84    76    65    66
>> a=double(name)
a =
   Columns 1 through 8
52983   45234   46567   55251   49094   48316   46323   53671
   Columns 9 through 14
      46567   55251   47524   46028   53671   54458
>> aname1=char(a1)
aname1 =
          MATLAB
>> aname=char(a)
aname =
         西安电子科技大学电子工程学院
```

7.1.2 建立二维字符阵列

在建立二维阵列时，应注意确保每行上的字符数相等，如果长度不等，应在其后补空格。例如，输入

```
>> str1=['MATLAB   ';'SIMULINK']
str1=
      MATLAB
      SIMULINK
```

必要时可利用 blanks 函数补上空格，例如，输入

```
>>book1='MATLAB Programming Language';
>>book2='Signal Processing using MATLAB';
>>book3='Control System using MATLAB';
>>book4='Neural Network using MATLAB';
disp([length(book1),length(book2),length(book3),length(book4)])
      27    30    27    27
>> BOOK=[book1 blanks(3);book2;book3 blanks(3);book4 blanks(3)]
BOOK =
      MATLAB Programming Language
```

> Signal Processing using MATLAB
>
> Control System using MATLAB
>
> Neural Network using MATLAB

当从字符阵列中提取字符串时，可利用 deblank 函数删除字符串末尾多余的空格，例如：

```
>> str2=BOOK(1,:);length(str2)
ans =
     30
>> str3=deblank(str2);length(str3)
ans =
     27
```

这说明在 str3 中已删除了末尾的空格。

7.2　字符串单元阵列

建立字符串单元阵列存储字符串比使用字符阵列更方便、更灵活。MATLAB 专门为处理字符串单元阵列提供了函数，如 cellstr，findstr 等。

利用 cellstr 函数可方便地将字符阵列变换成字符串单元阵列。例如，在上面已得到 BOOK 字符阵列后，输入

```
>> BOOKcell=cellstr(BOOK)
BOOKcell =
        'MATLAB Programming Language'
        'Signal Processing using MATLAB'
        'Control System using MATLAB'
        'Neural Network using MATLAB'
```

可建立字符单元阵列 BOOKcell，这时每个元素均为字符串，而且已删除了末尾的空格，这可通过 length 函数求取其长度来证实。

```
length(BOOKcell{1})
ans=
        27
```

同样，利用 char 函数可将字符单元阵列变换成字符阵列，而且能够自动在阵列元素中加上适当的空格，以便使每行的长度相等。

```
>> BOOK1=char(BOOKcell)
BOOK1 =
        MATLAB Programming Language
        Signal Processing using MATLAB
        Control System using MATLAB
        Neural Network using MATLAB
```

7.3 字符串比较

比较字符串可有以下几种方式：
- 比较两个字符串或其中某一部分是否相同。
- 比较两个字符串中的个别字符是否相同。
- 可对字符串中的每个元素进行归类，如根据字母归类还是非字母归类。

MATLAB 为这些任务提供了一些专用的函数，如 strcmp、strcmpi、strncmp、strncmpi 和 findstr 等，它们既适用于字符阵列，也适用于字符单元阵列。

7.3.1 比较字符串是否相同

strcmp 函数用于比较两字符串是否相同，strcmpi 函数在比较时忽略其大、小写，即 ABC 等同于 abc；strncmp 函数用来比较两字符串的前 n 个字符是否相同，同样 strncmpi 函数比较时忽略大、小写。例如，输入

```
>> str1='hello'; str2='help!'; str3='Hello';
>>k1=strcmp(str1,str2)
k1 =
     0
>> k2=strcmp(str1,str3)
k2 =
     0
>> k3=strcmpi(str1,str3)
k3 =
     1
>> k4=strncmp(str1,str2,3)
k4 =
     1
```

当要比较的子字符串相同时，返回值为逻辑真，其值为 1。注意，它与 C 语言中的 strcmp() 函数相反，在 C 语言中，当两个子字符串相同时，返回值为 0。

7.3.2 比较字符是否相同

当要比较两个字符串中个别字符是否相同时，可采用 MATLAB 的关系操作符。例如：

```
>> str1='hello'; str2='help!';
k=str1= =str2
k =
     1     1     1     0     0
```

实际上，还可以采用其它的关系操作符(<、<=、>、>=、!=)，这样就可以比较两个字符串

的大小关系，当然实际确定其大小关系时采用的是其 ASCII 码。例如：

```
>> A='abcd'; B='aabe';
>>k1=A>B
k1 =
    0    1    1    0
>> k2=A>=B
k2 =
    1    1    1    0
>> k3=A<B
k3 =
    0    0    0    1
```

7.3.3 英文字母的检测

在实际应用中，经常需要检测字符串是否有英文字母，或者检测字符串是否全部由字母构成，MATLAB 专门为此提供了函数 isletter。若要检测字符串是否有空格，则可采用 isspace 函数。例如：

```
>> myaddr='XiDian 134';
>>letter=isletter(myaddr)
letter =
    1    1    1    1    1    1    0    0    0    0
>> space=isspace(myaddr)
space =
    0    0    0    0    0    0    1    0    0    0
```

联合 isletter 和 isspace 这两个函数，可检测字符串是否全部由字母和空格构成。例如：

```
>> str1='I wish this book can be beneficial to you';
>> let1=isletter(str1);
>> let2=isspace(str1);
>> let3=let1| let2;
>>if all(let3)
        disp('所有字符均为英文字母或空格')
    else
        disp('字符中包含非英文字母和空格')
    end
```

执行后得

所有字符均为英文字母或空格

如果输入改为

```
str1='My post address is XiDian Box 134';
```

则执行后得

字符中包含非英文字母和空格

7.4 字符串搜索与取代

MATLAB 为字符串的搜索与取代提供了几个函数 findstr、strmatch、strrep、strtok 等，灵活运用这几个函数，可完成比较复杂的任务。例如：

```
>> str='Example 12 made on 08/18/05';
>>k=findstr(str,'08')
k =
    20
>> str1=strrep(str,'18','19')
str1 =
        Example 12 made on 08/19/05
```

这里将 str 中的日期修改为 2005 年 08 月 19 日。

利用 strtok 函数可找出字符串的首部(第一个分隔符之前的字符串)：

```
>>str2=strtok(str1)
str2=
        Example
```

利用 strtok 函数还可以完成从英文句子中提取单词，例如：

```
function allwords=words(sentence)
r=sentence
allwords='';
while(any(r))
    [w,r]=strtok(r);
    allwords=strvcat(allwords,w);
end
```

这时输入

```
>> str1='I wish this book can be benefical to you';
>>str1words=words(str1)
str1words=
            I
            wish
            this
            book
            can
            be
            beneficial
            to
            you
```

7.5　字符串与数值之间的变换

MATLAB 提供了一组函数可用来在各种数制之间进行变换。例如：

```
>> x=53176251;
>> y=int2str(x)
y =
    53176251
>> whos
    Name      Size          Bytes     Class
    x         1x1              8      double array
    y         1x8             16      char array
Grand total is 9 elements using 24 bytes
```

从这可以看出，x 只占用一个存储单元(8 个字节)，而当它变换成字符时占用了 8 个字符单元(每个单元占用两个字节)。在将数值表示成字符串时还可以指定位数，例如：

```
>> p=num2str(pi,8)
p =
    3.1415927
>> d1=bin2dec('10101')
d1 =
    21
>> b1=dec2bin(d1,8)
b1 =
    00010101
>> d2=hex2dec('A1B')
d2 =
    2587
>> h2=dec2hex(d2,4)
h2 =
    0A1B
>> d3=base2dec('12210',3)
d3 =
    156
>> t3=dec2base(d3,3)
t3 =
    12210
```

其中，最后一组可完成三进制数与十进制数之间的转换。

只有利用 num2str 函数才能将含小数的数值变换成字符串，从而在图形标题或标记中使用与数据相关的数值。例如，利用 plot(x,y)函数已绘制出了图形，那么可给 x 轴加上这样的标记：

>>str1=num2str(min(x));

>>str2=num2str(max(x));

>>str=['Value of x is from',str1,'to',str2];

>>xlabel(str)

利用 mat2str 函数可将矩阵变换成字符串形式。例如：

>> A=round(100*rand(3,3) −50)/100

A =

0.4500	−0.0100	−0.0400
−0.2700	0.3900	−0.4800
0.1100	0.2600	0.3200

>> B=mat2str(A)

B =

[0.45 −0.01 −0.04; −0.27 0.39 −0.48; 0.11 0.26 0.32]

7.6　综合设计示例

为说明字符串的应用，设计 MATLAB 程序对保存在文件中的文本进行处理，要求：

(1) 统计文件中字符串 'error' 出现的次数。

(2) 将文件中的字符串 'error' 修改成 'Error'。

(3) 统计文件中字符('a','b', 't')出现的次数及频度。

(4) 统计文件中单词('the', 'and')出现的次数。

这里假设要处理的文件为 bugs.txt，其内容为：

LaTeX Error Reports

12 January 1999

ERROR REPORTS

Before you report an error please check that:

* Your LaTeX system is not more than one year old. New LaTeX releases occur at 6 monthly intervals, thus your problem may have already been fixed.

* The error is not already fixed by a patch added recently to the current distribution. If you have access to a CTAN archive then you can easily check whether there is already a patch that fixes your problem; so please do so. The patches are described in the files patches.txt and ltpatch.ltx; these are in the current distribution. This check is especially important if you are using a distribution that is more than one month old.

* The error is not already mentioned in the documentation of the distribution, e.g. in a .dtx file (in this case it is a feature : −).

* The error has not already been reported. If you have WWW access, you can search the LaTeX bugs database using this URL: http://www.latex-project.org/bugs.html

* The error is not caused by software other than the core LaTeX software that is produced and maintained by the LaTeX3 project team (please report problems with other software to the authors or suppliers of that software).

* The error is not caused by using an obsolete version of any file or of other software.

* You are using the original version of all files, not one that has been modified elsewhere.

If you think you have found a genuine bug in a recent version of the core LaTeX software, please report it in the following way:

* Prepare a *short* test file that clearly demonstrates your problem; see below for a discussion of 'short'.

* Run this file through latex to obtain the transcript file (often .log) since you will need to submit this file also.

* Generate a bug report template by running the file latexbug.tex through LaTeX.

* Fill in the spaces in the generated template file. Please note that the reporting language is *English* irregardless of the fact, that the address you are sending the bug report to, might not be in an English speaking country. Reports received in a language other than English might not be understandable for the person currently looking at bug reports!

* Include all necessary information, especially a complete input file, a complete transcript file, and all other files used (if they are not standard).

下面我们按步骤给出设计过程及结果。

步骤 1：读取文件，建立字符串。

为处理文件中的字符串，先打开文件，读取文件，存入字符串变量。这里要用到有关文件的输入/输出函数，本书未对此进行讨论，因此，有必要对文件的输入/输出函数作一简要介绍。

(1) fid = fopen(filename,permission)可打开指定的文件 filename，其中 permission 用于指定允许的操作方式，当 permission 取 r、w、r+ 或 w+、a 时，分别表示可对文件进行读、写、读写、在文件尾写的操作，fid 代表这一文件的文件标识符。

(2) [A,count] = fread(fid,size,precision)可对已打开的文件 fid 进行读操作，其中 size 表示一次读取的字符数，当 size 取 Inf 时，表示读至文件尾。precision 表示读取的字符的精度，当取 'char'、'uchar'、'schar' 时，表示读取字符、无符号字符、有符号字符；当取 'int8'、'int16'、'int32'、'int64' 时，表示读取整数(8、16、32、64 位)；当取 'uint8'、'uint16'、'uint32'、'uint64' 时，表示读取无符号整数；当取 'float32'、'float64' 时，表示读取浮点数(32、64 位)。A 为读取的内容，count 记录所读取的长度。

(3) count=fwrite(fid,A,precision)可将数据 A 按指定的格式写入文件 fid，输出变量 count 记录所写入的长度。

(4) status=fclose(fid)可关闭指定的文件 fid，status 记录关闭文件操作的状态，关闭成功时，status=0，否则 status=−1；status = fclose('all')表示关闭已打开的所有文件。

有了这些函数，可以编写出读取文件字符的函数 readfile：

```
function [y,count]=readfile(filename)
fid = fopen(filename);
[y,count] = fread(fid,Inf,'char');
fclose(fid);
```

这样可方便地读入文件，并建立字符阵列：

```
>> [yi,ct]=readfile('bugs.txt');
>> y=char(yi')
```

步骤 2：统计 'error' 出现的次数。

这只需要直接应用 findstr 函数找出字符串 'error' 在 y 中的位置，然后求出位置的个数。

```
>> k=findstr(y,'error');
L1=length(k);
disp(['字符串"error"出现的次数为',num2str(L1)])
```

执行后得

字符串'error'出现的次数为 6

步骤 3：将 'error' 修改成 'Error'。

这只需要直接应用 strrep 函数，在字符串 y 中将 'error' 修改成 'Error'，替换结果只显示出第一段。

```
>> y1=strrep(y,'error','Error');
disp('"error"修改成"Error"后的结果：')
disp(char(y1(1:322)))
```

执行后得

'error'修改成'Error'后的结果：

LaTeX Error Reports

12 January 1999

ERROR REPORTS

Before you report an Error please check that:

　　* Your LaTeX system is not more than one year old.　New LaTeX releases occur at 6 monthly intervals, thus your problem may have already been fixed.

步骤 4：统计字符('a','b','t')出现的次数及频度。

为统计字符出现的次数，要编写函数 countchar，其中使用了关系操作符：

```
function y=countchar(str,c)
%统计字符出现的次数
k=upper(str)==upper(c);
y=sum(k);
```

还应注意，适当处理大、小写英文字母，这里先将字符都变换成大写字母，然后进行比较，这也说明 countchar 函数只适用于统计英文字母出现的次数。有了这个函数后可很容易地求出字符('a','b','t')出现的次数及频度。

```
c1=countchar(y,'a');
c2=countchar(y,'b');
c3=countchar(y,'t');
disp(['字符 a,b,t 出现的次数分别为',num2str([c1,c2,c3])])
cc=round(1000*[c1/ct,c2/ct,c3/ct])/100;
disp(['字符 a,b,t 出现的频度分别为百分之',num2str(cc, '%-5.2g')])
```

执行后得

字符 a, b, t 出现的次数分别为 146 33 192

字符 a, b, t 出现的频度分别为百分之 0.57 0.13 0.75

步骤 5：统计单词('the', 'and')出现的次数。

同样，为统计单词出现的次数，要编写函数 countword，这里先将字符都变换成大写字母，然后利用 7.4 节设计的单词提取函数 words 对字符串 y 进行处理，最后利用 strmatch 函数查找严格匹配的子字符串：

```
function y=countword(str,w)
%统计单词出现的次数
str1=upper(str);
w1=upper(w);
str2=words(str1);
k=strmatch(w1,str2,'match');
y=length(k);
```

有了这个函数就可以很容易地求出单词出现的次数：

```
w1=countword(y, 'the');
w2=countword(y, 'and');
disp(['单词 the, and 出现的次数分别为', num2str([w1, w2])])
```

执行后得

单词 the,and 出现的次数分别为 27   3

最后我们给出整个 MATLAB 程序：

```
clear
%读取文件,建立字符串
[yi,ct]=readfile('bugs.txt');
y=char(yi');
%统计'error'出现的次数
k=findstr(y,'error');
L1=length(k);
disp(['字符串"error"出现的次数为',num2str(L1)])
%将'error'修改成'Error'
y1=strrep(y,'error','Error');
disp('"error"修改成"Error"后的结果：')
```

disp(char(y1(1:322)))

%统计字符出现的次数('a','b','t')及频度

c1=countchar(y,'a');

c2=countchar(y,'b');

c3=countchar(y,'t');

disp(['字符 a,b,t 出现的次数分别为',num2str([c1,c2,c3])])

cc=round(1000*[c1/ct,c2/ct,c3/ct])/100;

disp(['字符 a,b,t 出现的频度分别为百分之',num2str(cc,'%−5.2g')])

%统计单词出现的次数('the','and')

w1=countword(y,'the');

w2=countword(y,'and');

disp(['单词 the,and 出现的次数分别为',num2str([w1,w2])])

7.7 字符串函数

MATLAB 的基本系统提供了对字符串进行处理和数制之间转换的函数。表 7.1 列出了这些函数，其后将详细介绍这些函数的用法。

表 7.1 字符串函数

一般函数	
char	建立字符阵列
double	将字符阵列变换成双精度数值
cellstr	从字符阵列中建立单元阵列
blanks	建立空格字符串
deblank	删除字符串末尾的空格
eval	计算以字符串表示的 MATLAB 表达式
字符串测试	
ischar	当检测到字符阵列时为逻辑真
iscellstr	当检测到字符串的单元阵列时为逻辑真
isletter	当检测到英文字母时为逻辑真
isspace	当检测到空白时为逻辑真
字符串操作	
strcat	字符串连接
strvcat	字符串的垂直连接
strcmp	比较字符串
strcmpi	比较字符串(忽略大、小写)
strncmp	比较字符串的前 n 个字符
strncmpi	比较字符串的前 n 个字符(忽略大、小写)
findstr	在字符串中查找子字符串
strjust	调整字符阵列
strmatch	查找匹配字符串
strrep	字符串的搜索与取代
strtok	找出字符串的首部
upper	将字符串变换为大写
lower	将字符串变换为小写

字符串与数值之间的变换	
num2str	将数值变换成字符串
int2str	将整数变换成字符串
mat2str	将矩阵变换成字符串
str2mat	从字符串中形成矩阵
str2num	将字符串变换成数值
sprintf	将格式化数据写入字符串
sscanf	在指定格式下读取字符串
数制变换	
hex2num	将十六进制数变换成双精度数
hex2dec	将十六进制数变换成十进制数
dec2hex	将十进制数变换成十六进制数
bin2dec	将二进制数变换成十进制数
dec2bin	将十进制数变换成二进制数
base2dec	将任意进制数变换成十进制数
dec2base	将十进制数变换成任意进制数
str2double	将字符串变换成双精度数

7.7.1　一般函数

1．char

功能：建立字符阵列。

格式：

    S=char(X)

    S=char(C)

    S=char(t1, t2, t3, …)

说明：

S=char(X)可将 X 中以字符 ASCII 码表示的值转换成相应的字符，利用 double 函数可作相反的变换；在 S=char(C)中，C 表示字符串的单元阵列，这条命令可将单元阵列中的字符串变换成字符阵列 S，利用 cellstr 函数可作相反的变换；在 S=char(t1, t2, t3, …)中，t1，t2，t3，…为字符串的行阵列，S 是以 t1，t2，t3，…为行构成的二维字符矩阵，其行尺寸取 t1，t2，t3，…中的最长者，其它字符行阵列在末尾补空格，使所有行阵列等长，从而构成二维字符矩阵 S。

例如，分三行打印出其 ASCII 为 32～127 之间的字符，可输入

    >> s=char(reshape(32:127,32,3)')

    s =

    !"#$%&'()*+,−./0123456789:;<=>?

    @ABCDEFGHIJKLMNOPQRSTUVWXYZ[\]^_

    'abcdefghijklmnopqrstuvwxyz{|}~'

2．double

功能：将字符阵列变换成双精度数值。

格式：

    Y=double(X)

说明：

Y=double(X)可将字符阵列 X 转换成其 ASCII 码，如果 X 本身已经是双精度数值，则 double 函数不起作用。例如：

    >> s='ABC';

    >> y=double(s)

    y =

        65   66   67

    >> z=double(y)

    z =

        65   66   67

3. cellstr

功能：从字符阵列中建立单元阵列。

格式：

    c=cellstr(S)

说明：

参见 6.5 节。

4. blanks

功能：建立空格字符串。

格式：

    s=blanks(n)

说明：

s=blanks(n)可产生 n 个空格。例如：

    >>disp(['XXX' blanks(5) 'yyy'])

可在 XXX 与 yyy 之间加上 5 个空格。

5. deblank

功能：删除字符串末尾的空格。

格式：

    str=deblank(str)

    c=deblank(c)

说明：

str=deblank(str)可删去字符串 str 中末尾的空格；在 c=deblank(c)中，c 为字符串的单元阵列，可将 deblank 函数应用于 c 中的每个元素。例如：

    >> A{1,1} = 'MATLAB   ';

    >>A{1,2} = 'SIMULINK   ';

    >>A{2,1} = 'Toolboxes   ';

    >>A{2,2} = 'The MathWorks   '

```
>>A =
        'MATLAB  '          'SIMULINK  '
        'Toolboxes '        'The MathWorks  '
>> B=deblank(A)
B =
        'MATLAB'            'SIMULINK'
        'Toolboxes'         'The MathWorks'
```

6. eval

功能：计算以字符串表示的 MATLAB 表达式。

格式：

　　a=eval(expression)

　　[a1, a2, a3, …] = eval(function(b1, b2, b3, …))

说明：

a=eval(expression)可计算 MATLAB 表达式 expression 的值，expression = [string1, int2str(var), string2, …]；在[a1, a2, a3, …] = eval(function(b1, b2, b3, …))中，b1, b2, b3, … 为函数 function 的输入变量，计算结果保存在 a1，a2，a3，…中。例如，输入

```
>> A = '4*5–3';   eval(A)
ans =
        17
>> [e,v]=eval('eig([2 4; –6 5])')
e =
        0.1936 – 0.6021i    0.1936 + 0.6021i
        0.7746              0.7746
v =
        3.5000 + 4.6637i           0
              0             3.5000 – 4.6637i
>> P = 'pwd';   eval(P)
ans =
        C:\Program Files\MATLAB704\work
```

这时可得到程序 pwd.m 所在的位置。输入

```
>>D = ['odedemo '; 'quaddemo'; 'zerodemo';'fitdemo '];
>>n = input('Select a demo number: ');
>>eval(D(n,:))
```

可选择执行不同的演示程序。

7.7.2　字符串测试

1．ischar

功能：当检测到字符阵列(字符串)时为逻辑真。

格式：

    k=ischar(s)

说明：

在 k=ischar(s)中，当 s 为字符阵列或字符串时，k 为逻辑真(其值为 1)，否则 k 为 0。

2．iscellstr

功能：当检测到字符串的单元阵列时为逻辑真。

格式：

    k=iscellstr(s)

说明：

在 k=iscellstr(s)中，当 s 为字符串的单元阵列时，k 为逻辑真(其值为 1)，否则 k 为 0。

3．isletter

功能：当检测到英文字母时为逻辑真。

格式：

    TF=isletter(str)

说明：

在 TF=isletter(str)中，当 str 中某一位为英文字母时，对应的 TF 中的单元为逻辑真，否则为逻辑假。例如：

    >> str='MAX is 1200';

    >> TF=isletter(str)

    TF =

        1　　1　　1　　0　　1　　1　　0　　0　　0　　0　　0

4．isspace

功能：当检测到空格时为逻辑真。

格式：

    TF=isspace(str)

说明：

在 TF=isspace(str)中，当 str 中某一位为空白(即空格、换行、回车、制表符 Tab、垂直制表符、打印机走纸符)时，相应的 TF 中的单元为逻辑真，否则为逻辑假。例如：

    >> str='MAX is 1200';

    >> TF=isspace(str)

    TF =

        0　　0　　0　　1　　0　　0　　1　　0　　0　　0　　0

7.7.3　字符串操作

1．strcat

功能：字符串连接。

格式：

    t=strcat(s1, s2, s3, …)

说明：

t=strcat(s1, s2, s3, …)可按水平方向连接字符串 s1, s2, s3, …，并忽略尾部添加的空格。输入 s1, s2, s3, …必须具有相同的行数。当输入全为字符阵列时，t 也为字符阵；当输入中包含有字符串的单元阵列时，t 为单元阵列。例如：

```
>> a='Hello'; b='how are you!';
c=strcat(a,b)
c =
    Hellohow are you!
>> d=[a b]
d =
    Hello how are you!
```

2. strvcat

功能：字符串的垂直连接。

格式：

```
t=strvcat(s1, s2, s3, …)
```

说明：

strvcat 与 strcat 函数类似，strvcat 函数只是按垂直方向连接字符串 s1, s2, s3,…，即以 s1, s2, s3, …作为 t 的行，为此会自动在 s1, s2, s3, …的尾部补空格以形成字符串矩阵。例如：

```
>> s1='first'; s2='string'; s3='matrix'; s4='second';
>> t1=strvcat(s1,s2,s3)
t1 =
    first
    string
    matrix
>> t2=strvcat(s4,s2,s3)
t2 =
    second
    string
    matrix
```

3. strcmp

功能：比较字符串。

格式：

```
k=strcmp(str1, str2)
TF=strcmp(S, T)
```

说明：

k=strcmp(str1, str2)可对两个字符串 str1 和 str2 进行比较，如果两者相同，则返回逻辑真(其值为 1)，否则返回逻辑假(0)；在 TF=strcmp(S, T)中，S、T 为字符串单元阵列，TF 与 S、T 尺寸相同，且当对应 T、S 元素相同时，其值为 1，否则为 0。注意 T、S 必须具有相同的尺寸，或者其中之一为标量。例如：

```
>> strcmp('Yes','No')
ans =
     0
>> strcmp('Yes','Yes')
ans =
     1
>> A={'MATLAB' 'SIMULINK';'Toolboxes' 'The MathWorks'}
A =
    'MATLAB'              'SIMULINK'
    'Toolboxes'          'The MathWorks'
>> B={'Handle Graphics' 'Real Time Workshop';'Toolboxes' 'The MathWorks'}
B =
    'Handle Graphics'    'Real Time Workshop'
    'Toolboxes'          'The MathWorks'
>> C={'Signal Processing' 'Image Processing';'MATLAB' 'SIMULINK'}
C =
    'Signal Processing'  'Image Processing'
    'MATLAB'             'SIMULINK'
>> strcmp(A,B)
ans =
     0     0
     1     1
>> strcmp(A,C)
ans =
     0     0
     0     0
```

4．strcmpi

功能：比较字符串(忽略大、小写)。

格式：

k=strcmpi(str1, str2)

TF=strcmpi(S, T)

说明：

strcmpi 与 strcmp 函数类似，strcmpi 函数只是在比较时忽略字符的大、小写，有关说明参见 strcmp 函数。例如：

```
>> s1='matrix';   s2='Matrix';
>> strcmpi(s1, s2)
ans =
     1
```

```
>> strcmp(s1,s2)
ans =
     0
```

5．strncmp

功能：比较两个字符串的前 n 个字符。

格式：

```
k=strncmp(str1, str2, n)
TF=strncmp(S, T, n)
```

说明：

strncmp 函数与 strcmp 函数类似，strncmp 函数只是根据字符串的前 n 个字符产生结果，说明部分可参见 strcmp 函数。例如：

```
>> s1='MATLAB expression';
>>s2='MATLAB variable';
>>k1=strncmp(s1,s2,6)
k1 =
     1
>> k2=strcmp(s1,s2)
k2 =
     0
```

6．strncmpi

功能：比较两个字符串的前 n 个字符(忽略大、小写)。

格式：

```
k=strncmpi(str1, str2, n)
TF=strncmpi(S, T, n)
```

说明：

strncmpi 与 strncmp 函数类似，strncmpi 函数只是在比较字符串的前 n 个字符时，忽略其大、小写，这里不再赘述。例如：

```
>>s1='MATLAB expression';
>>s2='matlab variable';
>>k1=strncmpi(s1, s2, 6)
k1 =
     1
>> k2=strncmp(s1,s2,6)
k2 =
     0
```

7．strfind

功能：在字符串中查找子字符串。

格式：

    k = strfind(str, pattern)

    k = strfind(cellstr, pattern)

说明：

k = strfind(str, pattern)可在字符串 str 中找出字符串 pattern 所在的位置，如果在 str 中包含有多个 pattern 字符串，则得到一个行向量，分别给出其位置；k = strfind(cellstr, pattern)可在单元阵列 cellstr 中搜索字符子串 pattern。例如：

    >> str1='MATLAB is a high-performance language for technical computing.';

    >> str2='language';

    >> k=strfind(str1,str2)

    k =

        30

8．strjust

功能：调整字符阵列。

格式：

    t=strjust(s)　　　　　　　　　　　t=strjust(s, 'left')

    t=strjust(s, 'right')　　　　　　　　t=strjust(s, 'center')

说明：

t=strjust(s)或 t=strjust(s，'right')可对字符阵列 s 中的每行字符按右对齐排列；t=strjust(s，'left')可按左对齐排列；t=strjust(s, 'center')可按居中对齐排列。例如，输入

    >> s=['MATLAB　　';'SIMULINK']

    s =

    MATLAB

    SIMULINK

    >> t=strjust(s,'right')

    t =

    MATLAB

    SIMULINK

9．strmatch

功能：查找匹配字符串。

格式：

    k=strmatch(str, STR)

    k=strmatch(str, STR, 'exact')

说明：

k=strmatch(str, STR)可在 STR 字符串中找出以 str 开头的字符串位置；k=strmatch(str, STR, 'exact')可找出严格以 str 开头的字符串的位置。例如：

    >> k1=strmatch('max',strvcat('max','minimax','maximum'))

    k1=

```
         1
         3
>> k2=strmatch('max',strvcat('max','minimax','maximum'),'exact')
k2 =
         1
```

10．strrep

功能：字符串的搜索与取代。

格式：

　　str=strrep(str1，str2，str3)

说明：

str=strrep(str1，str2，str3)可在字符串 str1 中找出子字符串 str2，并用 str3 取代。例如：

```
>>s1= 'This is a good example.';
>>str = strrep(s1,'good','great')
str =
     This is a great example.
>>A ={'MATLAB','SIMULINK'
'Toolboxes','The MathWorks'};
>>B = {'Handle Graphics','Real Time Workshop'
     'Toolboxes','The MathWorks'};
>>C = {'Signal Processing','Image Processing'
     'MATLAB','SIMULINK'};
>>strrep(A,B,C)
ans=
     'MATLAB'        'SIMULINK'
     'MATLAB'        'SIMULINK'
```

11．strtok

功能：找出字符串的首部。

格式：

　　token=strtok(str)

　　token=strtok(str，delimiter)

　　[token，rem]=strtok(…)

说明：

token=strtok(str)可以指定采用缺省的分隔符，即空格(ASCII 码为 32)、Tabs(ASCII 码为 9)和回车(ASCII 码为 13)；token=strtok(str，delimiter)可找出字符串 str 的首部，即位于第一个分隔符之前的一串字符，其中向量 delimiter 用于指定有效的分隔符；[token，rem]=strtok(…)除得到字符串的首部 token 外，还得到了剩余字符串 rem。例如：

```
>> s='This is a good example.';
>> [token,rem]=strtok(s)
```

token =

　　　This

rem =

　　　is a good example.

12．upper

功能：将字符串变换为大写。

格式：

　　t=upper(str)

　　B=upper(A)

说明：

t=upper(str)可将 str 中的小写字母变换成大写字母，其它字符不变；B=upper(A)可将字符串单元阵列 A 中的小写字母变换成大写字母。例如：

　　>> upper('Matlab V7.0')

　　ans =

　　　　MATLAB V7.0

13．lower

功能：将字符串变换为小写。

格式：

　　t=lower(str)

　　B=lower(A)

说明：

t=lower(str)可将 str 中的大写字母变换为小写字母，其它字符不变；B=lower(A)可将字符串单元阵列 A 中的大写字母变换成小写字母。例如：

　　>> lower('Matlab V7.0')

　　ans =

　　　　matlab v7.0

7.7.4　字符串与数值之间的变换

1．num2str

功能：将数值变换成字符串。

格式：

　　str=num2str(A)

　　str=num2str(A, precision)

　　str=num2str(A, format)

说明：

num2str 函数可将数值变换成字符串，利用这种函数可方便地在图形标记和标题中使用数值。

str=num2str(A)可将阵列 A 变换成以四位小数精度表示的字符串，如需要可指定以指数形式表示；在 str=num2str(A, precision)中，可在 precision 中指定有效的数字位数；在 str=num2str(A,format)中，可由 format 指定字符的格式，缺省时取'%11.4g'，表示最长取 11 位有效数字，其中包括 4 位小数。

format 的格式选项如表 7.2 所示。

表 7.2 format 的格式选项

字符	说　明	字符	说　明
/n	换行	\t	水平制表符
/b	退格	\r	回车
\f	走纸	\\	反斜杠
\" 或 "	单引号	%%	百分号
%c	单个字符	%d	有符号十进制数
%e	指数表示(小写 e)	%E	指数表示(大写 E)
%f	定点表示	%g	比%e%f 更紧凑
%G	与%g 相同，但使用 E	%o	八进制数表示
%s	字符串	%u	无符号十进制数
%x	十六进制数表示(使用 abcdef)	%X	十六进制数表示(使用 ABCDEF)
−	左对齐	+	右对齐
0	补零，取代补空格	<数字>	域宽或精度

注意，不是所有的 format 选项都适用于 num2str 函数。例如：

```
>> num2str(pi)

ans =

      3.1416

>> num2str(eps)

ans =

      2.2204e−016

>> num2str(pi,'%−10.6e')

ans =

      3.141593e+000

>> num2str(−pi,'%−10.6e')

ans =

      −3.141593e+000

>> num2str(pi,'%10.6f')

ans =

      3.141593

>> num2str(pi,'%−10.6g')

ans =

      3.14159

>> num2str(pi,'%+10.6e')
```

```
    ans =
          +3.141593e+000
>> num2str(-pi,'%+10.6e')
    ans =
          -3.141593e+000
```

2. int2str

功能：将整数变换成字符串。

格式：

```
    str=int2str(N)
```

说明：

str=int2str(N)可将整数 N 变换成字符串，输入 N 可以是标量、向量，还可以是矩阵，对输入的非整数值在变换之前被截断。例如：

```
>> s1=int2str(2+5)
 s1 =
      7
>> s2=int2str(pi)
 s2 =
      3
>> s3=int2str(10*randn(3,3))
 s3 =
      -4     3    12
     -17   -11     0
       1    12     3
```

3. mat2str

功能：将矩阵变换成字符串。

格式：

```
    str=mat2str(A)
    str=mat2str(A, n)
```

说明：

str=mat2str(A)可将矩阵 A 变换成字符串，这样可用作 eval 函数的输入；str=mat2str(A，n)可在变换时采用 n 位精度。例如：

```
>> A=[1 2;3 4]
 A =
      1     2
      3     4
>> b=mat2str(A)
 b =
     [1 2;3 4]
```

这时 b 为字符串，利用 eval(b)可重新产生矩阵 A。

4．str2mat

功能：从字符串中形成矩阵。

格式：

    S = str2mat(T1, T2, T3,···)

说明：

S = str2mat(T1, T2, T3,···)可以将字符串 T1, T2, T3, ···表示的数据当成矩阵的行，如果字符串不等长，则会自动补上空格。这个函数可以由 char 函数取代，在以后版本中该函数可能会被废弃。例如：

```
>> x = str2mat('36842', '39751', '38453', '9030')

x =

     36842
     39751
     38453
     9030
```

5．str2num

功能：将字符串变换成数值。

格式：

    X=str2num(str)

说明：

str2num 是 num2str 的逆函数。x=str2num(str)可将表示数值的字符串 str 变换为数值。例如：

```
>> str2num('pi')

ans =

      3.1416

>> str2num(['1.2 3.2';'5.8 9.0'])

ans =

    1.2000    3.2000
    5.8000    9.0000
```

6．sprintf

功能：将格式化数据写入字符串。

格式：

    s=sprintf(format, A,···)

    [s, errmsg]=sprintf(format, A,···)

说明：

s=sprintf(format,A,···)可对矩阵 A(及其它矩阵)中的数据按指定格式(由 format 指定)进行格式化，并写入 MATLAB 的字符串变量 s 中。sprintf 函数几乎等同于 fprintf 函数，只是 sprintf 函数不将结果写入文件。

format 用于指定输出格式的表示法、对齐格式、有效数字、域宽度及其它方面的信息，参见表 7.2。

[s, errmsg]=sprintf(format, A,···)可以在发生错误时得到出错信息 errmsg。例如，输入

```
>> sprintf('%0.5g',(1+sqrt(5))/2)
ans =
     1.618
>> sprintf('%0.5g',1/eps)
ans =
     4.5036e+015
>> sprintf('%15.5f',1/eps)
ans =
     4503599627370496.00000
>> sprintf('%d',round(pi))
ans =
     3
>> sprintf('%s','hello')
ans =
     hello
>> sprintf('The array is %dx%d.',2,3)
ans =
     The array is 2x3.
>> sprintf('\n')
ans =
```

这时产生一个换行符。

7．sscanf

功能：在指定格式下读取字符串。

格式：

A=sscanf(s, format)

A=sscanf(s, format, size)

[A, count, errmsg, nextindex]=sscanf(···)

说明：

A=sscanf(s, format)可从 MATLAB 字符串变量 s 中按指定格式 format 读取数据来进行变换。Format 的格式选项参见表 7.2。

A=sscanf(s, format，size)可指定读取数据的尺寸(由 size 指定)，然后加以变换。当 size=n 时，表示读取 n 个元素；当 size=Inf 时，表示读取至文件尾；当 size=[m,n]时可读取 m×n 的矩阵。

[A, count, errmsg, nextindex]=sscanf(···)可从文件中读取 A，并得到读取数据量的记录 count、发生错误时的出错信息 errmsg 以及已扫描过的字符数 nextindex。例如，输入

```
>> s='2.7183    3.1416';
>> A=sscanf(s,'%f')
A =
    2.7183
    3.1416
```

7.7.5　数制变换

1．hex2num

功能：将十六进制数变换成双精度数。

格式：

```
f=hex2num('hex_value')
```

说明：

f=hex2num('hex_value')可将十六进制数表示的字符 hex_value 变换成相应的 IEEE 双精度浮点数(双精度浮点数由 64 位二进制数构成，从高位到低位依次为符号位(1 位)、整数位(11 位)、小数位(52 位))，这一函数可正确地处理 NaN、Inf 及非正常值，短于 16 个字符的 hex_value 会自动在右边补零。例如：

```
>> f=hex2num('400921fb54442d18')
f =
    3.1416
```

2．hex2dec

功能：将十六进制数变换成十进制数。

格式：

```
d=hex2dec('hex_value')
```

说明：

d=hex2dec('hex_value')可将 hex_value 变换成浮点整数，其中 hex_value 为以 MATLAB 字符串表示的十六进制整数。例如：

```
>> d=hex2dec('1FF')
d =
    511
>> s={'20';'80';'3ff'};
>> e=hex2dec(s)
e =
      32
     128
    1023
```

3．dec2hex

功能：将十进制数变换成十六制数。

格式：

str=dec2hex(d)

str=dec2hex(d, n)

说明:

str=dec2hex(d)可将十进制整数 d 变换成以 MATLAB 字符串表示的十六进制数,其中 d 必须为非负的整数,且其值小于 2^{52};str=dec2hex(d,n)表示产生的 str 至少为 n 位,不够位数时在左边补 0。例如:

```
>> s1=dec2hex(1023)
s1 =
    3FF
>> s2=dec2hex(1023,4)
s2 =
    03FF
```

4. bin2dec

功能:将二进制数变换成十进制数。

格式:

d=bin2dec(binarystr)

说明:

d=bin2dec(binarystr)可将以 MATLAB 字符串形式表示的二进制数 binarystr 变换成相应的十进制数。例如:

```
>> d1=bin2dec('01111111')
d1 =
    127
>> d2=bin2dec('10001011')
d2 =
    139
```

5. dec2bin

功能:将十进制数变换成二进制数。

格式:

str=dec2bin(d)

str=dec2bin(d, n)

说明:

str=dec2bin(d)可将十进制正整数 d 变换成二进制数(以字符串表示),d 必须为非负整数,且其值小于 2^{52};str=dec2bin(d, n)表示产生的 str 至少为 n 位,不足 n 位时在左边补 0。例如:

```
>> d1=dec2bin(53)
d1 =
    110101
>> d2=dec2bin(53,8)
d2 =
    00110101
```

6. base2dec

功能：将任意进制数变换成十进制数。

格式：

　　　d=base2dec(str, base)

说明：

d=base2dec(str, base)可将任意进制(由 base 指定)的数 str(以字符串表示)变换成相应的十进制数，其中 base 可取 2～36 之间的整数，表示指定进制的基数。例如：

```
>> d1=base2dec('201',3)
d1 =
      19
>> d2=base2dec('201',8)
d2 =
      129
>> d3=base2dec('11',36)
d3 =
      37
```

7. dec2base

功能：将十进制数变换成任意进制数。

格式：

　　　str=dec2base(d, base)
　　　str=dec2base(d, base, n)

说明：

dec2base 是 base2dec 函数的逆函数。str=dec2base(d, base)可将十进制数 d 变换成任意进制(由 base 指定)数的字符串，base 可取 2～36 之间的整数，d 应是非负整数，且其值小于 2^{52}；str=dec2base(d, base, n)表示产生的 str 至少为 n 位，如不足 n 位则在左边补 0。例如：

```
>> str1=dec2base(61,3)
str1 =
      2021
>> str2=dec2base(61,3,6)
str2 =
      002021
>> str3=dec2base(61,16)
str3 =
      3D
```

8. str2double

功能：将字符串变换成双精度数。

格式：

　　　X = str2double('str')
　　　X = str2double(C)

说明：

X = str2double('str')可以将字符串 str 转换成双精度数，其中 str 应该是实数或复数的 ASCII 码，str 中可以包含数字、小数点、逗号(千位分隔符)、前置的+/−号、e(10 的幂指数)、i(复数单位)等。如果 str 表示的数值无效，则 str2double 返回 NaN。X = str2double(C)可以将字符串单元阵列 C 转换成双精度数，矩阵 X 的尺寸与 C 相同。例如：

```
>> str2double('123 + 45i')

ans =

    1.2300e+002 +4.5000e+001i

>> str2double({'2.71' '3.1415'})

ans =

    2.7100    3.1415
```

习　题

1. 将下列数值变换成字符串：

78，−56.1，0.00015，π，251.7×15.79

2. 将下列十进制数分别变换成二进制、八进制和十六进制数(负数用补码表示)：

271，−45，78，56.125，−79.1248

3. 在 $x \in [-1, 1]$ 之间绘制出 $y=-2x^2+4$ 曲线，并在图中标注出最大值点的坐标。如果另有一条曲线 $z=-2x^2+4+\sin(2\pi x)$，请在同一个图形窗口中绘制出这两条曲线，并加上极值点的标注。

4. 任意给出一个英语句子，请提取其中的单词，并设计一个结构，其域有 Name、no、length、value，分别用于存储每个单词的名称、句中序号、单词长度、单词各字符的 ASCII 码之和。

5. 产生汉字第一区中所有的汉字(每个汉字占两个代码，一个表示区号，另一个表示位号，简称区位码。汉字内码是在区位号的基础上加上 A0A0H，H 表示十六进制，汉字从第 16 区开始存放，位号为 1～94。比如，第一个汉字"阿"的区位码为 1601，其内码为 B0A1H，因此利用 char 函数可自动产生汉字字符集)。

6. 有一个至多为 255 个字符的字符串，开始部分可能包含有一些空格，在字符串中间或末尾肯定包含有字符'#'，要求取出从第一个非空格字符开始到 '#' 之间的所有字符(不含 '#')，并计算出其字符串的长度。

7. 任意找一篇英文文章，要求统计出字符 a～z 出现的频率度，并画出频度曲线。

8. 在网页设计原文件中，用一对<title></title>括起表示标题，类似的成对标记还有 <body></body>，要求查找这两种标记出现的次数，并分别统计包含在成对标记中的字符个数。

9. 对任意一段英文文章，参照 7.6 节综合示例的要求完成设计。

附录 函数命令索引

为方便大家使用时查阅，给出了本书有详尽说明的函数命令索引。

续表(二)

函数名	页码	函数名	页码	函数名	页码
orth	212	ribbon	117	strmatch	333
pack	20	rmfield	305	strncmp	330
path	14	rmpath	14	strncmpi	332
pause	181	roots	230	strrep	334
permute	300	rose	113	strtok	334
persistent	173	rot90	65	struct	303
pi	54	rotate	144	struct2cell	309
pie	102	round	76	strvcat	330
pie3	102	rref,rrefmore	215	subplot	138
pinv	216	rsf2csf	225	subspace	216
plot	124	save	19	sum	241
plot3	132	scatter	123	surf，surfc	121
plotmatrix	122	scatter3	123	svd	223
plotyy	127	schur	225	svds	224
polar	127	sec,sech	71	switch, case, otherwise, end	177
poly	226	semilogx,semilogy	126		
polyarea	115	set	143	tan,tanh	70
polyder	232	setfield	305	tempdir	25
polyeig	233	shiftdim	301	tempname	26
polyfit	232	sign	77	text	134
polyval	230	sin,sinh	70	tic,toc	58
polyvalm	231	size	19	title	133
pow2	73	slice	118	trace	214
prod	242	sort	240	trapz	244
profile	16	sortrows	241	tril	66
qr	218	sphere	114	triplequad	259
quad,quadl	257	spline	235	triu	67
quadv	258	sprintf	338	try, catch, end	179
quit	26	sqrt	74	type	15
quiver	108	sqrtm	227	unwrap	252
quiver3	109	squeeze	302	upper	335
qz	224	sscanf	339	varargin,varargout	56
rand	53	stairs	111	ver	13
randn	53	startup	26	version	13
rank	213	std	240	warning	179
rcond	215	stem	110	waterfall	119
real	75	stem3	111	weekday	62
realmax	55	str2double	342	what	15
realmin	56	str2mat	338	whatsnew	14
refresh	132	str2num	338	which	15
rem	77	strcat	329	while, end	177
repmat	68	strcmp	330	who,whos	17
reshape	64	strcmpi	331	xlabel,ylabel,zlabel	137
residue	232	strfind	332	xor	50
return	178	strjust	333	zeros	52

参 考 文 献

1. 楼顺天, 陈生潭, 雷虎民. MATLAB 5.x 程序设计语言. 西安: 西安电子科技大学出版社, 2000.
2. MATLAB® 7.0.4 Release Notes. The Mathworks. Inc, 2005.
3. Getting Started. The Mathworks. Inc, 2005.
4. User Guides. The Mathworks. Inc, 2005.
5. MATLAB Function Reference. The Mathworks. Inc, 2005.
6. Programming Tips. The Mathworks. Inc, 2005.